河流生态修复

——规划和管理的战略方法

李原园　赵钟楠　王鼎 等　编著

中国水利水电出版社
www.waterpub.com.cn
·北京·

内 容 提 要

　　本书通过回顾国内外河流生态修复的理论和实践，从宏观和战略层面，阐述了有关河流生态修复的理论、框架、方法和规划技术及要求，为中国和其他类似国家的河流生态修复规划和管理提供了重要参考。

　　本书可供从事水生态保护、治理和修复等相关领域的科研、技术和管理人员阅读、使用，也可供相关专业的高校师生参考。

图书在版编目（ＣＩＰ）数据

河流生态修复：规划和管理的战略方法 / 李原园等
编著. -- 北京：中国水利水电出版社，2019.12
　　ISBN 978-7-5170-8292-7

Ⅰ．①河… Ⅱ．①李… Ⅲ．①河流－生态恢复－研究
Ⅳ．①X522.06

中国版本图书馆CIP数据核字(2019)第288782号

书　　名	河流生态修复——规划和管理的战略方法 HELIU SHENGTAI XIUFU——GUIHUA HE GUANLI DE ZHANLÜE FANGFA
作　　者	李原园　赵钟楠　王　鼎　等 编著
出版发行	中国水利水电出版社 （北京市海淀区玉渊潭南路1号D座　100038） 网址：www.waterpub.com.cn E-mail：sales@waterpub.com.cn 电话：(010) 68367658（营销中心）
经　　售	北京科水图书销售中心（零售） 电话：(010) 88383994、63202643、68545874 全国各地新华书店和相关出版物销售网点
排　　版	中国水利水电出版社微机排版中心
印　　刷	北京印匠彩色印刷有限公司
规　　格	170mm×240mm　16开本　15.5印张　330千字
版　　次	2019年12月第1版　2019年12月第1次印刷
定　　价	**120.00元**

前言

工业革命以来，随着生产力水平的不断提高，人类在取得一个又一个文明创举的同时，对自然的影响和破坏也不断加重。河流，作为一类重要的生态系统，在人类活动影响下，其健康状况不断退化，河流生态问题已经成为全球各个国家在不同发展阶段均要面对的重大挑战之一。为了应对日益严重的河流生态问题，各国均采取了相关措施来改善河流健康状况，包括减少人类开发活动影响、应对物种入侵、恢复或促进水生物种以及提高河流的休闲娱乐和美学价值等。这些措施，共同构成了所谓的"河流生态修复"（river restoration）。

关于"河流生态修复"的认识和理解，多年来随着理论研究和实践探索的进展而不断变化。尽管人们对河流生态修复的概念定义认识仍不统一，但普遍认为，河流生态修复涵盖旨在改善河流健康状况（包括改善河流生态系统健康及其相关的生态系统服务功能供给）的各种措施。河流生态问题的复杂性和河流生态系统的动态性，使得河流生态修复一直是一项复杂艰巨的任务。为了更好地从宏观层面指导河流生态修复工作，本书"另辟蹊径"，在现有众多项目层级的河流生态修复技术手册的基础上，从战略层面，对受人类影响显著、生态退化严重河流的生态修复原则、步骤和方法进行了探讨，包括河流生态修复与流域规划及管理之间的相互关系，以及如何将河流生态修复纳入水资源管理工作中，以实现与水资源管理工作的协调。

本书简要介绍了河流生态修复的历史和演变，阐述了河流生态修复规划和实施框架，并介绍了在更广泛的水资源管理和流域规划背景下，河流生态修复的关键原则、问题和方法，以及河流生态修复的主要技术和方法，包括河流健康状况的评估、具体的河流生态修复措施、河流生态修复优先步骤的确定、城市河流的生态修复等。

本书作者李原园、赵钟楠、黄火键、于丽丽、曹建廷等与世界自然基金会（WWF）共同编写并出版了英文著作 *River Restoration：A Strategic Approach to Planning and Management*（ISBN 978-92-3-100165-9）。为更好地服务于我国河流生态修复领域的研究与实践，推广研究成果，我们在原有英文出版物基础上进行了归纳与整理，编撰了本书。参与本书编撰工作的有李原园、赵钟楠、王鼎、黄火键、于丽丽、曹建廷等。其中第 1 章至第 4 章由赵钟楠编撰，第 5 章由黄火键编撰，第 6 章由曹建廷编撰，第 7 章由于丽丽编撰，第 8 章和第 9 章由王鼎编撰，李原园负责总体统稿。本书在编撰过程中，得到了原英文出版物作者的支持，特别是 WWF 的 Robert Speed、David Tickner、雷刚、魏钰、程琳等专家大力协作，在部分章节文字工作的处理上，也得到了赖鹏飞的支持，在此表示感谢。

由于作者水平有限，书中难免出现疏漏，敬请读者批评指正。

作者
2019 年 8 月

名 词 术 语

适应性管理（adaptive management）　在面临不确定因素时所采取的强有力的、结构化迭代循环的决策过程，旨在通过系统监测减少长期不确定性。

集水区（流域）（catchment）　参见"流域（river basin）"。

生态系统（ecosystem）　包括生活在某个地区的所有生物及其物理环境，作为一个整体系统发挥作用。

生态系统结构（ecosystem structure）　生态系统的组分以及决定这些组分如何构造的物理和生物组织。例如，不同的动植物种类是某个生态系统的组分，因而也是生态系统结构的组成部分。同时，由于初级生产和次级生产之间的关系反映了不同组分之间的组织方式，因此也是生态系统结构的组成部分。

生态系统功能（ecosystem function）　生态系统内的动植物和其他生物彼此之间或与其环境之间相互作用所导致的不同物理、化学和生物过程。这些过程包括分解、生产、养分循环以及养分和能量流动。生态系统结构和功能共同提供生态系统服务。

生态系统服务（ecosystem services）　人们从生态系统中获得的惠益。这些惠益包括：

• 调节服务（regulatory services）：人们从生态系统调节过程中获得的惠益。

• 供给服务（provisioning services）：人们从生态系统中获得的产品。

• 支持服务（supporting services）：生产其他生态系统服务所必需的生态系统服务。

• 文化服务（cultural services）：人们通过丰富精神生活、认知发展、反思、休闲娱乐和审美体验，从生态系统中获得的非物质效益。

环境流量（environmental flows）　环境流量是指为维持河流和河口生态系统以及依赖于这些生态系统的人类生活所必需的水流量、时间节律和水质。

水资源综合管理（integrated water resources management）　一个促进水资源、土地资源和其他相关资源之间的协调开发和管理的过程，旨在不影响重要生态系统可持续性的同时，以公平合理的方式最大限度地带来经济和社会福利。

流域（river basin）　河流及其支流覆盖的区域。在某些管辖范围内，也使用"分水岭"（watershed）或"集水区"（catchment）两个术语。本书中将"流域"（river basin）和"集水区"（catchment）互换使用。子流域（sub - basin）或子集水区是指一个大流域内的小流域。

流域规划（river basin plan）　使某个流域水资源的利用开发与流域外部的其他开发过程保持协调一致的规划。

河流廊道（river corridor）　河流及其周边的土地，包括悬崖底部的岩屑坡，但不包括悬崖本身。

河流生态系统（river ecosystem）　河流的生态系统，包括河流及河岸带的生物和非生物组分，以及这些组分之间的相互作用。

河流健康（river health）　河流的总体状况。良好的河流健康状况通常代表其生物完整性。生物完整性是指能够支持和维持一个保持平衡、具有适应性的完整生物群落，该生物群落拥有一个可与该地区自然生境相比拟的组分和多样性。河流健康状况可反映河流生态系统的结构和功能及提供的生态系统服务。

河段（river reach）　溪流、河流或沟渠的一段，通常是两汇流区域中间的河段，或者具有某特定水文特征的河段。这种河段通常包括一段在流量、深度、面积和坡度方面保持一致的河道。

水资源配置计划（water allocation plan）　通常是政府或政府部门颁布的法律文书，用于确定可用于分配的水量，并制定用于管理水资源的获取和利用的规则。该规划可直接为各地区或各行业配置水资源，或者确定配置可用水资源的规程。

目录

绪　　论

　　持续快速的社会经济发展，致使全球范围内的河流健康状况不断退化，进而影响了人类从河流生态系统获得的惠益，即"生态系统服务"的持续提供。预计未来几十年，人口增长、城镇化和气候变化等众多因素，将进一步对河流生态系统产生更为深远的影响。

　　针对河流健康不断退化的现实问题，"河流生态修复"正逐渐成为应对的重要举措，其在水资源管理中的重要性也日益突出。河流生态修复包括了旨在改善河流健康状况（包括改善河流生态系统功能及其相关生态系统服务）的各种措施。本书对"河流生态修复"的定义是："为了恢复已退化的河流生态状态及生态结构和功能，开展的包括替换已丧失或遭破坏的生态要素，以及重建为支持和改善生态系统服务供给所必需的生态过程的各项措施。"

　　河流生态修复的目的是防止河流生态系统退化至无法再提供生态系统服务这一临界点。启动一项河流生态修复项目的动议，可以源自生态、经济、社会、文化以及保护基础设施和预防水风险等多种考虑因素。越来越多的项目动议不断综合，以实现"水安全"的最终目标。

　　同时，河流生态修复也是水资源管理中的一种重要措施，它有助于平衡人水矛盾，实现河流生态系统承载能力与承载负荷之间的平衡。要达到这一目标，需要认识到河流发挥作用的方式与人们对河流的需求和影响之间的相互关系。随着时间的推移，河流生态修复方式逐步从单问题导向（如水质）转变为多问题导向。这些方式可应对多种问题诱因，而且可以包括直接修复和间接修复等不同类型。其中，直接修复是指直接改变河流或景观，间接修复则是通过改变社会经济活动以间接实现修复目标。河流生态修复与河流生态系统及人类社会之间的相互关系如图 0.1 所示。

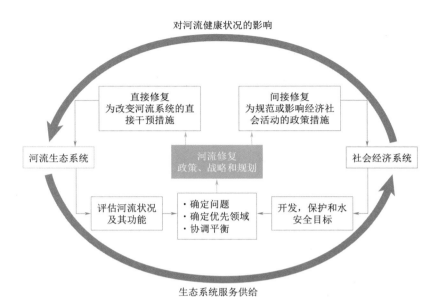

图 0.1 河流生态修复与河流生态系统及人类社会之间的相互关系

1. 当前河流生态修复面临的挑战

在河流生态修复过程中，河流管理者面临诸多重大挑战，具体包括以下几点：

（1）将河流恢复至自然状态难度极大。传统的河流生态修复方法一般将未受到人类活动干扰的（原始）自然状态作为修复的目标基准。但是，长期人类活动已导致全球范围大大小小的流域均发生了巨大变化，在这样的情况下，将河流恢复至开发前的状况，无论从理论上还是经济性上都难以实现。

（2）协调平衡河流多种功能。河流问题复杂多样，决定了河流生态修复往往要应对多个问题、实现多个目标，以平衡河流的自然功能和人类对于河流的特定需求，这就要求在规划过程中需要进行统筹协调。

（3）复杂度与尺度。许多河流生态修复项目往往未考虑流域尺度大小问题，选择了不合理的空间单元开展修复从而导致项目失败。要在更大尺度上实施河流生态修复，必须考虑更多的问题，吸引更广泛的利益相关方参与，并与更多的规划和管理工具相结合。

（4）日益增加的不确定性。流域未来发展状况的不确定性巨大，要确保被修复的河流能够适应未来的需求，具有极大的挑战性。在影响流域未来发展状况的多种因素中，气候条件、土地利用状况、人口增长情况和城镇发展等，均存在不确定性。

2. 总体应对策略

在越来越多的情况下，短时期、小尺度的河流生态修复措施难以应对上述挑战。河流生态系统的动态性和复杂性要求我们必须采取综合性的应对策略，具体包括以下几点：

▶ 突出系统思维，从物理、社会、经济、政治和文化等多个视角，系统认识河流与人类之间的关系。

▶ 强化统筹协调，提高河流生态修复规划的作用，统筹平衡流域内各要素。

▶ 采用适应性方法，对河流生态修复的各种假定进行验证，并且对修复目标和具体措施进行动态化调整。

河流生态修复策略必须能够识别外部诱因、流域和河流过程、河流健康状况、生态系统服务供给和各种政策目标之间的相互影响关系，并作出响应。

河流生态修复的概念框架如图 0.2 所示。

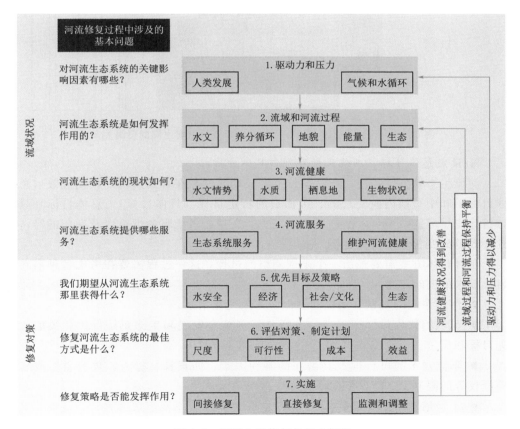

图 0.2　河流生态修复的概念框架

各种政策、战略和项目实施方案可以为河流生态修复提供支持。但这些政策、战略和项目实施方案之间，以及与流域规划、发展规划、保护规划等其他规划和制度安排之间必须统筹协调。河流生态修复政策、战略和项目实施方案之间的层级关系如图 0.3 所示。

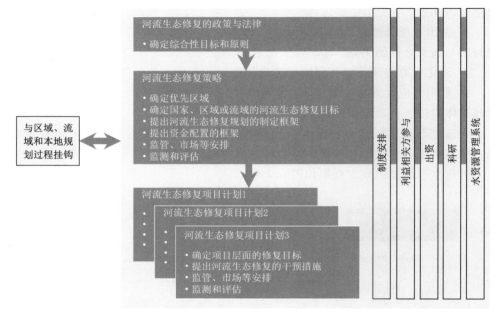

图 0.3　河流生态修复政策、战略和项目实施方案之间的层级关系

3. 设定总体目标、具体目标和制订具体方案

河流生态修复策略应确定流域修复的长期愿景，在规划期内的预期成效（总体目标）和中短期内应实现的、可衡量的特定目标（具体目标）。总体目标和具体目标应尽可能按照可度量的生态系统功能、生态系统服务供给以及期望的经济社会效益的变化程度来设定。

制订具体方案需要经历一个来回调整的过程，这一过程需要在考虑各种潜在目标要求的同时制定相应的行动措施，需要考虑的因素包括以下几点（图 0.4）：

▶ 河流系统的现状、历史演变以及未来变化情景。

▶ 流域的优先目标和需求，包括与经济社会发展和生态系统保护相关的优先目标和需求。

▶ 不同对策的可行性及其潜在的制约因素，如预算、能力、政治意愿或机构授权等的限制。

▶ 干预措施的适宜尺度。

▶ 不同措施的有效性。

▶ 不同措施的效率。

▶ 中长期的可持续性。

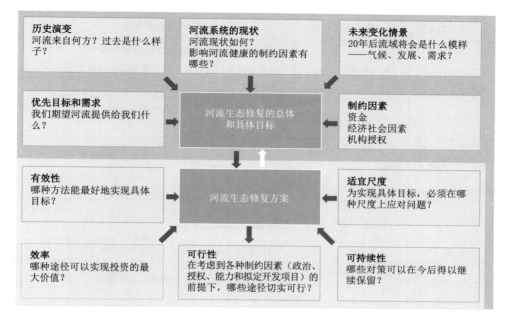

图 0.4　确定河流生态修复目标时的考虑因素

4. 河流生态修复措施

河流生态修复方案可以包括许多措施（表 0.1）。这些措施可以按照河流生态修复主要关注的不同生态系统要素进行分类。修复河流生态系统的某个要素（如改善河流流动状况），往往可以对其他要素带来显著影响。

表 0.1　　　　　　　　　河流生态修复措施及用途

河流生态系统要素	河流生态修复措施	河流生态修复用途
流域	流域管理	改变进入河道的水流、沉积物和其他物质
水文情势	改变水文情势	改变水流流量、时间安排、频率和持续时间
	洪水管理	改变来自城市地区的水流格局，如改变洪峰
	拆除（新建）水坝	改善水流和生态效果，包括改善沉积物和鱼类的运动状况
	洪泛平原的河湖连通	·通过增强河流系统蓄积和释放洪水的能力，减少发生洪灾的风险； ·实现生物群系、沉积物和其他物质在河道与洪泛平原之间的自由移动； ·提高污染物的吸收同化作用和地下水补给能力

河流生态系统要素	河流生态修复措施	河流生态修复用途
栖息地（河岸）	河岸管理	改变进入河道的水流、沉积物和其他物质；提供栖息地；通过遮蔽阳光改变水温；为鱼类在河流廊道的洄游提供支持
	土地征用	征用河岸土地，控制土地利用和（或）用于河流生态修复工程
栖息地（河道内）	河道内栖息地的改善	促进或建立有助于生物多样性保护的栖息地
	稳固河岸	减少侵蚀，减少进入河流中的河岸物质
	渠道的重新构造	改变河道的平面或纵向形态，增加水力多样性和栖息地的异质性，减小河道坡度
水质	水质管理	维持或改善水质，包括化学组分和颗粒物质负荷
生物多样性	河道内物种的多样性	维持或改善重要物种的数量（多样性）
其他	审美、休闲娱乐、教育	通过改善河流外观、河流的可达性或对河流的了解，提高河流对当地社区的价值

5. 监测和适应性管理

针对已确定的、可度量的目标开展监测，对于评估河流生态修复措施的有效性以及开展适应性管理至关重要。监测计划应对支撑河流生态修复策略的有关科学假设进行论证，并提供证据，以证明河流生态修复项目是否取得成功。

监测计划应从一开始即纳入河流生态修复项目的设计之中，并在河流生态修复实施前，选择适当的时机开始实施。监测应确定一个适当的尺度，检验河流生态修复措施在一定时期内的影响，并在生态修复方案"结束"后的一段较长的时期内持续开展。

6. 河流生态修复项目的融资

河流生态修复项目的成本和效益都很大。在分析河流生态修复方案时，应考虑到每项干预措施的损益对象。河流生态修复项目的融资对象可包括污染者、受益者或全社会（通过税收的形式）的一方或多方组合。

7. 保障措施

在制定和实施河流生态修复方案时，除了技术和实施层面的考虑因素外，还必须考虑行政、管理和其他涉及保障措施的相关因素。具体包括以下几点：

▶ 政策和法律，以确定河流生态修复工作的目标和原则，并确定实施的责任主体。

▶ 制度安排，确定河流生态修复的责任主体和权责关系，建立不同部门机构间的协调机制。

▶ 利益相关方参与，确保在规划过程中考虑到不同意见，以提高各个层级对河流生态修复措施的支持力度。

▶ 资金，确保修复过程以及后续管理所需的资金。

▶ 监测和评估，为合理决策提供依据，（通过监测）评估合规性和影响，并为适应性管理提供支持。

▶ 水资源管理体系，为实施河流生态修复策略提供相关工具，特别是法规管理和其他规划体系的工具。

除了提供支持河流生态修复规划和实施的框架，上述这些体系和规程对于确保河流生态修复的长期可持续发展同样至关重要，例如，确保为维持或更新工程设施所需的长期资金；制定相应的制度安排，并确保与长期发展规划保持一致；通过法律法规，保护通过河流生态修复所获得的效益，并避免流域内对生态有害的活动影响河流生态修复的效果等。

8. 河流生态修复的黄金法则

基于国际经验，本书确定的河流生态修复中的八大"黄金法则"如下：

（1）识别、理解并紧密结合流域和河流过程。识别影响河流健康的物理、化学和生物过程，对于认识河流健康状况退化和生态系统服务减损的原因，以及确定最为有效的河流生态修复措施至关重要。那些与自然系统保持协同（而非与自然系统相背离）的河流生态修复项目更具有自我持续性。

（2）与社会经济价值相结合，并纳入整个规划和开发活动之中。河流生态修复方案应尽可能识别所有可影响河流或可被河流影响的策略，以制定可实现的目标。河流生态修复规划在确保与战略目标保持一致的同时，应考虑优先实施区域。

（3）针对河流健康的限制性因素，在适宜的尺度上对生态系统的结构和功能进行修复。河流生态修复措施必须首先针对那些可能影响河流健康状况的因素。一般情况下，必须保持河流生态修复规划、实施和监测工作在尺度上的协调一致。

（4）制定明确的、可实现和可衡量的总体目标。在制定总体目标和具体目标时，应尽可能量化其对生态系统功能、生态系统服务供给和社会经济要素的改变。

（5）具有适应未来变化的弹性。河流生态修复规划和实施必须考虑气候、土地利用、水文状况、污染物和河流廊道等因素的变化造成的影响。针对未来状况的不确定性，河流生态修复活动必须具有一定的弹性，以适应未来各种情景。

（6）确保河流生态修复成果的可持续性。河流生态修复策略的规划、实施和管理目标应致力于实现长期可持续性的效果。

（7）让所有利益相关方参与其中。与多个部门和群体合作开展的，包括土地、水资源等多重问题的河流生态修复方案更有望实现最佳效果。

（8）监测、评估河流生态修复成果，针对修复成果进行适应性管理，并提供相关证据。对照已确定的、可衡量的目标开展监测，是指导适应性管理的一个重要途径。

第1章

河流系统的状态和功能

本章要点

本章介绍了河流的自然和社会功能，梳理了河流面临的诸多威胁以及由此带来的对生态系统和经济社会的影响和挑战。本章要点如下：

▶ 河流是高度动态化的系统。河流系统包含诸多流域尺度的生态过程，并影响河流流量、水质、河流廊道结构以及水生与河岸带生物群落。

▶ 河流给人类带来了巨大的福祉，包括用水、航运、泄洪、水电和纳污等效益。这些效益被称为生态系统服务功能。河流一旦退化，就会丧失提供这些生态系统服务功能的能力。

▶ 河流生态系统是世界上面临威胁最严重的生态系统之一，经济社会发展已经导致众多河流的健康严重退化。预计未来几十年，人口增长、城市化和其他因素将给河流生态系统带来更大的压力。

▶ 复杂的物理、化学和生物过程对河流健康产生了诸多影响。认识这些过程对于了解河流健康状况退化的原因、河流提供生态系统服务功能的机理以及制定最为有效的恢复措施至关重要。此外，认识这些过程可有效帮助人们充分认识健康的河流生态系统及相关生态系统服务功能的潜在效益。

1.1　河流在自然界中的作用

作为大自然不可分割的组成部分，河流是水、泥沙和其他物质在流域内的运输通道，它不仅是一系列互相关联的生态过程的驱动因素，也是这些生态过程作用的结果。生态过程的综合作用形成了所谓的河流和其他河流生态系统，包括河流廊道及其水体、湖泊、洪泛区，以及生活在这些区域内的动植物。

1.1.1　河流生态系统的功能

河流生态系统具有众多重要功能❶，具体包括以下几点（图 1.1）：

（1）廊道。河流是能量、物质和生物体的迁移廊道。河流廊道为水、沙、有机质、养分、种子和生物等迁移提供路径。河流还可以传输能量，包括重力运动产生的机械能、热能（如通过阳光吸收的热能），以及以有机物形式存在的化学能。

（2）屏障及过滤。河流可以减缓或阻止能量、物质和生物体的迁移，也可选择性地过滤能量、物质和生物。除了限制水分流动之外，河流还可限制污染物、泥沙和其他物质的迁移以及碳和养分的化学转换。

（3）作为物质能量的源和汇。河流在发挥向周边区域提供能量、物质和生物质的"源"的作用的同时，也发挥了"汇"的作用，两者相辅相成。例如，在洪水泛滥时，洪泛区及其相关植被既可以作为水和泥沙的"汇"，同时也可作为土壤有机质的"源"。

（4）栖息地。河流是物种赖以生存、繁殖、觅食和迁移的自然环境。有些物种终其一生都生活在河流中；有些物种在河流中繁殖，或者将河流作为食物和水的来源。陆生动物可能利用河流廊道进行迁徙。河流的栖息地功能存在多种尺度，河床和岸边、水塘和浅滩区、湖泊和洪泛区以及河岸带都可以成为栖息地。

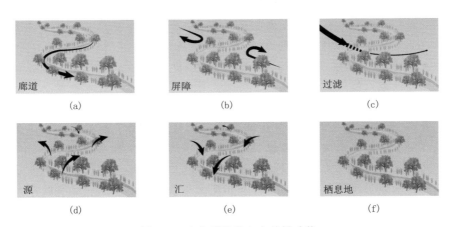

图 1.1　生态系统的六大关键功能

河流上述功能的发挥，取决于河流生态系统的某一组成成分或整个河流生态系统。值得注意的是，河岸带是河流不可分割的组成部分，与河道共同作用，确保了河流生态系统的生机与活力。

---

❶　有关生态系统功能和相关术语的定义，参见专栏 1。

　　河流生态系统发挥上述功能的方式和范围取决于系统自身结构、内部的生态过程，以及物质能量的输入输出情况。本章将深入探讨这些要素之间的相互关系。

　　河流既在水循环过程中扮演重要角色，也受到水循环过程的影响，驱动河流水文过程的因素包括降水、蒸发和径流（图1.2）。这些要素提供了水量和能量，进而驱动河床演变。同时，河网提供了地表径流和地下水的通道，使得水资源从集水区流到尾闾湖泊和大海。

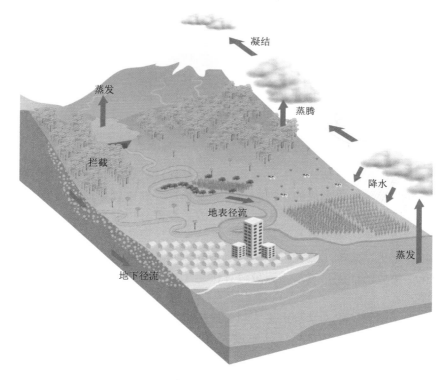

图1.2　河流与水循环

　　河网和河床形态主要是通过流域内从高海拔到低海拔流动的水和沿途地貌的相互作用塑造的。这种相互作用包括河岸带物质的输送、迁移和沉淀，其重要的驱动因素为比降产生的势能。此外，流动产生的能量还可通过植被、湍流、侵蚀以及泥沙输移等方式得以释放。

　　无论是河流与河流之间，还是在同一条河流内，这些过程的性质和结果都会存在显著差异。一般而言，高海拔地区河流的河床比降大，流速快，可以输送卵砾石，从而为生物提供了更加多元化的栖息地。但由于河道较窄以及河岸植被的遮蔽效应，河底植被的生长和降解有限，养分含量一般较低。

相比之下，低海拔地区的河床比降小，河道宽，流速慢，具有复杂的河床剖面形态。相应的侵蚀和沉积作用保持动态平衡，来自上游流域以及通过河岸物质侵蚀作用产生的细砂和黏土在此沉积。由于河道更宽，受河岸植被遮挡影响更小，河底植被和挺水植物沿河床和河道边缘可获得更多光照，河水中养分浓度通常更高。

潜流带是位于河流与地下水界面之间的活跃过渡区，在维持河流健康状态过程中发挥着关键作用。在此生物带内，地下水上升能够提供养分，而地表水入渗能够提供氧气和有机质，地表与地下的交互作用，能够有效保持水质的稳定，并维持生物群的健康状态。

很多物种依赖河流得以生存，河流及其滨岸带是生产率最高、种类最多、结构最复杂的生物栖息地之一。河流在丰水期和枯水期的动态性，以及水陆域的相互作用，使得生物多样性维持在较高水平。同时，河流是一个综合系统。河道内及河岸带的生物群落极大地受到众多河流过程的影响，而这些过程也是河流形态、流域水循环，以及能量、物质和生物物种迁移的决定因素。

1.1.2　河流生态系统的要素

虽然不同地区的流域特点有显著差异，但是构成流域的物理、生物等要素基本相同，并且这些要素形成的物理、化学和生物过程都比较相似。这些要素和过程共同构成了河流生态系统。本书按照以下五类要素分析河流的特征。

（1）流域过程。水循环与流域内的地形地貌、地质条件以及植被、土地利用方式等相互作用，影响了流域过程，如水的入渗和径流的产生，泥沙、碳、养分和其他化学物质的产生和迁移。流域过程决定了进入河流的水、能量和物质的构成和时序。

（2）水文情势。水文情势由汇入河流廊道的降水径流、地表水、地下水和潜流相互作用决定。水文情势可以描述流域内水流量级、时序、频率和持续时间，并且受到流域（生态）过程的显著影响。

（3）栖息地。水文情势是塑造河流结构和形态的主要驱动因素，可以使得河流廊道在不同区段形成不同的栖息地，如浅滩、水塘、洪泛区、潜流带、河岸带以及河道本身。河流的结构与水文情势的相互作用也形成了水力栖息地模式，并且对连通性，即水、泥沙、生物和其他物质沿水流方向迁移（纵向连通性）和在河道与滨岸带之间迁移（横向连通性）的范围，产生了影响。

（4）水质。河流水质的影响因素主要包括上游污染物、水文情势、河流自身结构（包括土壤性质）以及河流与潜流带的相互作用。这些因素共同决定了河流水质的物理化学特征。

（5）水生和河岸生物的多样性。水生生物多样性以及滨岸带生物多样性既取决于水流状况、水质和栖息地以及物种资源库，又对上述因素作出响应。这些因素影响了河流生态系统内的植物、动物和微生物的丰度、多样性和构成。

图1.3展示了决定河流生态系统结构和功能的关键因素。该图反映了河流生态系统主要的驱动-响应关系，而一些要素既是驱动力，也是响应结果。例如，水生生物多样性和河岸生物多样性不但受到流域过程、水流状况、可用栖息地和水质的影响，同时也会对这些因素产生影响。滨岸带植被可以吸收泥沙和有机物，并阻止它们进入河道，从而影响栖息地和水质；同时，植被阻挡了阳光，从而影响了水温。

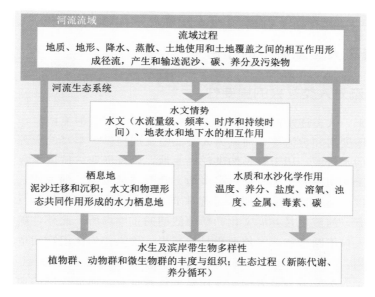

图1.3　决定河流生态系统结构和功能的关键因素

上述各要素既是河流生态系统结构的组成部分，也是河流生态系统物理和生物特征的决定因素（专栏1）。这些要素促进了河流的形成，支撑了河流生态系统各项功能的发挥，保障了人类文明的发展。

专栏1

关　键　术　语

河流的各个方面都有很多专业术语进行描述，有时使用术语的方式也不尽相同。本专栏定义了本书中最常用的术语以及这些术语之间的联系。

▶ 河流生态系统指的是河流与滨岸带的生物组分和非生物组分以及它们之间的相互作用。

▶ 生态系统结构指的是生态系统的组分及其构成方式，即一个生态系统

（如河流生态系统）是由哪几个部分组成以及怎样组合的。

▶ 生态系统功能指的是由于生态系统内植物、动物和其他生物体的相互作用，或者它们与周围环境的相互作用引起的各种物理、化学和生物过程，包括分解、生产、养分循环及养分和能量的流动。

▶ 生态系统结构及相关功能保障了生态系统（如河流）提供的服务，即河流给人类带来的效益。

▶ 河流健康即河流的总体生态条件，它综合反映了河流生态系统的结构和功能，以及河流可提供的生态服务。

1.2　河流在人类发展中的作用

1.2.1　河流对人类社会的重要性

数千年来，人类逐水而居。世界主要的文明都发源于河流两岸，如"新月沃土"地带、印度河和黄河等。河流为人类文明发展提供了丰富的资源，包括用于饮用和灌溉的水资源，用于耕种的洪泛区土地，以及渔业、航运等资源。

河流对于文明发展至关重要。很多地方都有"母亲河"的说法，如中国、印度、泰国和俄罗斯，这充分印证了河流对于维持人类生存和发展的巨大作用。在世界许多地方，河流也是开展文化和精神活动的重要场所。此外，随着城市化的发展，城市人口不断增加，绿地面积日益减少，河流作为休闲空间也发挥着越来越重要的作用。

河流对于人类发展最显著的功能便是提供水资源。河流提供的地表水约占总取水量的 75%。其中，农业用水比例最高，约占取水量的 70% 和耗水量的 90%。如果不考虑用水效率的提高，预计到 2030 年，全球农业用水量将增长近 50%。尽管灌溉农业面积仅占总农业面积的一部分，但是其产值却很高，农作物灌溉后的产量是没有灌溉的 2.7 倍。例如，澳大利亚的灌溉面积仅占全部农业用地面积的 0.5%，但是其产值却大致相当于农业总产值的 28%。

河流作为运输通道，也为人类发展发挥了关键作用。中国可航行河流总长度超过 11 万 km，每年货物运输量接近 1.2 万亿 t。欧盟在 2013 年的内河水道货物运输重量达到了 5.27 亿 t，通过内河水运产生的总增加值约为 80 亿欧元。在美国，通过内河水运的运输量约占全国运输量的 12%。

河流也是重要的食物来源地。鱼类目前占据淡水养殖业的最大份额，占总量的 96%。淡水鱼，包括野生和养殖鱼的捕获量估计可达 1.49 亿 t。而目前内陆渔业（包括水产养殖）的渔获量相当于全球渔获总量的 33%，为人类提供的蛋白质超过全世界动物蛋白质年供应量的 6%。仅休闲渔业一项，每年的产值约为 1160 亿美元。

水力发电量大致相当于全球发电量的16%。在欧洲，水力发电量大约相当于所有可再生能源发电量的70%，在欧洲电力部门的碳减排任务中发挥了重要作用。水也是热力发电过程中不可或缺的组成部分，在发电设备冷却中发挥着重要作用。在美国，热电耗水量超过地表水取水量的50%。

1.2.2 河流所提供的生态系统服务

生态系统给人类带来的福利被称为生态系统服务。生态系统服务一般分为以下四类：

（1）供给服务，是人们通过生态系统获得的产品。河流生态系统的供给服务包括消耗用水，如饮用水、生活用水、农业用水和工业用水。供给服务也包括非消耗用水，如发电用水、运输用水和航行用水。供给服务还包括作为食用或药用的水生生物。

（2）调节服务，是人们通过生态系统过程的调节作用获取的效益，例如，通过自然过滤和净化过程保证水质的清洁。调节服务也包括通过水陆相互作用实现的洪水调节和土壤侵蚀控制。

（3）文化服务，是人类通过精神层面的思考和审美体验，从生态系统中获取的非物质性效益。例如，河流漂流或垂钓、旅游，以及河流的"存在价值"，如人们通过自由流动的健康河流能够获得的满足感。

（4）支持服务，是生态系统所有其他服务必需的生态系统服务。支持服务包括河流在养分循环、保持洪泛区土壤肥力、初级生产、维持捕食者与猎物的关系，以及提高生态系统恢复力过程中所发挥的作用。

河流可提供的生态系统服务如图1.4所示，其产生的典型经济价值可参见专栏2。这些生态系统服务直接或间接地取决于构成该河流的一个或多个要素。图1.5介绍了河流生态系统关键因素所对应的不同服务类型。需要注意的是，单一服务可能取决于河流系统的多个要素。例如，消耗用水的供给取决于水文情势（保证在规定时间内所需要的水量）和水质要求。河流输送洪水、降低洪灾风险的能力取决于流域性质（径流影响因素）、水文情势（洪水的时序、频率和规模），以及河流廊道和洪泛区的形态（决定河流系统的物理边界）。任何上述要素：流域、水文情势或形态，发生变化都可能会影响流域的洪水调控能力。

专栏2

河流生态系统的经济价值

按单位面积估算，河流生态系统的经济价值达到海洋和陆地生态系统的10～20倍。例如，若按1hm² 湿地每年服务价值为14785美元估计，全世界所有湿地

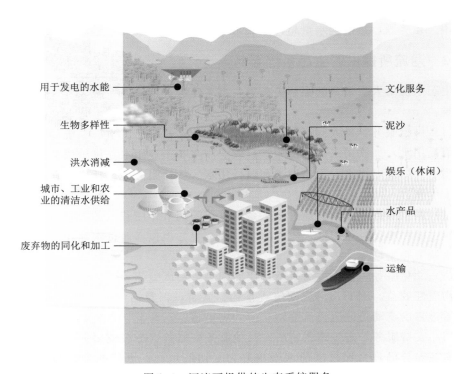

图 1.4 河流可提供的生态系统服务

每年的服务价值相当于 4 万亿～9 万亿美元。下面将讨论河流生态系统服务的经济价值量化评估的结果。

饮用水供给：饮用水是河流系统提供的最重要的生态系统服务。然而当河流系统出现退化时，饮用水的价值就更为凸显，这是由于需要投入额外费用净化水质使其适合人类消费。例如，20 世纪 90 年代针对纽约市饮用水供给系统开展的研究表明，由于上游流域退化导致了水质的下降，因此不得不考虑新建饮用水过滤系统以满足水质标准，而其所产生的费用估计为 60 亿～80 亿美元。这说明人工处理的饮用水作为天然优质水源的替代品的成本非常高，因此天然水源的价值也难以估量。

渔业生产：滨河湿地可为经济鱼类以及甲壳动物和软体动物提供重要的栖息地。滨河湿地需要上游流域补给淡水。人们采取了许多措施对滨河湿地渔业产值进行估测。例如，Barbier 和 Strand（1998）估计墨西哥坎佩切州境内每消失 1km² 红树林，每年虾的捕获价值将损失超过 15 万美元。

防洪服务：蓄滞洪和泄洪是河流和洪泛区提供的一类关键生态系统服务。确

16

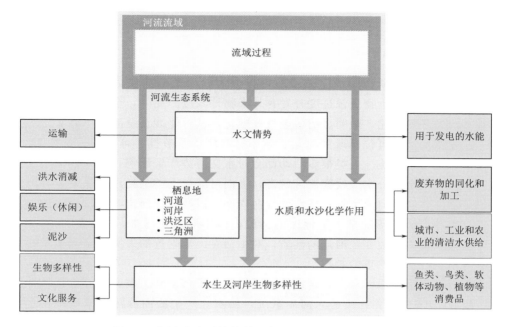

图 1.5　河流生态系统关键因素所对应的不同服务类型

定洪泛区价值的一种方法就是确定通过堤坝、防洪堤或防洪水坝控制洪水而避免的成本损失。美国陆军工程兵部队为了选择合适的方法降低马萨诸塞州查尔斯河的洪水风险，专门购买了 $3440hm^2$ 洪泛区湿地进行试验。该洪泛区的蓄洪容量据估计与拟建的防洪大坝相当，但是购买该洪泛区所需费用仅为后者的 1/10：前者为 1000 万美元，后者为 1 亿美元。

　　了解河流生态系统功能如何影响生态系统服务的供给，对于评估河流生态系统的变化对上述服务可能造成的影响至关重要；同时也保证了河流生态修复措施可有效解决问题的根源，并最终实现生态修复的总体目标。

1.3　河流系统中存在的问题和挑战

　　数千年以来，人类对河流的开发超过了其他类型的生态系统。人类与河流建立的这种相互关系虽然给人类带来了诸多效益，但也对河流产生了深远的影响，有时甚至从根本上改变了河流的功能。尤其是近 100 年来，河流因为人类活动的影响发生了深刻变化，这些影响正在威胁河流生态系统为人类社会发展和河流自身健康持续提供生态服务的能力。

　　人类逐水而居的特点，使得河流极易受到人类活动的影响。人类活动在陆域和大气中排放的物质最终进入了水生生态系统。由于这些因素，河流生态系统可能是世界上受到最严重危害的生态系统。

1.3.1　主要威胁

河流生态系统所面临的主要威胁可以分为五种类型：水文情势改变、水污染、栖息地变化、生物资源过度开发和外来物种入侵。此外，全球范围内还发生了很多交叉环境变化，最明显的就是气候变化，其可能涉及全部五种类型。

改变水文情势可包括改变流量、频率、时序、季节性、可变性、持续时间、地表水和地下水水位。人类很多活动都会对水文情势产生影响，包括修建水坝或防洪堤岸、抽水、分水或改变流域状态，进而可减少人类消耗用水供给量，降低用水可靠性，影响河流生物多样性的生命周期，以及改变河流自然过程，如泥沙输送。有些河流，特别是干旱地区的河流，由于取水量增加，导致河流彻底断流，因而从根本上改变了河流的性质，对生活在河流附近的人类乃至水生及河岸生物群落均产生了严重的影响。

造成水污染的原因众多。全世界每天排放的废污水和工农业废弃物据估计为200 万 t。过多的营养物质进入河流系统，如农业产生的面源污染及城市污水排放产生的点源污染，造成了水质的恶化、河流生态功能的减退以及藻类的大量繁殖。废水中的有机物大量排入河流，可导致生物需氧量增加，引起河水溶解氧浓度下降，给河流水生生物造成毁灭性的打击。重金属、杀虫剂、除草剂和其他有毒物质排入河流，也可对河流健康产生严重影响。非传统污染物，如激素或抗生素，产生的问题也日益严峻。潜流带局部连通性的丧失是水质下降的一个关键因素，很多河流因此丧失了自我净化能力。水质问题也可能源于水库建设，例如，水库排水的同时释放出了低温缺氧水。

河流栖息地发生变化的方式有很多，例如，开垦洪泛区用于农业或城市发展；疏浚河道、挖去河道物质用于建设或改善航运条件；渠化（拓宽、拉直或衬砌河道）用于控制流量、改善航运、减少洪灾。其结果导致了河道形态的简单化、河道内栖息地的丧失，以及洪泛区栖息地和相关服务的彻底丧失。人类由于农业、城市发展或畜牧业的需要，对河岸及洪泛区（包括湿地）进行了清理或排水，结果导致这些区域内栖息地的丧失和河流系统的严重退化。为了改善航运条件，全球 50 多万 km 的水道已经被人为改变。据估计，20 世纪可能有 50% 的内陆水域栖息地已经丧失，而实际损失面积可能更高。

建设大坝和其他基础设施也可直接影响河流栖息地。大坝和防洪堤人为分割了河流系统，导致河流生物群乃至泥沙和污染物无法迁移。水坝和堤堰也改变了河流上游（通过蓄水）和下游（由于水流状况变化）的栖息地的水力条件。修建的防洪堤可减少或消除河道与湿地和洪泛区之间的连接通道。1950 年，全世界有 5000 座大型水坝。到 2000 年，这个数字已增加至 45000 座，并且全世界 227

条大型河流中约 60% 已经建设了水坝或其他大型基础设施。此外，全世界估计还有 1670 万座小型水坝（水库面积大于 0.01hm²），尽管规模不大，却实质性地影响了河流的水文情势及连通性。

对鱼类和其他水生动植物的过度捕捞，导致了生物资源的过度开发，从而影响了被捕捞物种种群数量的长期稳定，以及其他物种和整个生态系统的发展。

由于人类的迁徙或某些有意或无意的行为使很多动植物扩展至本土以外的地区，从而导致了外来物种入侵问题。另外，外来物种入侵也可能是由于河流系统的水流状况、栖息地或其他方面的因素发生了更适宜外来入侵物种生存的改变，或者其改变是以牺牲本地物种为代价的，并为入侵物种进入本地创造了有利条件。这些物种可能会产生负面影响，例如，可能会捕食本地物种、阻碍水道（如入侵型水草的生长），或改变生态系统过程（如养分循环）等。

气候变化预计会在很多方面对河流生态系统产生影响。如气温变化会增加蒸发损失，改变降水方式（包括更大的变化幅度），因而导致流域内径流量及河流水量的改变，长期而言还会导致海平面发生变化。此外，气候变化导致冰川消融，使得很多河流的夏末临界流量在日益减少。

上述任何一种因素都会直接影响河流生态系统的一项或几项要素（图 1.6）。这些影响都有可能非常深远，如导致流域过程的改变，并最终对水文情势、栖息地、水质和水生生物群落产生影响。由于河流生态系统变化的性质和严重程度不

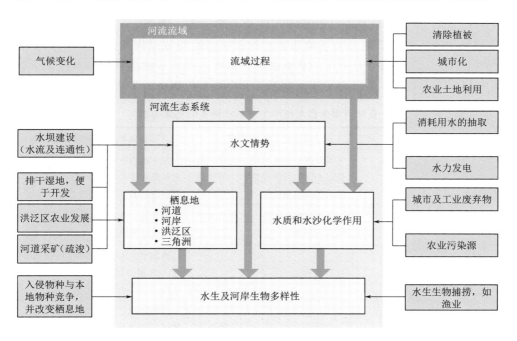

图 1.6　影响河流健康的威胁因素

19

同，某一威胁因素的影响也必然存在差异。从人类活动的角度来看，河流生态系统变化的影响程度取决于人类社会对河流及其提供的生态系统服务的依赖程度。

1.3.2　人类活动的影响

人类发展对河流物种产生的影响日益严峻，河流物种种群数量下降幅度明显高于森林或海洋野生动物。自 1970 年以来，全世界河流脊椎动物种群数量减少了 76%。图 1.7 所示为地球生命力指数，图 1.7 中的数据参考了 757 种哺乳动物、鸟类、爬行动物、两栖动物和鱼类的 3066 个样本的发展趋势。

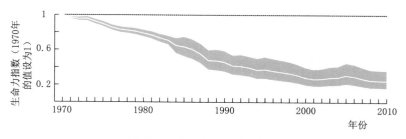

图 1.7　地球生命力指数（河流）

河流系统的过度开发和退化可对人类社会产生非常严重的后果。全世界超过 80% 的人口面临着很高的水资源安全风险，而河流生物多样性也面临着同样的风险。65% 的陆地生物栖息地已处于中高度受威胁状态。例如，在美国，530 万 km 河流中的 98% 已经受到人类活动和蓄水的影响。欧盟成员国中大约 50% 的水体受到了由于河流形态变化产生的严重影响。因此，河流系统提供的很多生态服务都存在风险。表 1.1 为影响河流生态系统和生态系统服务的主要活动。

表 1.1　　影响河流生态系统和生态系统服务的主要活动

人类活动	对生态系统的影响	受到威胁的生态系统服务
建设大坝	改变河道水流时序、流量、水温、养分和泥沙迁移、三角洲补给，妨碍鱼类迁徙	为本地物种提供栖息地，休闲渔业和商业性水产业，维持三角洲及其经济价值，河口渔业生产能力
建设堤坝和防洪堤	破坏河流与洪泛区栖息地之间的水力联系	栖息地、休闲渔业和商业性水产业、洪泛区肥力、自然防洪
分水改道	河流断流	栖息地、休闲渔业和商业性水产业、休闲、污染物稀释、水电、运输
排干湿地	清除水生生态系统的关键组分	自然防洪、鱼类和水禽栖息地、休闲、森林砍伐（土地使用）、自然水净化

人类活动	对生态系统的影响	受到威胁的生态系统服务
森林砍伐（土地使用）	改变径流模式，妨碍自然补给，水体充满淤泥	水质和水量供应、鱼类和野生动物栖息地、运输、防洪
排放污染废水	降低水质	供水、栖息地、商业性水产业、休闲娱乐
过度捕捞	物种种群消亡	休闲渔业和商业性水产业、水禽、其他生物种群
引入外来物种	清除本地物种，改变养分生产和循环	休闲渔业和商业性水产业、水禽、水质、鱼类和野生动物栖息地、运输
金属和酸性污染物排入大气	改变河流湖泊化学性质	栖息地、渔业、休闲、水质
排放改变气候的大气污染物	温度上升和降水量变化，有可能导致径流模式发生变化	供水、水电、运输、鱼类和野生动物栖息地、污染物稀释、休闲、渔业、防洪

1.3.3　未来的挑战

河流退化产生的后果显见于全世界很多流域（专栏3）。河流服务的需求超过以往任何时候，而河流服务功能正在丧失。人口增长、城市化以及中产阶级的蓬勃发展都给河流系统带来了巨大压力。

专栏3

河流退化的人力成本和经济成本——全球经验

在过去几十年里，中亚的水资源过度开发导致了阿姆河流入咸海的年径流量减少了90%以上。咸海水量相应减少了90%，其盐度不断上升，已与海水相差无几。因此，24种本地鱼类全部灭绝，当地渔业彻底崩溃。由于咸海趋近干涸，地表水和地下水水质严重下降，水土流失严重，空气污染显著。而人类健康受到的威胁也同样突出：传染性疾病发病率提高，当地500万人口目前居住在"地球上慢性病最严重的地方"。

50年的石油勘探和150万t石油的泄漏，已经使尼日尔河三角洲变成世界上最容易受到石油泄漏影响的地区。尼日利亚大约80%的政府收入和97%的外汇收入来自这个富油区，然而该地区却面临着严峻的经济发展和环境问题。几内亚湾的红树林带是世界上第四大红树林带，为几内亚湾60%以上的鱼类提供繁殖地，也关乎 3000 万居民的生计。持久的浮油层已经摧毁了部分养鱼场以及红树林中的栖息地。一些区域的饮用水水井已经受到苯和碳氢化合物的污染，其浓度超过世界卫生组织指标的 1000 倍。石油勘探引起的环境损失估计达到数百亿美元。

印度尼西亚爪哇岛上的芝塔龙河是该岛 3500 万居民最重要的水源，但该地区却被列入世界十大有毒区域。生活和农业废弃物的排放导致粪便、氮和磷进入水体。此外，大约 2000 个纺织、金矿、水泥和化工厂导致了严重的重金属污染，如铅、砷和汞。一方面，食用受污染的鱼类增加了人类健康的风险；另一方面，鱼类死亡也普遍地使得贫穷的渔民家庭的生计受到威胁。

在中国，长江沿线的过度捕捞、污染事故和大坝建设已经改变了长江的水质和水量，并导致环境退化。其标志就是白鱀豚的灭绝以及江豚种群数量的锐减。目前江豚仅有大约 1000 只。长江野生鱼捕获量已经下降了 75%，影响了当地渔民的生计。每年排放的几十亿吨污水和工业废水、船舶排放的垃圾和农业产生的径流已经导致长江水质恶化，无法再饮用。食用受到重金属污染的鱼类可危害人类的健康。水土流失导致长江泥沙运输量增高，且已经高于尼罗河和亚马孙河泥沙运输量之和。较高的泥沙含量，加之洪泛区的农业耕作，增加了洪灾风险，对经济社会发展带来威胁。

联合国粮食及农业组织（FAO）估计，至 2050 年，全球农业产量必须增长 60% 才能满足由于人口增长和消费模式变化产生的需求。这意味着农业生产将更加集约化，为此需要更多的灌溉用水，施用更多的肥料（养分径流将因此增加），而流域内未开发的土地和剩余的洪泛区也会因此承受更大的压力。

国际能源署（IEA）估计，至 2030 年，能源需求会增加约 50%。这一状况加上碳减排的压力，进一步推动了水电开发。到目前为止，全球技术上可开发的水电资源已有大约 19% 得到了开发。不过，究竟有多少水电资源可以按照经济、社会和环境可持续发展的方式进行开发仍然存在很大争议。目前，大约 3700 座大型水电站已经规划或者处于建设之中。

自 1930 年以来，全球城市化比例从 30% 增长至 54%。预计到 2050 年将达到 66%。随着城市化的发展和人口的持续增长，预计到 2050 年，世界城市人口将增加 25 亿人。随着城市化和工业化的持续发展，河流面临的压力不断上升。如果不提高废弃物管理水平，污染物负荷还将继续增加。城市中心区周围残余的洪泛区的防洪和废弃物同化能力越来越低，但该区域对于地产开发商的价值却越来越高。此外，人们随着生活水平的提高，对糟糕的环境的忍受能力越来越低。

同时，现阶段的一些管理和政策也会导致持续的环境破坏以及生物种群的减少，甚至灭绝。河流系统面临的主要威胁：人类用水、气候变化、使用肥料和化学物质、大坝和水文变化以及鱼类过度捕捞，这些正在全球范围内与日俱增。预计这种趋势会延续下去，因为泥沙和毒素会通过土地开发利用范围的扩大持续进入河流。基于上述及其他相关原因，未来几十年，河流生态系统和生物面临的压力可能会明显上升。即使人类不再增加对河流的影响，很多物种长期而言可能仍然无法继续生存，或直接消失，或改变空间分布格局。

　　河流开发和退化引起的成本、风险和挑战已经迫使许多国家采取措施来阻止河流系统的退化趋势。一方面，需要不断降低人类活动产生的压力；另一方面，也需要通过修复河流和恢复相关生态系统服务，扭转河流系统退化的态势。

第2章

河流生态修复的概念和内涵

本章首先讨论了水资源管理和河流生态修复在实现人水和谐发展中的作用，明确了"河流生态修复"的内涵；其次简要介绍了不同国家的河流生态修复的发展历程；最后讨论了河流生态修复面临的挑战。本章要点如下：

▶ 河流生态修复是水资源管理中的重要组成部分。河流生态修复有助于平衡人类对河流生态系统的需求和影响。实现这种平衡需要充分了解河流自身机理与经济社会发展对河流的需求和影响之间的关系。

▶ 一旦河流健康退化到无法继续提供经济社会发展所需要的服务的程度，就必须对河流进行生态修复。开展某一河流生态修复项目的动因，可以是生态、经济、社会、文化，以及保护基础设施和预防水风险等多种因素。

▶ 河流生态修复已从过去单一维度向现在多个维度转变。过去的河流生态修复一般只需解决一个问题（如水质）；现在的河流生态修复则需要采取更为复杂的手段，包括直接修复（通过物理方式改变河流状况）或间接修复（制定政策措施以改变经济社会行为）。河流生态修复措施与更为广泛的管理模式和发展思路的结合日益紧密。

▶ 在河流生态修复过程中，河流管理者面临着严峻挑战，其中包括需平衡不同的利益相关方的权益、问题的复杂性和尺度、流域内未来发展的不确定性、需确保河流生态修复的成果能够持续，以及需要为支持河流生态修复提供科学依据。

2. 1　水资源管理的作用

水资源管理是经济社会和河流生态系统之间的"接口"（interface）。水资源管理在以下方面发挥着关键作用：①管理河流生态系统，以持续提供经济社会需要的生态服务功能；②管理经济社会活动对河流生态系统产生的影响，以及影响的方式。

如今，经济社会发展对河流生态服务功能的需求与日俱增，河流已难以满足全部需求，因此需要采取更为战略的水资源规划和管理措施。这些战略措施要求在管理河流生态系统及其开发利用之前需了解以下问题：

（1）河流生态系统的运行方式以及各要素的作用。

（2）经济社会对河流生态系统服务的长期需求和目标。

（3）河流生态系统在不同条件下可满足或支持经济社会需求的能力。

（4）经济社会活动对河流健康产生的影响，不同开发利用方式如何影响河流生态系统结构和功能，以及提供服务的能力。

水资源战略管理（图2.1）旨在更为合理地利用水资源，在平衡不同利益相关方需求的同时，最大限度地减小经济社会活动对河流健康的影响（图2.1）。这些管理措施包括编制和实施水资源开发利用规划、水量分配方案以及水污染防控方案等。例如，中国政府在2011年颁布的一号文件中提出了一项新政策，要求建立一套"最严格的水资源管理制度"。为此，确立了一系列"红线"，对用水总量、用水效率和污染物排放加以管控（专栏4）。

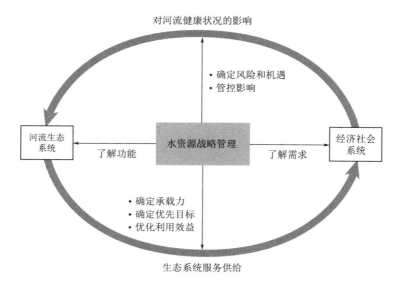

图 2.1　水资源战略管理的作用

专栏 4

中国为河流划定生态红线

随着生态环境的退化，人类逐渐意识到需要对资源获取、污染物排放和对生态环境的改造等活动的强度设置管控目标，以防止超过强度允许值可能产生的对生态系统关键功能的破坏性影响。

确定管控目标可以作为河流生态系统管理的基本方式，例如，可确立水文情势变化的最大值（如可取用水量）或污染物排放的最大量。同时，管控目标也可以作为开展生态修复和确定修复目标的依据。

在管控目标方面，中国政府提出了"最严格的水资源管理制度"，也就是所谓的"三条红线"：用水总量控制红线、用水效率控制红线以及水功能区限制纳污红线。

2012 年国务院颁发的《国务院关于实行最严格水资源管理制度的意见》在全国范围内确立了红线和目标。该《意见》规定到 2030 年全国用水总量控制在 7000 亿 m^3 以内；用水效率接近世界先进水平；万元工业增加值用水量降低到 $40m^3$ 以下；农田灌溉水有效利用系数提高到 0.6 以上；主要污染物进入河湖总量控制在全国水功能区纳污能力范围内。这为不同水体提出了用水要求，并制定了水质标准。水利部主要负责实施这三条红线。

同时，环境保护部颁布了《生态保护红线划定指南》，用于识别和保护关键生态系统空间界限。该《指南》确定了如何选择和识别禁止工业化和城市化的区域，如重要生态功能区、生态敏感区或生态脆弱区，旨在保护珍惜、濒危物种，维护关键生态系统功能。根据最严格水资源管理制度规定，自然保护区、森林公园、国家级风景名胜区、世界自然遗产和地质公园同样禁止开发并受到保护。

水资源开发，如修建大坝和取水，是水资源管理的一项措施，为人类提供了利用河流资源的途径。水资源开发对河流某些生态系统服务的提供产生了影响：一方面，提高了河流应对洪旱灾害的能力；另一方面，改变了河流的结构和功能，从而影响了河流提供其他生态系统服务的能力。

河流生态修复是水资源管理的一个途径。一旦河流生态系统退化到难以继续提供服务的程度，如水质恶化、泄洪能力减弱等，常规的工程规划、水量分配等措施就难以取效。为了改善或修复已经丧失的服务，或者提高某些服务的供给能力，就需要采取更为直接的生态修复干预措施，这可能需要将工程和其他专业，包括生态学，结合起来。

河流生态修复包括直接修复和间接修复。直接修复即采取直接的干预措施来改造河流系统，例如，重塑河岸带植被结构、改造或清除河道的障碍等。第 9 章将详细讨论每种修复措施。间接修复主要包括改变经济社会活动的措施，从广义上讲包括个人、政府、社会等各个方面，以减少经济社会活动对河流生态系统产生的影响。这些措施包括限制一些行为的强制性措施，以及通过教育、市场激励等实行的非强制性措施。

河流生态修复与河流生态系统及人类社会之间的相互关系如图 2.2 所示。

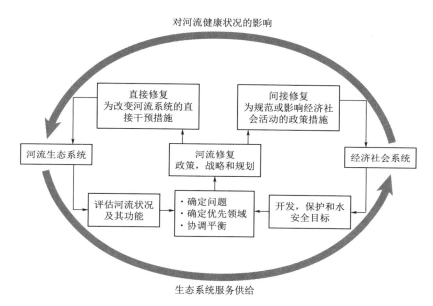

图 2.2 河流生态修复与河流生态系统及人类社会之间的相互关系

2.2 河流生态修复的内涵

恢复生态学目前是一门比较成熟的科学，它解释了自然生态系统如何对不同生态修复干预措施作出反应，以及相关的概念和模型。生态修复干预措施是恢复生态学的应用手段，需要将相关科学知识运用到资源管理的实际问题中，其中包括：确定干预措施的优先顺序、了解干预措施的特点，以及确定合理且切合实际的修复目标（图 2.3）。

术语"修复"在生态系统管理中有很多使用方式。生态修复一般是指将生态系统恢复到自然状态或开发前的状态的过程。美国国家科学研究委员会（1992）对修复的定义如下："……将生态系统大致恢复到受干扰前的近似状态。在恢复过程中，生态资源的损害得到修复，生态系统的结构和功能得以重构……目的是为了恢复其可持续发展并与周边环境相统一的能力。"

"修复"区别于"复原"。复原是仅对退化的系统中发生变化的某些要素采取

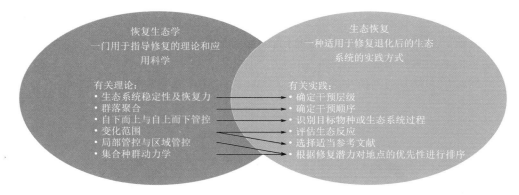

图 2.3　恢复生态学及其在生态修复过程中的应用

措施，但其目的仍是尽可能将生态系统恢复至原始状态。相比之下，整治指的是将生态系统改变至另一状态，既不同于当前状态，也不同于原始状态，以改善生态系统某些功能（图 2.4）。事实上，在很多情况下，由于经济社会活动对生态系统长期、持续的影响，导致试图将生态系统复原到自然状态既不现实，也不可取。

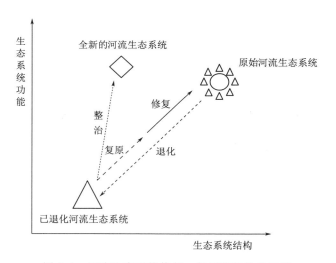

图 2.4　河流生态系统修复、复原和整治的区别

目前有许多关于生态修复的定义。生态修复学会将其定义为"协助恢复已退化、已受损或已被破坏的生态系统的过程"。湿地科学家学会将湿地修复定义为"对已经退化或改变用途的自然湿地采取措施，重新确立生态过程、功能和生物（非生物）联系，并建立与其景观整合的持久稳定、具有自我恢复力的系统"。

目前景观的很多组成部分都在进行生态修复，这其中就包括河流生态系统。

随着人们更加深入地了解河流运行的方式、河流影响因素的性质以及对生态系统退化和生态系统服务损失等问题的应对措施，河流生态修复的概念逐步形成。过去，人们理想化地希望将生态系统恢复到自然状态或原始状态。随着时间的发展，生态修复和河流生态修复的理念已经更加结合实际情况（表 2.1）。

表 2.1 修复和复原的定义演变

生态修复的定义	参考文献
通过某些人为措施，将生态系统从已受干扰的或彻底改变之后的状态，恢复到以前的自然状态或某特定的改变后的状态，但是修复无须使系统恢复到原始状态	Lewis，1990
从结构和功能上完全恢复到干扰之前的状态	Cairns，1991
修复也就是重建生态系统的结构和功能	美国全国科学研究委员会（NRC），1992
修复和复原之间的区别：生态系统的退化如果跨越了"不可逆阈值"，并且认为"被动"修复无法达到干扰前的状态，则建议进行"复原"	Gore 和 Shields，1995
在已经退化的栖息地进行复原，也就是恢复生态系统的功能和过程。复原并不需要重建干扰前状态	Dunster J. 和 Dunster K.，1996
生态修复就是将生态系统尽可能恢复到干扰前的状态和功能的过程。因此不可能精确地重建系统。修复过程可重新建立生态系统的一般结构、功能，以及动态的可自我维持的能力	美国联邦跨部门河流生态修复工作组（FISRWG），1998
生态修复是为了修复生态系统的过程、生产力和服务，以及重建曾经存在的涉及物种构成和群落结构的生物完整性，协助已退化、已受损或已被破坏的生态系统进行恢复的过程。因此生态修复由对生态系统不同组分所进行的矫正活动组成	生态修复学会（SER），2004
河流生态修复是一种恢复的强化过程。恢复的强化应确保生态系统恢复到近似于未受影响的状态	Gore，1985
修复方案的目的是建立一个稳定的或者处于动态平衡的渠道，足以支持一个能够自我维持、功能多样的群落集合系统	Osborne 等，1993
在已经退化的流域内，为改善水文、地貌和生态过程，并替代系统中丧失的、受到损害的或受到影响的因素所采取的措施	Wohl 等，2005

Wohl 等（2005）将河流生态修复定义为"在已经退化的流域内，为改善水文、地貌和生态过程，并替代系统中丧失的、受到损害的或受到影响的因素所采取的措施"。这种定义已经考虑到主观和社会价值因素，即如何界定需要进行改善的因素，这其中包括了对财产的保护，以及对审美价值或休闲娱乐价值的提升。因此，"河流生态修复"可以更为明确地定义为"通过在流域范围内重

构支持生态系统所必需的生态过程，以恢复退化的流域系统的生态完整性的活动"。而在河流生态修复范畴内的复原，主要是通过相关过程的重新建立，或者相关要素的替换，解决导致生态系统退化的原因；而非处理退化产生的表面现象，以达到生态系统某种稳定状态。

本书的定义采用了类似的较为宽泛的形式。"河流生态修复"包括为改善生态系统功能、河流健康状态和相关生态系统服务所采取的干预措施。修复后的河流系统的功能或结构可以不同于"原始状态"的河流系统，但与已经退化的河流系统相比较，相关功能或结构得以改善。

河流生态修复的定义为："对已经退化的河流系统，通过替换已丧失、受损或受影响的要素，以及重新构建必要的生态过程，恢复河流的生态结构和功能，从而支撑河流生态系统的健康，并改善河流所提供的生态服务。"

按照这个定义，可以用示意图的方式区分原始河流生态系统、退化后河流生态系统及修复后河流生态系统中的系统结构与功能，如图 2.5 所示。

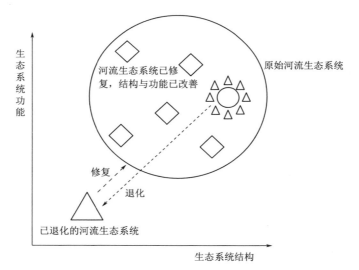

图 2.5　原始河流生态系统、退化后河流生态系统及修复后河流生态系统中的系统结构与功能

2.3　河流生态修复的动因

河流生态修复已在各国广泛开展，主要原因如下：

（1）河流生态系统的退化。由于水资源过度开发、水污染以及河道渠化等原因，导致河流生态系统退化。

（2）河流提供的生态系统服务功能的丧失。由于河流生态系统退化，导致河流无法继续提供相关服务，包括供水能力下降、休闲价值丧失、重要渔场产能衰竭、洪水或干旱风险升高。

上述两方面原因迫使人们作出反应，以阻止并扭转河流退化趋势，改善和恢复河流生态系统服务功能。而且仅当河流生态系统发生退化，并对人类社会造成严重影响时，河流生态修复才会被认真考虑。

尽管河流生态系统的退化可能是河流生态修复的根本原因，但是促使开展河流生态修复的重要因素常常是人们希望能从河流生态系统中获得更多更好的服务。而希望改善的生态系统服务可包含许多种类，每种都与河流可提供的服务相关。

从历史经验来看，生态修复通常以保护为导向，旨在保护或提高生态价值。生态修复往往起因于某种标志性的河流物种或栖息地的丧失。例如，美国哥伦比亚河的生态修复就起因于鲑鱼渔业资源的枯竭。

确保生物多样性是生态修复的主要目标，经济因素也越来越多地促进了生态修复的开展。人们目前已普遍认识到，生态系统的退化会损害人类社会的长期发展，而修复和改善生态系统，使其提供服务和产品，是十分必要和有价值的。城市化进程已经成为改善河流健康状况的一个刺激因素。城市规模不断扩大，可用空间有限。通过改善河流状况、有效应对洪水风险等措施，可增加河流滨岸带用于房地产开发和休闲娱乐的价值。这已经成为河流生态修复的主要经济驱动因素。同样，对河流廊道的开发可使人与水密切接触，但同时也致使水灾风险提升，对房屋、道路、桥梁和其他资产等基础设施的保护需求也因此提升，这也成为河流生态修复项目的重要动因。

社会和文化因素也促使了生态修复的开展。一是人类健康因素，河流退化给人类健康带来的后果促使人们采取措施，改善河流健康状况，从而提升沿河人群和社区的健康状况。二是社会期望，社会对河流糟糕的状态的不满，促使政府采取措施，改善河流系统的外观，减少臭味，提高水质以达到游泳或渔业标准，或者打造河岸休闲区。三是文化因素，河流的文化意义在很多国家都非常重要。例如，在印度恒河对印度教徒是最神圣的象征，因此保持和改善恒河健康状况就变得非常敏感。

所有的这些因素归根结底都是为了保障水安全，即水在质量和数量上的可靠性和可获得性，这反映了健康、生活、生产等方面对水资源的需求，以及将水害风险降低到可接受范围内的保障能力。在中国、新加坡、澳大利亚和墨西哥，提高水安全已经成为开展河流生态修复的关键动因。

因此，开展河流生态修复的动因可分为四类：资产和经济活动的保护、生态因素、社会文化因素以及水安全（图2.6）。很多时候，这些分类不是孤立的，在河流生态修复的动因和结果上存在着许多重叠。

需要对河流生态修复措施的动因和目标加以区分。动因指的是进行河流生态

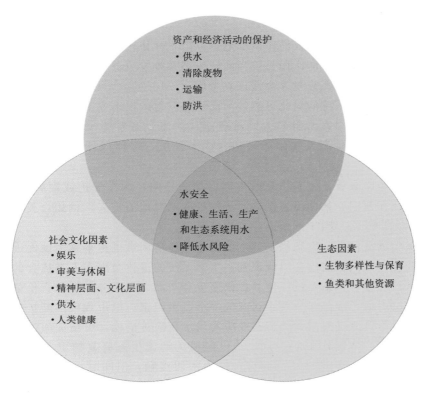

图 2.6   促使河流生态修复的因素

修复的原因——通常是需要予以响应和采取措施的因素。目标则是人们希望通过河流生态修复实现的期许。两者密切联系，有时其中一方面就是对另一方面的反映。目标往往比动因更加宽泛。而动因可提供动力和机会来解决更多额外的问题，但解决这些问题往往需要更为庞大的生态修复计划的支持。第 4.3 节详细讨论了河流生态修复的目标。

2.4   河流生态修复的历史与发展

河流生态修复的历史并不长，很多国家从 20 世纪 70—80 年代才开始兴起。在美国，1972 年颁布的《清洁水法》推动了河流系统的保护和改善工作。在欧洲，20 世纪 80—90 年代启动了第一批重点生态修复项目，其中包括莱茵河、墨西河及多瑙河修复项目。2000 年颁布的《欧盟水框架指令》提出了要在欧洲实现和维持地表水"良好生态状态"的目标，包括河流、湖泊、河口及海岸。这使得欧洲国家为实现恢复整个欧洲河流的健康这一目标付出了巨大的努力。在澳大利亚，为了恢复墨累-达令河流域的生态流量，于 2006 年启动了墨累-达令河的生态修复工程，目前已投入了数十亿澳元。

相比发达国家，发展中国家启动的河流生态修复项目屈指可数。造成这一现象的原因很多。首先，发展中国家的河流生态修复工作并不那么迫切，欠发达国家或地区的河流所承受的经济社会压力相对较少；其次，通过快速工业化和农业发展实现短期内经济快速增长的需求通常优先于环境保护的需求，这意味着允许以牺牲生态环境为代价发展经济；最后，很多欠发达国家不具备开展河流生态修复项目的制度、技术或经济能力。

关于如何开展河流生态修复，目前已达成一些共识。首先要明确存在的问题，即确定人类活动对河流及流域产生的影响以及后果。通常一些重大事件的发生才会引起社会各界的广泛关注，并引发对究竟什么是长期存在的环境问题的思考。1969 年美国凯霍加河流域发生了火灾，正是因为这场火灾，最终促使美国政府于 1972 年颁布《清洁水法》。澳大利亚墨累-达令河流域在 20 世纪 90 年代出现了绵延 1000 多千米的水华，引起了管理者和公众的关注，推动了早期一系列旨在恢复流域生态流量的改革措施。

人们对河流资源的使用和依赖随时间不断改变，同时也越来越深入地了解到可从健康河流中获得的收益。伴随河流健康的恶化、生态系统功能的退化，人们对健康河流的价值的认识日益深入。社会的进步让人们越来越难以接受糟糕的河流状况，包括河流健康在内的生态环境福祉，往往成为人们优先考虑的因素。

应对河流健康恶化最常用的策略就是保护生态系统的现有功能，限制或减少人类活动对河流产生的影响。这些措施通常被纳入水资源综合管理之中，包括消除点、面源污染以及解决流域水资源过度开发的问题。其主要动因是改善水质以及降低洪水风险。

然而，当河流的退化程度较为严重时，仅仅消除现有影响就不足以将生态系统功能恢复到期望的水平。此时，更加直接的干预措施就不可避免了。这些干预措施可包括改变河道形态结构、恢复河道连通性、保障和改善生态流量以及重构流域及滨岸带植被体系。

近年来，随着人们认识到在高开发强度的流域内维持生态系统功能的重要性和挑战性，河流生态修复已越来越多地与经济社会活动整合。这种整合同时也需要意识到，对于人类活动显著的区域，生态修复活动具有一定的局限性：一方面需要改善河流健康；另一方面也要满足人类对于供水安全、防洪安全以及其他生态系统服务功能的需求。将两者结合在一起考虑才能使河流生态修复造福社会的长期稳定发展。

下面各节将简要介绍部分国家开展河流生态修复的情况，一些成功的案例在专栏 5 中列出。

河流生态修复成功案例

　　河流生态修复是一门新科学、一种新实践，正处于不断发展之中。全世界已经启动了至少几百个河流生态修复项目，对生态、经济和社会产生了积极的影响。在生态系统管理和水资源管理方面，河流生态修复已越来越被视为主流方案。

　　美国通过对哥伦比亚河的修复，改善了鲑鱼群落状况。艾尔华河等一些河流的水坝被拆除，从而增强了泥沙的移动过程，使得泥沙可流入下游河段。Penebscot 河的水电产业被重新布局，使得在维持发电能力不变、为该地区创造 500 万美元就业市场的同时，该河 1500km 河道的连通性得到恢复，为 11 种鱼类创造了洄游条件。西南地区河流沿岸的入侵植物被成功清除，从而有效地保护了本地植被。科罗拉多河下游的流量也首次得到恢复。在整个美国，通过 1972 年《清洁水法》的实施，河流污染减排成效十分显著，达到游泳和渔业标准的河流数量比以前增加了 1 倍。

　　欧洲在欧盟法律的推动下，为废水处理项目投入了大量资金。通过河流生态修复，泰晤士河和莱茵河等河流的水质已经得到了明显的改善。泰晤士河在 1858 年发生了"大恶臭"事件，在 20 世纪 50 年代更被宣布为"生物学意义上已经死亡"。如今，泰晤士河已然成为伦敦文化生活的焦点和旅游胜地。欧洲大陆一些主要河流的沿岸已经开展了大型修复项目。例如，根据罗马尼亚、保加利亚、摩尔多瓦和乌克兰政府在 2000 年签署的一份国际协议，大约 6 万 hm^2 洪泛区湿地得到了修复。通过很多小型修复项目的实施，栖息地状况得到了改善，河流的休闲价值和社会经济效益得到了提高。德国伊萨尔河生态修复项目就是一个典型示例。这项工程为慕尼黑市新增了河岸公园用地，并改善了洪水管理措施。目前，欧洲河流生态修复中心网站已列出 24 国 924 项工程，这说明整个欧洲大陆都在积极开展河流生态修复工作。

　　成功案例并不局限于发达国家。世界其他地区，尤其是亚洲，也在加快河流生态修复的步伐。在中国湖北省，通过修复三个位于洪泛区的湖泊与长江之间的通道，湖泊水质得到迅速改善，内陆渔业产量增加了 17%，从而改善了生物多样性，提高了下游地区的防洪抗洪能力。这些生态修复试点工程取得的成绩推动了其他省份的政府部门重新将河流与湖泊连通起来。在新加坡，水资源安全被提升到了战略高度，政府采取了一系列措施开展河流生态修复工作，并投入了大量资金。以前运河使用混凝土衬底，只能发挥一种或两种功能（如雨水排水或水库补给）。而通过活力、美观、洁净（ABC）水计划，这些运河已经被改造成多功能水道，不但提高了水质和环境质量，还增加了娱乐功能。同时，通过这个项目，公众对河流健康的意识和社会责任感也得到了提高。

2.4.1 美国的河流生态修复

美国河流生态修复始于 1972 年颁布的《清洁水法》。在颁布《清洁水法》之前，美国发生了多起备受关注的水污染事件：哈德孙河细菌量超过安全范围 170 倍；鱼类死亡量创下历史新纪录；1969 年俄亥俄州凯霍加河突发水面浮油事故。这些事件促使政府颁布了《清洁水法》，并且确定了《清洁水法》的目标为"恢复和维持美国水资源的化学、物理和生物完整性"。

《清洁水法》为美国各州建立水质标准提供了一套机制：确定可以接受的污染负荷、需要修复的水体以及保护措施，也为污染排放建立了水资源许可制度。该法案在 1987 年前重点关注点源污染，之后的修正案则为减少面源污染（如农业污染）制定了方案。该方案为确定受面源污染影响的水道提供资金支持，并协助利益相关方实施最佳管理实践以减少径流污染。美国政府在颁布《清洁水法》的同时作出了重大承诺，向废水处理、非点源污染以及流域及河口管理提供财政支持，到目前为止已投入了 840 亿美元。

美国实施《清洁水法》的最初关注重点是改善水质，但修复水生生态系统在近期也变得十分重要。生态修复通常是为了修复或改善具有经济、文化或精神价值的自然资源。修复工程主要位于某一河段或流域内的多个河段，可包括河岸带、高地和低地，例如，重新连通洪泛区、改善河流栖息地结构。到目前为止，大多数的修复措施都是为了恢复渔业资源，有时甚至会为某单一或多种物种的修复投入大量资金。例如，每年投入到哥伦比亚河、佛罗里达大沼泽地、密苏里河、密西西比河、萨克拉门托河、路易斯安那三角洲、切萨皮克湾和五大湖区的资金可达数亿美元。此外，每年投入到小型流域内栖息地的复原工程也超过了 10 亿美元。

Naiman（2013）将美国河流保护和修复分为四个发展阶段（图 2.7）：

（1）第一阶段：探索阶段，即河流运行方式的探索和了解阶段。

（2）第二阶段：保护阶段，其特点是采取措施保护物种和所在区域。

（3）第三阶段：修复阶段，旨在重新建立环境功能和条件。

（4）第四阶段：有效措施阶段，即促进保护和修复措施与更加广泛的社会价值和驱动因素结合起来。

探索阶段即探索并提炼河流作为生态系统的概念模型，其范例包括：①河流在从源头流入海洋的过程中，其生态系统如何发生变化；②将河流廊道内大型水坝和水库工程的影响整合在一起；③在潜流带发现新的动力学机制；④大型动物如何影响河道的塑造；⑤认识到洪水的重要性；⑥季节性流量变化；⑦河岸带；⑧斑块栖息地；⑨适应栖息地环境持续变化的物种及其数量上的空间动态性；⑩从大型河流的角度出发，研究哪些有机物来源可成为影响生态系统特征的驱动因素。

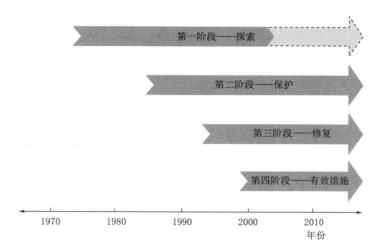

图 2.7　美国河流保护和修复发展过程中的四个阶段

在探索阶段，水生态学家认识到，人们对河流生物群落的认识有限，河流生态系统物种损失的速度快于陆地或海洋生态系统，且受人为干扰程度与日俱增。与此同时，人们意识到景观过程维持了河流的渔业生产能力，而人为导致的气候变化真实存在，并正在影响全球水生系统。河流生物多样性急剧下降，这不是一个理论性或未来的问题，而是一个已经存在并加速恶化的问题。

在北美地区，随着人口的增加和经济的发展，人们持续开发河流用于发电、航运和取水，改造河流用于防洪和其他目的，这使得大多数河流的物理和功能都发生了改变。

人们逐渐认识到河流是一个动态的生态系统，但是由于对人类活动认识的不充分，该系统发生了急剧变化（第一阶段），因此需要对河流进行保护（第二阶段）和修复（第三阶段）。不幸的是，虽然人们在探索阶段积累了大量知识，但是并不足以说明河流保护和修复工作在北美地区取得了成功。早期，北美地区河流保护措施重点关注从法律上去识别需要保护的濒临灭绝或受到威胁的水生物种，通过水资源权利及河岸带租赁为关键栖息地提供缓冲区，确立保护所需的地役权，识别关键或剩余栖息地，投资购买河流段，并建立流域管理委员会和协会。几乎所有保护项目都瞄准了关键的但经常被隔离的河流栖息地中的重要位置和物种。同样，河流生态修复通常关注的是重建结构特性（如渠道形态、最低流量、水塘及河岸植被覆盖），其依据的假设条件是生态系统功能在相应结构得到恢复后会相伴而生。

需要消除科学与应用以及科学与人类之间的鸿沟，就需进入第四阶段——有效措施。这个阶段在最近十年应运而生，其原因是人们认识到了与河流生态修复相关的社会和生态之间的复杂性（如多重所有方、行政管辖、权益、价值和公众参与）。当前所做的努力旨在通过积累国际和国内经验，寻求合适的途径，以平衡错综复杂的社会与生态之间的问题。

河流保护和修复发展过程中的这四个阶段至今仍在持续。

2.4.2　澳大利亚的河流生态修复

与欧洲、美国和亚洲的河流污染主要来自于工业和城镇污染不同，澳大利亚由于国土广袤、人口稀少以及经济特点，其河流的退化问题主要与农业生产有关，包括取水、清除植被和相关流域退化问题。墨累-达令流域是澳大利亚农业生产最重要的流域。但 20 世纪 80—90 年代，人们对该流域水质的担心与日俱增。整个流域干旱地区的盐度居高不下，而来自化肥的高养分物质又造成了藻华。另外，过度配置和抽取水资源用于灌溉对河流流量产生了严重影响，进而影响了河流生态系统以及洪泛区及河口区域的状况。而在近期，人们更加关注农业和土地利用对大堡礁的水质产生的影响。

为了解决这些问题，人们已经投入大量资金，并采取了大量措施，以改善位于该流域河流的流量。澳大利亚联邦政府承诺未来十年将投入 129 亿澳元回购水资源、建设基础设施、提高用水效率，并推进政策改革。这其中包括投入 31 亿澳元，用于购买该流域水资源的使用权，将水资源归还给河流，以保护河流生态环境。使用权的购买基于自愿的市场规则。

大堡礁虽然为海洋水体，但是在澳大利亚的河流生态修复发展进程中扮演了重要角色。由于大堡礁的健康状况受到排入其水体河流糟糕的水质、高养分、高泥沙含量以及农药的严重威胁，政府制定了《大堡礁水质保护计划》，力争在 2020 年前，阻止甚至逆转进入大堡礁的河流的水质下降趋势。该计划还设立了目标：在 2018 年前，大堡礁流域出水口的氮磷总量和农药总量要分别减少 50%和 60%，并且干燥热带牧场的地被层占比至少要达到 70%。该计划还建议泥沙量到 2018 年应减少 20%。这项计划由联邦、各州和当地政府部门负责实施。其关键措施包括：与土地所有者合作处理重要污染源，研究改进农业实践方法，减少农业和化肥输入总量，在大堡礁各流域推广和采用最佳农业实践方法。另外还在诸如棉花、食糖和牛肉生产等行业推广自愿实施规程，以改善农业实践方法，减少对河流的影响。此类行业多是解决流域退化和相关水质问题的关键。

除上述重大修复措施外，澳大利亚在中小流域内开展传统的河岸和流域修复项目有着悠久的历史。这些项目主要由地方政府、流域管理部门或社会团体牵头，相关活动包括恢复河岸植被、重建河道栖息地、清除入侵物种，特别是入侵鱼类。

河流生态修复方法已经随时间发生了显著的变化。例如，在昆士兰州东南地区，人们对河道状态越来越不满意。早期项目主要通过对废水管理的改进，重点解决点源污染。解决了点源污染后，人们转而将面源污染视为河流健康的最大威胁。如今修复项目则致力于对土地利用方法进行改进，并对河岸带和流域上游的退化区域进行复原。同时，为了支持和改善河流生态系统以及依赖河流的生态系统，城市规划和设计进行了明显的改进，如为了提高雨水管理水平所开展的街景规划和设计。

2.4.3　韩国的河流生态修复

20 世纪 60 年代以来，韩国的工业化和城市化进程加快，这导致了河流生态系统的巨大变化。影响河流生态系统的物理因素包括：修建河流屏障，通过堤防工程渠道化河流，疏浚，砂石开采，洪泛区开垦，过度抽取河水，通过森林砍伐和土地利用改变流域状态。河流渠道化现象非常普遍。韩国四大河流水质十分糟糕，中小型河流，尤其是城市河流，水质恶化最为严重。水质问题及分流深刻地改变了韩国河流生态系统。这些变化及相关问题推动了河流治理方式的变革，其中包括对河流生态进行修复。

自从 20 世纪 60 年代韩国开始城市化和工业化以来，其河流管理及生态修复共经历了五个阶段：

(1) 管理"天然"（即相对不受干扰的）河流。

(2) 管理河流，控制灾害，如洪灾和旱灾。

(3) 开发，大力开发洪泛区、河岸带，甚至河道，导致河流被占领。

(4) 恢复阶段，包括改变河流，提高河流休闲价值（"公园河流"）。

(5) 修复阶段，旨在提高生态价值（"生态河流"）。

韩国第一个修复项目是汉江项目（1982—1986 年）。该项目由首尔市政府牵头，涉及的洪泛区为首尔市打造的"城市河岸公园"，而改造后的汉江可适合休闲划船。随后，韩国很多城市也效仿这种方法。

四大河流生态修复项目是韩国最重要的河流生态修复项目，旨在改造近700km 河道（表 2.2）。该项目于 2011 年竣工，总投资约为 173 亿美元，主要通过新建水坝、清除泥沙，来提高包括水量、水质和防洪在内的水资源安全性。

表 2.2　　　　　韩国四大河流生态修复项目相关工程和成本汇总表

类别	项　目	数量	成本/10 亿英镑	总成本/10 亿英镑
干流	清除泥沙	5.2 亿 m³	2.9	9.4
	大坝和路堤	16 个	3.5	
	生态恢复	537km	1.2	
	路堤加固	377km	0.5	
	环境友好型自行车道	1206km	1.0	
	水质改善设施	353 个	0.3	

类别	项 目	数量	成本/10 亿英镑	总成本/10 亿英镑
支流	生态恢复	392km	0.5	2.9
	路堤加固	243km	0.4	
	环境友好型自行车道	522km	0.1	
	水质改善设施	928 个	1.9	

在韩国，有些人认为河流生态修复应重点关注河流的美学价值，提高社会康乐价值（即公园河流）；而有些人则认为河流生态修复应使河流回归到能发挥其生态功能的状态（打造生态河流）。这两种观点目前在韩国仍然存在争议。目前出现了两种修复模式，即娱乐修复模式和生态系统修复模式，每种模式均希望实现上述的所有目标。

2.4.4　中国的河流生态修复

从某种意义上讲，中华文明 5000 年历史就是一部河流治理的历史。中国是一个水旱灾害频发的国家。早期的河流治理重点关注防洪和供水工程，包括修建水坝和防洪堤以及加固河道。虽然这些措施有助于防洪并增加供水量，但是由于没有充分认识到河流生态系统的功能，缺乏对河流生态系统进行保护和修复的措施，因而破坏性地改变了生态平衡。最近几十年，上述措施导致了河流状况的严重恶化，进而引发了生态危机。

随着中国经济社会的现代化发展，上述河流工程带来的负面影响日益显著。随着对河流生态功能的认识不断深入，人们开始考虑新的河流治理和修复技术。从 21 世纪初开始，河流生态修复日益成为政策制定者和学术界关注的焦点，各种研究和实践也应运而生。然而，河流生态修复在中国仍处于初级阶段，可改善河流生态系统的有效修复措施仍然不够明确。

2000—2005 年是中国河流生态修复的萌芽阶段。在此期间，一些中国学者开始研究和引入国际河流生态修复方法，并建立了河流生态修复的本地理论。同时，中国政府开始采用系统方法进行河流生态修复，其最初的重点是培养本国河流生态修复的实力，并积累经验。

2005 年以来，中国河流生态修复一直处在快速发展之中，并从理论探讨和框架搭建过渡到方法、措施与技术的识别和评估。目前已有 40 多个城市完成了城市河流生态修复试点项目，其关注的重点是改善河流生态系统的关键要素和功能，例如，修复河岸植被、从景观生态学角度治理河流以及通过水污染防治措施恢复水质。另外，试点项目还关注与生态修复相关的河流综合治理水平的提升。相关方法已被很多存在极端生态退化现象的河流治理工程所采纳，包括位于中国北方干旱地区的黑河、石羊河及塔里木河。

中国河流生态修复工程的目的因地理位置不同而不同。北方水资源奇缺，因此大多数修复项目重点关注保证环境流量、修复水上栖息地以及提高河流健康水平。南方的重点则是改善水质、减少水污染。

在中国，河流生态修复项目涉及的流域面积存在明显差异，如黑河流域的面积超过 3 万 km²，而转河（位于北京）仅有几十平方千米。不同类型的流域采用了不同的修复方法和技术。流域面积较大河流的生态修复工程通常被纳入河流治理规划，旨在修复河流生态系统，更好地平衡生态保护和社会经济发展。流域面积较小的河流则采用诸如疏浚、河岸治理和景观美化等技术。

除工程技术外，河流生态修复的基本概念和要求已在政府文件或行业标准中明确。目前政府已经发布了很多指导性文件，具体如下：

（1）《关于水生态系统保护与修复的若干意见》（水利部水资源〔2004〕316号），由水利部颁布。

（2）《城市湿地公园规划设计导则（试行）》（建城〔2005〕97号），由住房和城乡建设部颁布。

（3）《国家湿地公园总体规划导则》（林湿综字〔2010〕7号），由国家林业局颁布。

（4）《生态环境状况评价技术规范（试行）》（HJ/T 192—2006），由环保部颁布。

（5）《河湖生态保护与修复规划导则》（SL 709—2015），由水利部颁布，相关情况见专栏 6。

专栏 6

中国《河湖生态保护与修复规划导则》

2015 年，中国水利部发布了新的河流生态修复规划指南《河湖生态保护与修复规划导则》。该导则重点关注以下任务：现状调查与评估、河流生态修复总体规划、最低水质要求的保障、水质的维持和提高、河流湖泊景观保护与修复、重要栖息地与生物多样性保护、关键生态区保护、河流湖泊生态监测。

导则规定基线评估应包括收集和评估与下列内容有关的基本信息：流域、规划数据、自然和社会环境历史监测数据、水文条件、水资源可用性、水环境条件。

规划过程应考虑规划区域的自然和社会经济特征，确定土地和水资源利用的限制条件，明确河流湖泊生态系统保护和修复的指导方针与要求，包括为维持和修复河流湖泊生态系统功能制定的目标和措施。

总之，中国的河流生态修复还处在发展和改善阶段，新技术新工艺不断涌现。在此过程中，出现了两种重要趋势：①生态修复的目的从解决具体问题到综合全面提升整个河流生态系统状况；②河流生态修复更多地被纳入更为广泛的河流治理规划之中。

2.4.5　欧洲的河流生态修复

虽然有记录显示早在 16 世纪，欧洲就在尝试减少污染及其他对河流产生影响的人为因素，但是真正意义的河流生态修复应始于 20 世纪 80 年代。早期修复项目主要关注如何恢复河流形态（河流蜿蜒度），而非生态系统过程或确保河岸稳定性的生物工程。改善大型河流健康状况的一个重要原因是人们希望通过对废水处理的大规模投资来恢复水质。20 世纪 90 年代以来，欧盟法律对解决水资源问题起到了关键作用。例如，1991 年实施的城镇废水处理指令要求欧盟成员国解决生活污水和某些工业废水产生的污染。除了有关废水处理的规划、监控和信息系统的条款外，城镇废水处理指令还要求所有人口超过 2000 人的城镇必须对废水进行收集和二级处理，并规定城市的废水以及食品加工业和工业废水在排入城市污水管网前必须事先办理审批手续。受此影响，欧盟很多成员国将大量资金投入到了废水处理之中。仅英国在 1990—2015 年期间向废水强化处理项目投入的资金估计达到了 261 亿欧元（按 2015 年汇率计算大约相当于 400 亿美元）。

此后，欧盟颁布的其他指令进一步推动了河流生态修复项目，包括 1992 年的《栖息地指令》和 2009 年的《鸟类指令》，这两项指令要求在整个欧洲建立一个名为"自然 2000 网络"的保护区网络。《栖息地指令》明确了对野生动植物至关重要的景观特征，这其中包括需要管理的河流。2007 年的《欧盟洪水指令》也十分重要，它要求欧盟成员国采取措施降低洪水风险，其中包括通过河流生态修复可以促成的自然洪水治理措施。

2000 年颁布的《欧盟水框架指令》可能是最重要的相关指令，它规定欧盟成员国必须确保所有水体（包括河流）最迟在 2027 年之前达到"良好生态状态"。水体生态状态评估的依据是生物群落（包括鱼类和无脊椎动物多样性）、水文特征及其化学特征。该指令还要求欧盟成员国如有必要必须制定跨流域边界管理计划。管理计划要求通过相关措施的制定，确保水体达到"良好生态状态"，并且这种状态不会有恶化趋势。这些计划每六年更新一次，第一期是 2009—2015 年，第二期是 2015—2021 年，依此类推。《欧盟水框架指令》的另外一个重要特点是强调公众参与在流域管理计划的设计和实施中的重要性。

自《欧盟水框架指令》颁布以来，欧洲的河流生态修复势头非常强劲。欧洲环境署发布的关于第一套河流流域管理计划的分析结果表明，在 2015 年之前，欧盟境内不足一半的地表水能达到"良好生态状态"，这与该指令确定的目标相距甚远。欧洲河流生态修复中心的 River Wiki 记录了 31 个国家的 881 个河流生态修复项目。虽然河流生态修复方法存在差异，但是由于《欧盟水框架指令》强调需要更加全面地评估河流生态状态，因此河流修复的出发点已经由对单一物种的保护转变成了更加综合的修复方案。

下面将介绍欧洲一些重要的河流生态修复案例。

莱茵河本来是一个自由流动的水系，但是在 100 年前，它的干流却被改造成欧洲最重要的商品运输航道。改造措施包括干流渠道化，修建大坝、水闸及河堤，关闭河口。在这些措施以及如污染一类的其他人类活动的共同作用下，水生物种数量急剧减少。

为了解决水质恶化问题，莱茵河沿岸国家于 1963 年签订了《国际莱茵河保护委员会公约》。自 1976 年以来，瑞士、法国、荷兰、德国、卢森堡等国先后加入了国际莱茵河保护委员会。各方就莱茵河减排、提高溶解氧浓度、有机物和重金属含量达成协议。但是在 20 世纪 70 年代初，一次严重的水银污染事故导致莱茵河水生物种大量死亡，莱茵河因此从生物意义上被宣告死亡。且由于污染物在食物链内富集，这次污染事故导致了慢性问题。

20 世纪 80 年代初，莱茵河及其支流沿岸污水排放的减少和污水处理的改善降低了水体污染程度，生物群落略微恢复。但是在 1986 年 11 月，瑞士巴塞尔一家化学品仓库发生火灾，导致了被称为"山德士事故"的又一次严重污染事故。事故后，国际莱茵河保护委员会针对莱茵河生态修复制定了《莱茵河行动方案》。

最近，国际莱茵河保护委员会以及莱茵河流域的其他利益相关方已经成功实施了城市污水管理战略，并且显著改善了莱茵河水质。在过去 15 年里，执行新的综合政策使得人口稠密的莱茵河三角洲洪泛区得到恢复。事实上，莱茵河的退化问题在困扰人们 50 年后，终于在流域综合治理方面取得了显著成绩。为此，2013 年 9 月，莱茵河首次获得国际河流基金会欧洲河流奖，2014 年获得国际河流奖。

多瑙河的修复工作伴随着自然保护区的设立在 20 世纪 40 年代开始展开。目前，多瑙河及其支流沿线中的大部分地区已开展了修复工作。但是在《1994 年多瑙河保护公约》和《欧盟水框架指令》等协议达成之前，缺乏对整个流域相关活动的统筹协调。在经过协调和改善后，现代修复工程已经综合了一些大型、战略性、多任务、跨边界的修复项目，例如，多瑙河下游绿色廊道和联合国教科文组织建立的多瑙河-穆拉-德拉瓦生物圈保护区，以及小型本地化项目；再如，伊萨尔河与维也纳河（均为多瑙河支流，分别流经慕尼黑和维也纳）修复项目。开展修复工作可解决多种问题，包括立法和国际公约、城市休闲服务、生物多样性修复以及民众诉求。其中的事例包括由于当地民众多次就大坝建设项目提出抗议，奥地利决定建立和修复多瑙河国家公园作为补偿。

泰晤士河发源于英格兰科茨沃尔德丘陵地带，向西经伦敦市中心流入北海。泰晤士河全长 294km，流域面积 $16133km^2$，为英国第二大河流，沿岸生活着约 1300 万人。由于几百年的工业和人为污染，河流功能严重退化，大量标志性事件见证了泰晤士河的退化过程：1858 年"大恶臭"迫使议员撤出议会大厦，最终导致政府对城市排水沟进行了改造；1953 年洪水导致 307 人死亡，促使政府改善了防洪规划；1957 年泰晤士河被宣布从生物意义上已经死亡，迫使政府将泰晤士河作为一个重要生态系统进行重新评估。

在上述事件的推动下，政府累计投入了数十亿英镑对泰晤士河进行修复。今天，它被视为世界上最清洁的都市化河流之一，其河口地区的生物多样性在欧洲来说是最好的。在泰晤士河流域中，水质达到"良好"等级的河流数量占比已经从 1990 年的 53% 增加到 2008 年的 80%。然而根据更为严格的《欧盟水框架指令》，泰晤士河流域的修复仍然面临着重大挑战。该流域 398 个河流水体的数据显示：仅有 83 个水体达到《欧盟水框架指令》定义的"良好生态状况"。截至 2014 年，其余 237 个水体中的大多数处于"中等生态状况"等级，61 个水体为"生态状况不佳"，16 个水体为"生态状况糟糕"。

在英国，英格兰默西河生态修复见证了英国河流生态修复的历史。19 世纪，英格兰西北部成为了世界上第一个工业区。由于工业的快速发展，城市规模不断扩张，生活污水不经处理，直接排入河流和海洋。该地区制造业主要沿着河流和新运河建设，这些河流和运河俨然成为转移工业废物的主要通道。到 19 世纪下半叶，默西河及其主要支流艾尔华河已经受到严重污染，而 1721 年的艾尔华河渔业很发达，为此政府专门指定了皇家调查委员会就此问题进行调查，但市政府并没有及时解决这些问题。20 世纪 80 年代，默西河的河口及河流受污染程度在英国已位居榜首。整个 20 世纪，立法和制度调整取得了重大进步，包括 1974 年英国在全国范围内组建了 10 个地区水务管理局（其中西北水务管理局专门负责默西河治理），从而改善了河流健康状况。即使如此，到 20 世纪末，该地区河道仍然是全世界受污染最严重的地区，而破败不堪、糟糕的住房条件以及日益严重的社会问题表明这里的工业已经衰退。

该地区河道内及周围环境的恶劣情况十分严峻。到了 20 世纪 80 年代初，河流和运河状况已严重制约了城市再生和经济复苏。经过 150 年的污染之后，政府终于在 1985 年开始开展一项由政府资助的对默西河及其支流的净化工程，为期 25 年，并为此投入了数十亿英镑。该工程是一个跨产业的通过公立-私营-自愿相结合的方式开展的项目，1985—2010 年为活跃期，在改善水质、提高河岸再生能力以及促进利益相关方参与等方面取得了显著进步。

2.4.6　新加坡的河流生态修复

1965 年，新加坡脱离马来西亚宣布独立。从那以后（甚至在此之前），水资源安全就一直困扰着这个淡水供应有限的岛国。水资源安全，尤其是保障充沛的高质量的消耗性用水，已经成为河流生态修复的重要驱动因素。

在英国殖民统治期间，新加坡河就是这个城市的心脏。在新加坡独立之前，这条河已经受到严重污染，人们担心会因此丧失发展良机。1977 年，新加坡政府正式启动了一项为期 10 年的大型项目，对新加坡河（以及加冷盆地）进行净化，促使水生生物重新回到新加坡河。他们首先确定了将垃圾、污水和其他废物直接排入河流的沿岸污染源的位置，包括养猪场、养鸭场、房屋非法占有者、街头小贩、工业和蔬菜批发交易市场。政府借助强大的执行力，成功消除了这些污染源，清除了垃圾，并疏浚了河床。后来的监控数据显示新加坡河干净了很多，水生生物又回来了。净化措施为河流沿岸重新开发商业和住房创造了条件，今天该河已经成为新加坡的一个重要旅游景点。

新加坡河净化项目对于该国水资源管理至关重要。首先，它标志着新加坡正式将雨水和污水系统进行分离，因此可以大规模收集雨水。其次，这个项目突出了清洁河道的多重价值，其中包括社会经济效益。此后的很多河道修复项目都受到了新加坡河改造的启发，既要清洁河道，又要美化河道，打造优美的生活环境。

2006 年，新加坡国家水务管理部门新加坡公用事业局启动了 ABC 水计划，为新加坡全国范围内可持续性的雨水管理和渠道改善项目提供指导。最近几十年，由于水资源安全和防洪的紧迫性，新加坡对大多数河流加大了渠化力度，几条较大规模河流的河口已经修建了水坝，河流的水系形态主要体现为雨水沟、运河及水库。这些水体虽然靠近住宅区和商业区，但是与人们的日常生活并不相关，它们只是用于收集和储存雨水，并在需要时行洪。

如今，ABC 水计划正在将新加坡全国的专用雨水沟、运河和水库改造成为"美丽、清洁的河流和湖泊，将其打造成市民休闲的社区名片"。该计划更好地将水库及河道与城市风景有机地结合起来，旨在营造一种归属感。同时还可改善河流水质、外观、休闲价值和生物多样性。ABC 水计划一方面关注河道与水库，另一方面也致力于解决城市化流域的雨水径流产生的影响。

虽然水资源安全仍然是 ABC 水计划的主要驱动因素，但是人们对于高质量都市生活的渴望也是一个重要原因。新加坡政府相信更洁净更绿色的生活环境一定能够提高这座城市的竞争力，吸引外国投资，促进本国的经济发展。新加坡河从重污染区成功地改造成时尚社区，这充分说明清洁的水体的确能够提高人们的生活品质。

2.5　河流生态修复的挑战

目前河流生态修复面临的复杂性和不确定性与日俱增，这给传统的河流生态修复方法带来了巨大的挑战。新出现的挑战列举如下。

2.5.1　将河流恢复至自然状态难度极大

很多早期的河流生态修复工程的目标就是将河流恢复到"开发前"或"自

然"状态。因此，各国制定的很多河流生态修复措施和指南都围绕这一观点展开，修复目标的基准是原先的历史状态，或者类似的但未受到干扰的河流。然而，在人类活动的影响下，全世界各个流域均不同程度地发生了改变。这意味着在很多情况下，将河流恢复到开发前的"自然"状态，无论是从理论上还是从经济效益上看都是不切实际的，并且还会对区域内的经济社会活动带来限制，影响人类发展这一根本主题。此外，在一些地区，例如中国，几百年来的人类开发活动已经改变了当地河流，考虑到人为因素对河流造成改变的程度和持续时间，提出河流"开发前"状态的概念几乎没有任何实质性意义。所以，需要改变河流生态修复的理念，尤其在制定修复目标时要实事求是。

2.5.2　需要协调河流的不同功能

在历史上，很多河流生态修复的对象只是一条河流，设定的主要目标也比较单一，通常为改善水质。对于一些开发历史较长的流域，由于存在不同的利益相关方，河流生态修复经常需要满足不同利益方关心的目标，并且这些目标常常存在竞争。例如，修复目标可能同时包括改善水质、提高休闲价值、支持城市开发或娱乐活动、防洪、改善生物多样性以及提高航运能力。同时考虑这些目标，需要在规划阶段协调权衡河流自然功能与人类的需求。此外，在确定目标和优先顺序时，还需要与一系列利益相关方协调并达成共识。

2.5.3　需要面对复杂的尺度问题

很多河流生态修复项目由于基于的空间尺度错误而失败，这一情况越来越严重。如果河流退化的根源涉及整个流域尺度，则相应的措施也应在相同尺度下制定；若仅考虑局部某地，修复项目就不可能成功。更大尺度的生态修复需要与更大范围内的利益相关方合作，与更大范围内的规划和管理衔接，且可能超出传统意义的水资源管理与制度范畴。同时，当需要面对更大、更复杂、分布更广的流域尺度的影响时，预算、能力和制度约束会限制应对措施可执行的范畴。

导致河流健康退化的原因和退化的结果，往往在空间上不在一处，这就给河流生态修复提出了挑战。如果河流健康退化源自流域层面活动，那么在具体区域解决局地问题的意义就大打折扣。地方政府或社区难以获得资源、能力或权限去解决那些不在其管辖范围内的问题，这说明需要设计合理的制度和融资模式，为河流生态修复提供支持。

2.5.4　未来条件的不确定性与日俱增

修复项目应确保河流生态系统的稳定性可承受未来的压力和风险，而非仅仅考虑过去的因素。例如，改善水质需要考虑流域内影响水化学和水质的驱动因素的输入和过程的变化。而流域未来条件的不确定性使得预测这些变化更具挑战性，这些不确定性可能来自于气候变化、土地利用、人口增长和城市发展等。河流生态修复还需要考虑人们的价值观和信仰的变化。

2.5.5　需要确保河流生态修复的可持续发展

确保河流生态修复的效益可长久持续，存在多方面挑战。首先，需要财务可持续性。几乎所有修复项目都需要后续维护，因此需要筹资以支付持续管理费用。其次，可持续发展要求未来在流域内开展的活动不得损害河流生态修复产生的收益。这就需要在开展修复活动过程中，必须考虑流域未来可能存在的情况（如未来开发），并确保建立相关规划、管理和监控体系。第三，可持续发展要求河流生态系统具备一定的适应能力，从而可维持其修复状态，也就是生态系统在未来低水平的干预下能够自我维持，并达到动态平衡。

2.5.6　需要加强科学和严谨性

河流治理及修复的尺度与复杂性使得人们意识到对河流的了解有限，还不能很好地确定解决河流健康退化问题的时机和方法。同样，人们也要求专业技术人员尽可能详细地评价公共资金投入到河流治理可产生的效益。虽然近几十年河流生态修复的研究发展迅速，但是要提高人们对河流生态系统功能的认识水平，保证河流管理人员正确应用科学知识，面临的挑战仍然十分严峻。很多人一旦发现河流生态修复在理论与实践之间存在差异，就会认为干预措施是失败和低效的。同时，很多核心生态原则在河流生态修复过程中经常应用不当，常用的河流生态修复的实践方案也不够科学严谨。

此外，政治和其他因素可能会推动管理层作出一些并不一定有科学依据的决策。例如，提高河流休闲价值日益成为河流生态修复的驱动因素。关注这种驱动因素可能会导致修复工程过于关注河流系统的表面要素（如景观状态），却忽略了河流潜在的自然过程。

河流生态修复的战略框架

本章从战略层面构建了河流生态修复的概念框架，然后介绍了不同的河流生态修复战略和规划之间，以及这些规划与其他规划体系之间的关系，最后介绍了河流生态修复的关键维度，包括空间、时间、范围等。本章的要点如下：

▶ 实践证明，临时性或小规模的河流生态修复措施成效有限。河流生态系统的动态性和复杂性的特点，决定了河流生态修复应该采取更为战略的修复方式。这种方式必须基于系统层面，以导致河流生态系统退化的主要问题为导向，平衡协调各种不同的需求和目标。

▶ 河流生态修复的规划、实施和监测必须处理好流域、区域尺度与局地尺度之间的关系。

▶ 河流生态修复策略必须识别外部诱因、流域生态过程、河流健康、生态系统服务供给以及社会优先因素，并针对它们之间的相互关系作出响应。

▶ 河流生态修复策略在保持与相关战略和规划目标一致的基础上，需考虑修复区域关心的优先问题。

▶ 各种政策、战略和项目规划可以为河流生态修复提供支持，但这些措施之间必须保持协调，同时还必须与其他规划（如流域规划、开发规划和保护规划）保持协调。

3.1　河流生态修复的理论和思路

河流生态系统是一种动态系统。健康河流的结构和过程造就了流域的不断发展和演化。各种流域生态过程，例如，河流水文情势的变化，会改变河流的物理、化学或生态组分。这些变化既可能是独立的事件（如洪灾）导致的结果，也可能是数千年乃至数百万年地壳运动导致的结果。除了受到自然因素带来的影响，人类活动对河流系统的结构和功能的影响日益显著。

河流系统与经济社会系统之间存在的动态、复杂、耦合的相互关系，使得临时性的局地干预措施难以应对河流生态修复在流域尺度上面临的挑战。越来越多的证据表明，过去许多河流生态修复项目由于采取了不适宜的时空尺度，导致识别的问题和采取的措施有误，最终以失败告终。

要应对上述问题，必须采取一种更为战略的方法来规划和实施河流生态修复活动，具体包括以下三种措施。

（1）必须采用系统方法。要从物理、经济社会、政策文化等不同层面对河流系统进行全面分析，这一点对于河流生态修复的成功非常重要。河流生态修复过程需要考虑以下几个方面：

1）动态化。考虑到河流生态系统以及多种流域生态过程的动态属性，这些过程推动了河流系统功能的形成和演变。

2）驱动因素的响应。干预措施必须与导致河流生态系统退化的原因（如上游的土地利用）和解决河流退化的动因（如改善水质的需求）紧密联系。

3）协调一致。修复过程要与发展规划和水资源规划等相关规划相协调，确保河流生态修复措施可以支持发展目标，并确保相关规划所制定的开发利用措施不会对河流生态修复措施以及生态系统服务供给带来影响。

（2）必须考虑平衡。要想实现生态修复的效果，就必须寻求人类和河流生态系统之间合理的平衡。河流生态系统可以提供有限的却可再生的自然资源，而其提供服务以满足社会需求的能力取决于人类对其需求的程度，以及对其管理的方式。这意味着河流生态修复战略的制定必须考虑下列因素之间的平衡。

1）平衡经济社会需求与生态环境需求。例如，必须确定应维护哪些自然功能和过程，应保护或修复哪些区域，应优先考虑哪些区域的开发活动。

2）平衡经济社会对河流的不同需求。例如，农业生产、洪水管理和水力发电对河流服务的需求各不相同，有时甚至彼此存在冲突。水资源管理必须平衡这些不同的需求，明确需要优先保障的需求，并将其纳入河流生态修复项目。

3）平衡河流自身的不同功能。河流生态修复必须深入了解河流所具有的不同功能，识别必须优先考虑的河流功能；同时也需要注意河流在流域内（外）不同区域所具有的功能会不同。

（3）必须更为灵活。河流生态修复战略大部分是在各种信息匮乏的情况下制定的。虽然河流生态修复方案都是假定其拟定的措施实施后会带来河流功能的改善，但是这种变化都是不确定的。这种不确定性要求河流生态修复战略必须采取灵活的适应性管理措施，其中至关重要的一个方面，就是将规划、实施、监测和调整的"线性模式"变成"环状模式"。这有利于验证河流生态修复战略的假定条件是否合理，并对其进行调整，以采用更为合理的修复措施。河流生态修复的适应性管理措施如图3.1所示。

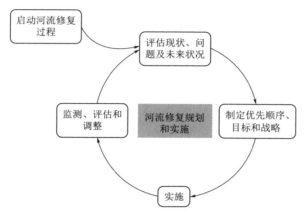

图3.1　河流生态修复的适应性管理措施

3.2　河流生态修复的概念框架

本节主要介绍了河流生态修复的概念框架（图3.2），明确了河流生态系统的组成要素、经济社会对河流功能的需求，以及生态修复主要因素之间的联系。该框架旨在应对挑战，为河流生态修复规划的制定提供理论基础。

该框架共包括七个部分。前四部分涉及如何分析评估流域层面的现状问题；后三部分涉及如何开展河流生态修复，以及河流生态修复战略的制定和实施。针对每一部分，该框架确定了一个最根本的问题，作为制定河流生态修复战略时必须考虑的核心问题。

3.2.1　流域状况

概念框架的第一部分（即河流生态系统的关键影响因素）与外部诱因（驱动力和压力）有关。这些诱因来源于自然过程和人类活动两方面。人类活动包括农业、城镇化或其他土地利用的变化，这些活动可能导致河流系统内部的物理变化。气候变化是一个属于自然过程的外部诱因，与人类活动和水文循环有关联。这部分的关键问题是：什么是影响河流生态系统的关键因素？

第二部分是影响河流生态状况和功能的流域过程。流域过程包括水文过程、养分循环过程、地貌过程（如景观侵蚀、泥沙迁移）、流域内的能量流动、生态过程等。在开展河流生态修复时，必须回答如下问题：这些过程如何塑造和改变

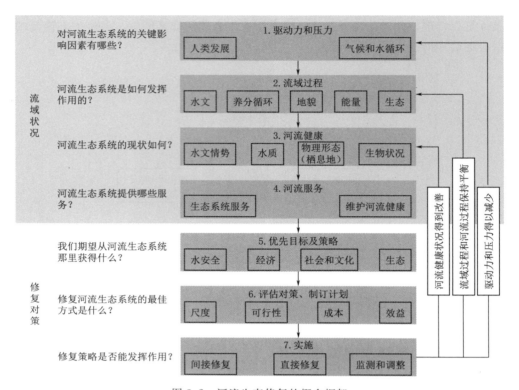

图 3.2　河流生态修复的概念框架

河流生态系统？这些过程之间的相互关系是什么？河流状况的变动对这些过程会造成何种影响？只有弄清这些问题，才能很好地平衡流域过程。这部分的关键问题是：河流生态系统是如何发挥作用的？

　　第三部分是关于河流健康状况的表征要素。认识河流健康的表征要素，是开展决策，制定有针对性、可度量的修复目标的基础。河流健康状况包括水文情势、水质、物理形态（如构成栖息地的河道和洪泛平原等）和生物状况。在了解某个时间点的河流健康状况的同时，还必须识别河流健康状况的演化趋势，例如，水质或生物状况的变化，这种变化可能对河流系统的其他要素产生的影响，河流健康状况今后可能出现的变化等。这部分的关键问题是：河流生态系统的结构和现状如何？

　　第四部分是关于河流可提供的服务功能。河流生态修复的概念框架中一个至关重要的内容是明确河流服务，即河流可提供给人类和大自然的福利。要识别河流服务，需要了解河流在自然环境以及在支持经济社会发展中的作用。了解河流提供生态系统服务的能力及其在维护生态健康方面的作用，可有效地支持决策的制定。这些信息可以让人们了解河流所提供的服务及受益对象、受损或受威胁的服务功能，以及当改善河流健康和功能后，河流提供的服务的改善潜力。这部分的关键问题是：河流生态系统可以提供哪些福利？

3.2.2　修复对策

前四部分获得的流域现状的信息，可支持对河流生态修复对策的制定。

第五部分是关于优先目标及策略。了解流域现状可以更好地确定河流生态修复需要优先解决的问题和策略，确定应该在什么样的尺度内制定河流生态修复方案的目标和需要实现的效果，以满足生态保护、经济发展、社会和文化效益、水安全方面的要求。目标制定应该综合考虑与河流系统相关的环境、社会和发展目标，并以当前的河流系统状况和正在发生的或未来可能发生的变化为基础。这部分的关键问题是：我们希望从河流生态系统中获得什么？

第六部分是评估对策、制订计划。在明确了不同目标优先顺序的基础上，可以制订相应的修复规划。制订过程中需要考虑不同修复措施的成本和效益，以及措施的可行性和实施的尺度问题。这部分的关键问题是：河流生态修复的最佳方案是什么？

第七部分是河流生态修复战略框架的最后一部分，主要涉及实施问题。本部分除了包括河流生态修复战略所需的措施外，还包括相关的适应性管理措施。必须监测和评估河流生态修复实施效果，以了解原先的假定条件是否正确，以及是否需要对河流生态修复方案作出调整。这部分的关键问题是：河流生态修复战略是否起效？

3.3　河流生态修复的协调

由于河流生态修复涉及的空间单元不同，需要在不同单元和尺度内对制度、规划和方案进行协调，包括全国、流域、河段等尺度。这种协调通常包括以下内容：

（1）国家法律、地方法规和相关政策。这些法律法规和相关政策可确定河流生态修复的优先目标，例如，水质改善目标，或者最需要保护和修复的生态资源。

（2）国家、流域或区域尺度的河流生态修复战略规划。这些规划可能涉及河流生态修复的优先领域和总体要求，提出规划目标，同时为区域或具体项目层级的有关决策和资金安排提供框架。

（3）河流生态修复项目方案。这些方案明确某特定干预措施的目标和做法。这类方案可针对某个特定区域（如河段尺度的河岸带修复项目），或某个特定问题（如改善河流水文情势）。

上述三种协调关系呈现出一种自上而下的层级结构，其中法律法规和相关政策为河流生态修复规划指明方向，而规划又为项目层级的修复方案提供指导（图 3.3）。

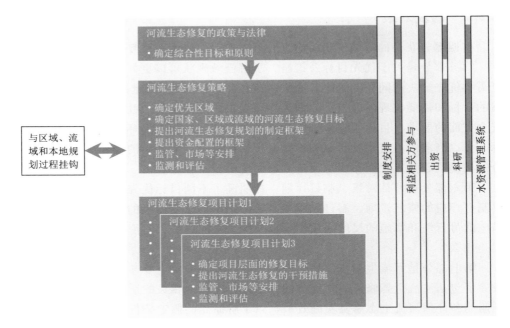

图 3.3　河流生态修复政策、战略和项目实施方案之间的层级关系

在实践中，河流生态修复战略规划的制定可采用多种方式，并需要满足现有的法律、政策、计划和项目要求。因此，如已制定相关国家政策（如西班牙《全国河流生态修复战略》，见专栏 7），河流生态修复战略规划可以自上而下开展；对于那些在地方先行开展河流生态修复的，其国家层面的相关政策或战略会根据地方实践进行调整的情况（如美国华盛顿州《皮吉特海湾鲑鱼恢复计划》；专栏 7），也可以自下而上开展河流生态修复战略规划。事实上，自上而下和自下而上两种规划方法可以交替使用，多瑙河流域就是一个最好的范例。

专栏 7

关于河流生态修复计划协调性的国际经验

1. 西班牙

作为欧盟成员国之一，西班牙致力于实现《欧盟水框架指令》制定的旨在改善水体生态状况的目标。《欧盟水框架指令》是指导西班牙河流生态修复活动的一项关键政策。为配合并满足"水框架指令"的要求，西班牙环境部于 2006 年颁布了《全国河流生态修复战略》（专栏 8）。该战略将制定全国性的原则和规程作为目标，协助流域管理机构执行《欧盟水框架指令》，并确定纳入流域管理计划的河流生态修复措施（图 3.4）。

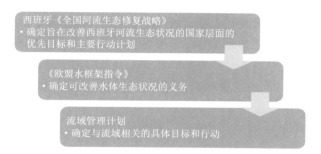

图 3.4　西班牙河流生态修复措施的层级结构

2. 美国哥伦比亚河

哥伦比亚河的修复工作主要通过三种层级的管理进行协调：①流域层级，涵盖计划的愿景、科学基础、生物目标、总体战略和实施规定，所有这些都在整个规划中得以体现，并在整个流域尺度得到实施。②生态区层级，哥伦比亚河流域被划分为 11 个生态区，每个生态区代表一种独特的地形及相关的生物群落类型。③亚流域层级，包括一个综合计划和两个单独的计划。综合计划包括 58 个亚流域和哥伦比亚河主河段的具体目标和措施，其中一个单独的计划将哥伦比亚河主河道和斯奈克（Snake）河的管理结合在一起，另外一个计划是有关哥伦比亚河河口的保护管理。亚流域管理计划由美国西北电力和保护委员会（Northwest Power and Conservation Council）于 2005 年编制，确定了哥伦比亚河流域位于美国境内的栖息地和鱼类及野生动物种群的优先保护和恢复战略。这些管理计划为该委员会《哥伦比亚流域鱼类和野生动物保护计划》（*Columbia River Basin Fish and Wildlife Program*）的实施指明了方向。该委员会将每年大约 2.5 亿美元的电力收入用来保护和改善受水力发电影响的鱼类及野生动物的生存状况。亚流域管理计划综合考虑了由其他方提供资助的战略和行动计划，确保每个计划均可服务于该委员会遵从的《西北地区电力法》（*Northwest Power Act*）的各项目标，同时满足美国《濒危物种法》（*Endangered Species Act*）和《洁净水法》（*Clean Water Act*）的各项法规要求。

3. 美国华盛顿州皮吉特海湾

按照美国华盛顿州水资源法的规定，华盛顿州分为若干水资源规划区，被称为水资源存量区（WRIA）。《皮吉特海湾鲑鱼恢复计划》（*Puget Sound Salmon Recovery Plan*）于 2007 年通过。在编制该计划时，许多水资源存量区已开始开展流域恢复规划。该计划强调了当地知识的重要性、恢复工作的归属感，以及生态恢复用于保护当地亚流域特征的必要性。因此，该计划综合考虑了当地亚流域的具体恢复计划。每个亚流域已经制定了自身的鲑鱼恢复策略，而整个《皮吉特海湾鲑鱼恢复计划》则确定了针对所有亚流域的十大行动计划。

4. 澳大利亚昆士兰州东南部

《昆士兰州东南部自然资源管理计划》（2009—2031）是澳大利亚昆士兰州东南部地区的一个综合性的规划文件，确定了该地区环境和自然资源状况方面可量化的目标，其中包括水资源的目标。河流生态修复作为一项重要的管理举措，有助于实现《昆士兰州东南部自然资源管理计划》和《昆士兰州东南部健康水道管理战略》（2007—2012）中需要达到的区域性目标。该项战略包含多个具体计划，如《非城镇地区分散污染源管理行动计划》，其目标是在 2026 年前将非城镇地区的分散污染负荷减少 50%。

5. 澳大利亚墨累-达令河流域

澳大利亚《墨累-达令河流域管理计划》确定了整个流域中各个亚流域的"可持续引水限量"。"可持续引水限量"是为实现生态目标，流域中不同地区可承受的长期平均引水量。在流域中的许多地方，拥有取水权的消耗性用水户的取水量大多已超过了流域计划设定的引水限量。为了使该计划得到有效的实施，澳大利亚政府制定了针对墨累-达令河流域的水资源恢复战略，提出了减少消化性用水量、改善环境流量的方法。这些方法包括提高用水效率的投资措施以及从农场主和其他用户手中回购取水权等。《墨累-达令河流域管理计划》提供了相关的框架，用于指导"恢复平衡"（restoring the balance）回购计划，确定生态环境所需要的水资源的地区和水量。

6. 英国横跨汉普郡、威尔特郡和多塞特郡的埃文河

为支持英国埃文河（River Avon）的修复工作，英国环境署、英国自然管理局（Natural England）、威塞克斯水公司（当地一个公用事业公司）以及多个渔业和自然保护基金共同制定了《埃文河修复战略框架》（图 3.5）。该战略制定了对该河流 200km 的干流及其主要支流进行物理性修复的计划。该修复计划是应对埃文河流域问题的众多计划之一，另有其他项目针对该流域其他方面的问题，如水流、水质、分散污染源和水位管理等。该战略的作用与其他主要修复项目类似，属于整个埃文河流域总体规划和行动计划的一个组成部分。

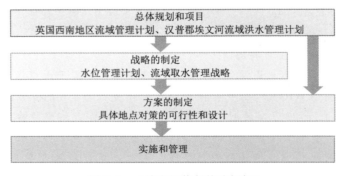

图 3.5　《埃文河修复战略框架》

3.3.1　跨领域的协调

除了上述这些需要协调的内容之外，还有许多跨领域的综合性问题也需要协调，具体包括以下几点：

（1）水资源管理体系，确保与其他流域水资源管理工作保持协调一致。

（2）科学研究，提供科学依据，从物理学和社会学的角度评估各种问题、风险、优先领域、行动对策，并监测和评估行动的有效性。

（3）提供用于河流生态修复的资金，确保实施和维持河流生态修复措施资金的可用性。

（4）利益相关方的参与，为规划过程提供建议，这有助于河流生态修复的优先次序的确定，同时也保证了规划可以得到社会的支持和遵守。

（5）机制安排，确保相关体制机制可以保障不同方面的行为协调一致。

3.3.2　与流域规划的协调

流域规划至关重要，是确定流域内水资源开发利用目标、规范流域内的开发利用和保护活动的顶层设计。河流生态修复规划制定时，应与流域规划进行协调，河流生态修复规划可视为实现流域规划目标的一种途径。涉水规划的层级关系如图3.6所示。例如，澳大利亚2012年制定的《墨累-达令河流域管理计划》，确立了有关该流域的总体目标（专栏7），同时该流域的《水资源恢复规划》提出了实现流域规划中有关用水量上限和环境流量保障目标的具体措施。

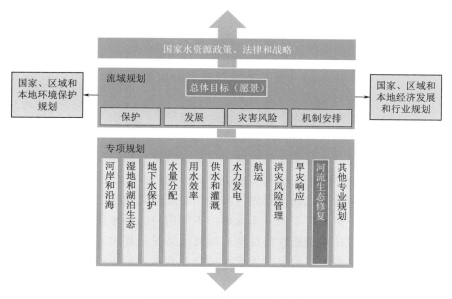

图 3.6　涉水规划的层级关系

　　河流生态修复规划的地位有时可能超越流域综合规划。例如，当已经制定了国家层面的河流生态修复总体战略时，就需要制定或调整流域规划，以确保流域规划满足总体战略目标的要求。国家层面的河流生态修复战略与其他涉水规划的关系如图 3.7 所示。例如，在西班牙，《全国河流生态修复战略》就规定了流域规划中必须采纳的原则、规程和措施（专栏 7）。

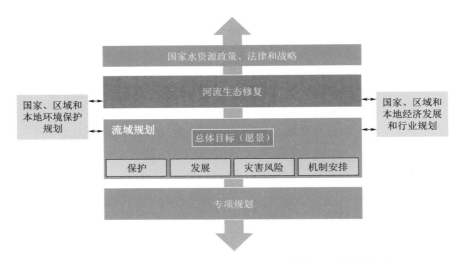

图 3.7　国家层面的河流生态修复战略与其他涉水规划的关系

3.3.3　与其他涉水规划的协调

　　河流生态修复规划不可避免地会与水资源管理涉及的其他涉水规划相重叠。这种重叠即可能是协同的，也可能是冲突的。这表明，制定河流生态修复规划的人员和制定其他涉水规划的人员必须重视之间的协调，以确保不同规划保持一致。河流生态修复规划应满足以下要求：

　　（1）认识到其他规划可能会影响河流生态修复。

　　（2）为其他规划提供支持。

　　（3）推动其他规划的调整，以实现河流生态修复目标。

　　在河流生态修复规划制定和实施过程中，必须考虑到上述风险和机遇。图 3.8 具体阐释了河流生态修复规划与其他相关规划之间的关系。

　　流域水量分配方案确定了同一个流域内不同用户的用水量。该方案对水文情势有很大的影响，包括可直接或间接地影响环境流量。如果水量是河流健康的主要制约因素，那么河流生态修复的效果可能会受到水量的影响。这时，河流生态修复规划必须注意：①在当前水量分配和流量的制约因素下，要认清什么样的措施是可行的（如在河流健康方面）。②需要建立可以调整水量分配的机制，以保

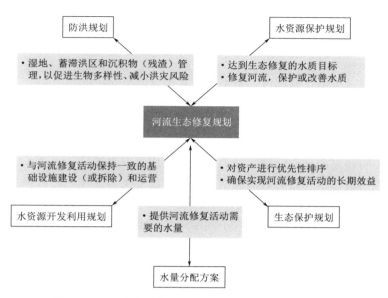

图 3.8 河流生态修复规划与其他相关规划之间的关系

证环境流量，例如，通过回购水权，或借助水量分配或水利工程调度的调节。

水资源保护规划需要确保河流系统中的水资源可适用于多种用途，例如，人类消费、灌溉、实现生态目标等。而改善水质往往是河流生态修复的一大目标，这是因为水质是评价河流健康的关键因素。许多河流生态修复的目标在水质差的地方可能无法实现，这时需要注意以下几点：

（1）意识到流域内不同区域的水质目标及其对河流生态修复目标的影响。例如，在水质相对较差的地方，必须确保较差的水质不会削弱河流生态修复的效果。

（2）或者调整水质目标（及其相关行动计划），例如，修订相关的水资源保护规划，使水质目标与总体的河流生态修复目标保持一致。

河流生态修复措施还能有助于改善水质，实现水质保护计划所设立的目标。

防洪规划通过综合方式管控洪水风险。防洪规划及相关措施与河流生态修复活动之间有许多联系：一方面，防洪措施对水文情势的改变及相应基础设施（如大坝或防洪堤等）的修建，可能不利于实现河流生态修复的目标；另一方面，部分河流生态修复措施（如为保护上游流域、湿地或洪泛平原所采取的措施）可减小洪灾风险。

生态保护规划可与河流生态修复规划保持紧密联系。河流生态修复规划有助于生态保护规划中对生物多样性的保护。反过来，生态保护规划可以通过限制自然保护区内的人类活动来保护河流生态修复的成果，从而为受威胁物种提供避难所，改善河湖及其滨岸带的生态状况，并降低再次开展河流生态修复的必要性。

3.4　河流生态修复的不同尺度

河流生态修复必须考虑以下三个方面：

（1）空间。可以在流域内开展不同修复措施的空间单元。

（2）时间。不同修复措施实施的时间以及产生效果的时间，如河流健康状况得到改善所需的时间。

（3）措施。实现河流生态修复目标可采取的措施类型。

河流生态修复的核心问题，是如何界定上述三个方面——河流生态修复方案应明确采取的措施、实施的时间和空间单元。这取决于多种因素，包括存在问题的特点、河流生态修复方案的预期目标以及可利用的资金和资源等实际因素。

图 3.9 所示为针对不同要素在不同空间尺度上开展的河流生态修复措施。这些措施也可能在不同的时间尺度上开展。图 3.9 仅供参考，根据不同情况，措施实施的具体尺度也会不同。

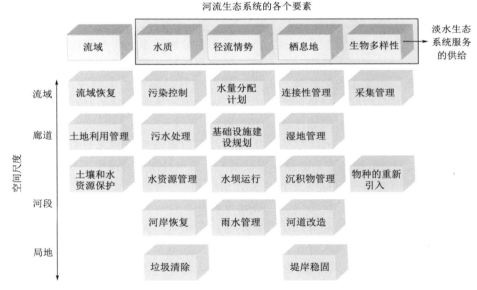

图 3.9　针对不同要素在不同空间尺度上开展的河流生态修复措施

3.4.1　空间尺度

空间尺度在河流生态修复过程中非常重要，其原因有以下三点：

（1）空间尺度的重要性在于其生态学意义。在不同的空间尺度上，如流域、廊道、河段，生态过程各不相同。了解不同生态过程的空间尺度，有助于采取最为合理的修复措施。

（2）空间尺度的重要性在于其政治因素。如果河流横跨行政区，其生态修复方案必须与不同行政区的其他规划相协调。河流生态修复项目管理机构的权限范围还可能受行政区域的限制。

（3）空间尺度的重要性还在于，制定实施河流生态修复规划的不同环节必须在其对应的不同空间尺度上开展（图 3.10）。例如，问题分析和目标制定一般在流域尺度上进行，优先开展的行动可根据目标定位于子流域尺度，而生态修复项目的具体设计和实施可能需要在河段尺度甚至局地尺度开展。有些干预措施需要跨尺度进行，例如，某一具体河段可能是整个流域尺度问题的关键，这时就需要在该河段开展更加详细的分析，以确定导致该流域生态退化的具体原因，并确定相应的生态修复措施。

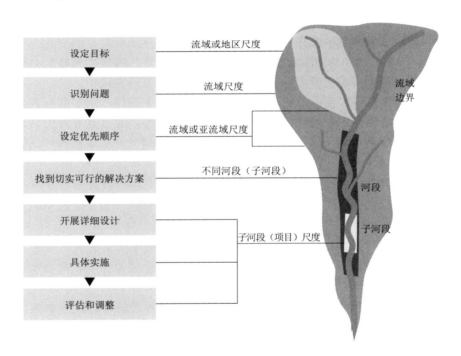

图 3.10　河流生态修复规划所对应的空间尺度

目前，人们普遍认为流域尺度是河流生态系统的最佳规划尺度。不过，由于法律和政治因素，以及需要应对的生态问题的特点，流域尺度的河流生态修复规划未必总是可行或必要的。此外，必须分清规划尺度和实施尺度之间的差异。例如，在规划过程中可考虑整个流域尺度，但可能需要选择具体地点实施相应措施。

不同类型的干预措施也需要在不同的空间尺度上实施。如需恢复生态流量，可能需要改变流域尺度的水量分配状况；而若需解决局地的流量问题，则可能需要改变水库的调度模式。同样，要解决污染问题，可能需要采取流域尺度的管制措施，或者仅仅需要在部分地区采取措施，以解决特定用户的污染物排放问题。

值得注意的是，同样的措施如果实施的地点不同，对整个流域产生的影响也不同。例如，如果希望恢复鱼类通道，则拆除位于河口附近的水坝比拆除位于流域上游的水坝所产生的效果更好。

3.4.2　时间尺度

有证据表明，许多河流生态修复项目的成效有限，是由于没有在适宜的时间尺度上实施，或者没有认识产生效果所需要的时间。

与空间尺度一样，时间尺度对河流生态修复也非常重要，其原因如下：

（1）时间尺度事关河流系统的自然演变过程。在自然状况下，河流的演变过程通常超过数百年乃至数千年，了解河流的发展历史及其随时间的演变方式十分重要。

（2）时间尺度的重要性在于河流会发生季节性或年际性的自然变化。如果降水量发生了自然变化，河流的径流量也将随之发生改变。河流生态修复必须以这种自然变化为基础，若仅考虑静止条件，河流生态修复很难成功。

（3）在考虑时间尺度时，必须明确修复措施的优先顺序。由于实际问题、资金或其他资源的限制，不可能同时开展所有的修复措施，并且其开展的时间可能长达数年，甚至数十年。因此，河流生态修复规划必须考虑应采取哪些活动及其具体的实施时间，其中包括：

1）对时间较敏感的干预措施。例如，必须及时采取措施遏制正在发生或不可逆转的生态退化，或者某些只能在特定季节采取的措施，如在低流量时才能采取的措施。

2）时间序列的生态意义。例如，如果水质或栖息地尚无法支持某种本地鱼类的生存，那么重新引入这种鱼类的意义就不大。在这种情况下，改善水质或栖息地状况就应该成为首要任务。

3）项目管理考量因素。从项目实施的角度对各种活动进行最为有效的时间排序。例如，如果某项首要任务需要在某特定地点进行，那么同时完成在该地点需要进行的其他任务效率会更高。

4）设定目标需要重点考虑时间尺度。必须考虑河流生态状况的修复速度，以及相应干预措施的见效速度。在此方面，需注意：①河流生态修复速度不一定是线性的，河流生态修复速度由于具体情况的不同而不同，河流退化和恢复的发展轨迹如图 3.11 所示；②实现河流生态修复的最终效果可能需要漫长的时间。人为的生态修复活动总是希望在数年内就实现在自然状态下需要数十年乃至数百年才能实现的修复目标。在考虑哪些活动可以在短期内取得成功时，上述两点至关重要，这对于取得政府和当地民众对河流生态修复工作的长期支持也很重要。

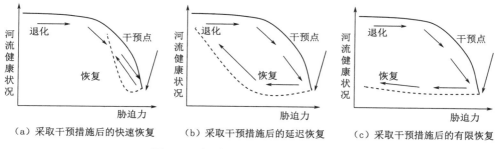

（a）采取干预措施后的快速恢复　　（b）采取干预措施后的延迟恢复　　（c）采取干预措施后的有限恢复

图 3.11　河流退化和恢复的发展轨迹

3.5　河流生态修复的具体措施

目前，改善河流健康状况的措施有很多，这些措施可能针对河流生态系统的一个或多个要素，但同时也可能影响河流系统的其他组成部分。河流生态修复项目的最终目标可能是改善水质或恢复生物多样性，为实现这一目标，其修复措施也可以针对河流生态系统的其他要素或周边流域（如河岸、水文情势或集水区等）开展，河流生态修复措施与河流生态系统组成要素之间的关系如图 3.12 所示。

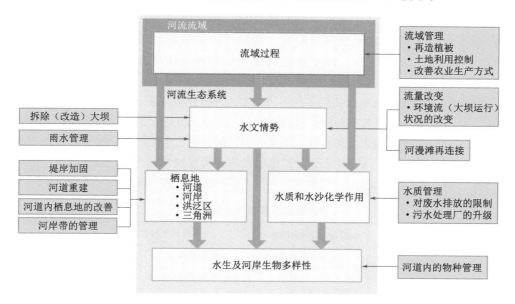

图 3.12　河流生态修复措施与河流生态系统组成要素之间的关系

河流生态修复规划必须考虑如何将这些修复措施纳入规划的总体框架中，包括应对不同问题的适宜尺度，以及某项措施可能会通过何种方式促进或阻碍其他措施的实施。

根据美国、欧盟和澳大利亚的河流生态修复项目数据，河流生态修复项目的目标主要是改善水质、恢复河岸带、改变水文情势、改变河道内栖息地状况（包括重建河道）。图 3.13 所示为美国、欧盟和澳大利亚河流生态修复项目针对不同河流生态系统要素的占比情况。该图不含河流廊道以外地区的河流生态修复项目，尽管这些活动肯定会对流域过程（包括流域水文状况、沉积物以及进入河流廊道的其他物质）造成显著影响。需要指出的是，河流生态系统的不同要素并非总是截然分开的，许多项目的修复活动都会同时对多个要素产生影响。

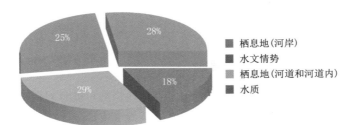

图 3.13　美国、欧盟和澳大利亚河流生态修复项目针对不同
河流生态系统要素的占比情况

图 3.13 中所示的河流生态修复项目可包含许多生态修复措施，如改变水文情势可包括改善河流的连通性（如改造鱼道、拆除障碍物），或增加流量、改变流量变化时序（如对取水量进行限制、恢复环境流量等）。改善河流栖息地状况可包括改善堤岸的稳定性、改变地貌状况（如重新塑造河流的蜿蜒性），或者创建河道内栖息地（如引入原木或植被）。

河流生态修复措施可以按照多种不同的方法进行分类。表 3.1 所列的分类方法参照的是美国河流生态修复项目评估过程中所制定的分类方法，是根据河流生态修复措施所对应的河流系统要素（集水区、水文情势、栖息地、水质、生物多样性）进行划分的。表 3.1 还列出了河流生态修复措施通常需要实现的目标，以及被动修复（如政策或法规方法）和主动修复（用来改造河流生态系统的直接干预措施）措施示例。

表 3.1　　　　　　　　　河流生态修复措施分类方法

河流生态系统组成要素	河流生态修复措施	河流生态修复的目的	不同的河流生态修复措施示例	
			主动恢复	被动恢复
集水区	集水区管理	改变进入河道的水流、沉积物和其他物质	• 集水区的重新绿化。 • 重建沟渠（高侵蚀区）。 • 土地和水资源保护	• 土地利用规划（对土地利用的管制），植被清除。 • （强制性或自愿性）推广农业最佳管理实践

河流生态系统组成要素	河流生态修复措施	河流生态修复的目的	不同的河流生态修复措施示例	
			主动恢复	被动恢复
水文情势	流量改变	改变径流量、时机、频率和持续时间	• 回购取水权，主动管理水资源，以改善环境。 • 消除（改造）河漫滩排水渠道	• 要求水电站（水坝）运营商释放环境流量。 • 限制用水户的取水量
	洪水管理	改变城镇地区径流的水流方式，如改变洪峰	• 在城镇地区修建池塘、湿地、滞洪区或其他流量调节区。 • 消除（减少）城镇集水区内的不透水表面	城镇开发和设计的要求
	拆除（改造）水坝	改善水流和生态效果，包括改善沉淀物和鱼类的移动状况	• 拆除多余的水坝或堰。 • 对现有水坝或堰的鱼类通道进行改造	对水坝运营方的监管要求
	河漫滩的再连接	• 提高河流系统蓄洪和释放洪水的能力，降低洪灾风险。 • 允许生物群、沉积物和其他物质在河道和河漫滩之间迁移。 • 加强污染物的同化和地下水的补给	• 拆除堤岸。 • 建造可增加洪水频率的基础设施（如阻塞点）	• 批准水电站（水坝）运营商释放环境流量。 • 限制用水户的取水量
栖息地（河岸带）	河岸带管理	改变进入河道的水流、沉积物和其他物质；提供栖息地；通过遮光改变水温；支持鱼类沿河流廊道的迁移	• 河岸带植被的重建。 • 去除入侵植物	• 驱逐牛和其他入侵物种。 • 对清除河岸带植被进行监管
	土地征用	征用河岸带土地，控制土地利用和（或）开展恢复工程	购买敏感（高价值）土地	

河流生态系统组成要素	河流生态修复措施	河流生态修复的目的	不同的河流生态修复措施示例	
			主动恢复	被动恢复
栖息地（河道内）	河道内栖息地的改善	扩大或创建有助于生物多样性的栖息地	引入原木或沉树，创建栖息地；在河道内种植植物	限制在河道内采矿和其他开采活动
	堤岸加固	减少通过侵蚀作用进入河流的河岸物质	• 加固（改造）河岸。 • 直接在河岸上种植植被	限制在河岸上开展活动
	河道改造	改变河道的平面或剖面形态，增加水流多样性和栖息地的异质性，降低河道坡度	• 自然采光（打开管道、去除遮盖物）。 • 重建河道蜿蜒性	
水质	水质管理	保护或改善水质，包括化学成分和颗粒物质	• 修建或改造污水处理厂。 • 收集城镇垃圾和沉积物。 • 矿山修复。 • 湿地恢复	• 改变水坝放水方式，控制水温。 • 管理规定，污染物排放规定
生物多样性	河道内物种管理	保护或增加重要物种的数量（多样性）	物种的储备（引入）	• 对物种的繁殖和清除进行控制。 • 建立自然保护区
其他	审美（休闲、教育）	通过改善河流外观，提供人们与河流接触的机会，提升河流社区价值	• 创建河岸带公园、人行道和河流出入点。 • 教育设施	

3.6 河流生态修复的"黄金法则"

针对本书所述河流生态修复过程中的挑战总结提出了指导河流生态修复的八大"黄金法则"，这些"黄金法则"来源于本书所列举的国际先进经验，并参考了其他专家所提出的类似观点。

（1）识别、理解并紧密结合流域和河流过程。深入了解影响河流健康状况的物理、化学和生物过程，有助于认识导致河流健康状况退化和生态系统服务功能丧失的根本原因，确定最为有效的河流生态修复措施。此外，对河流的这些认识也可以充分了解健康河流产生的效益及可提供的生态系统服务。河流生态修复项目只有顺应自然过程才有可能取得长期成功。

（2）与社会经济价值相结合，并纳入整个规划和开发活动之中。河流生态修复战略规划必须充分认识并包含所有可能影响河流状况或受其影响的现有战略，以便确定切实可行的目标。河流生态修复目标必须与城镇和产业发展、防洪、供水等相关目标保持一致，并选择适宜的河流生态修复实施地点，设计适宜的修复活动。规划应体现不同类型群体的优先顺序，并确保与总体战略目标保持一致。同时，必须协调人类需求与环境需求之间，不同人群、部门和地区之间，以及不同河流功能之间的关系。河流生态修复目标和水资源监管安排之间也必须保持一致，以确保河流生态修复项目取得长久成功，并保证河流健康状况的改善可持续到未来。

（3）结合河流健康的限制性因素，在适宜的尺度上修复生态系统结构和功能。河流健康状况通常受到流域多种因素和过程的影响。如果影响河流健康状况的关键因素来自于河流生态修复点以外的地区，则仅在此修复点开展修复工作就很难产生较大收益。因此，河流生态修复措施需要与影响河流健康状况的因素在空间尺度上相对应，地区尺度和局地尺度的河流生态修复活动要保持规划、实施和监测工作之间的协调一致。如果解决流域尺度的问题难度很大，就需要对在局地尺度上开展的河流生态修复措施进行调整。

（4）制定明确、可实现和可衡量的目标。制定总体目标和具体目标时，要尽可能地对生态系统功能、生态系统服务、社会经济要素的改善程度进行量化。河流生态修复规划必须认识到可能需要相当长的时间才能扭转数十年人为干扰所造成的影响，但短期项目可以向出资方展示河流生态修复工作所带来的效益，并激励其他各方实施河流生态修复项目。

（5）具有适应未来变化的弹性。河流生态修复工作在针对过去的同时必须面向未来。河流生态修复的规划和实施必须考虑到景观未来可能的变化及其对河流系统的影响，包括气候变化、土地利用、水文、污染物富集状况和河流廊道内开发活动的变化。鉴于未来状况的不确定性，河流生态修复需要建立可适应未来变化的河流结构和功能。

（6）确保河流生态修复成果的可持续性。由于河流系统存在动态性，要确保河流生态修复的成果可长期持续是有难度的。河流生态修复战略的规划、实施和管理应着眼于实现河流生态修复的长期可持续性效果，并建立未来不需要大量的人为干预即可自我维持的生态系统。同时，需要确保可持续性的财政机制来满足持续的成本支出，并保证相关监管措施的到位，以维持河流生态修复取得的效益，防止流域内的人为活动（包括未来的开发活动）对其造成的损害。

（7）让所有利益相关方参与其中。河流生态修复要想取得更好的效果，就需要制定综合措施，同时解决土地和水资源问题，并促进不同政府部门和社会团体参与其中。而统筹协调不同政府部门的行动和目标，有助于更有效地实现河流生态修复的目标。与此同时，由于河流生态修复工作在基层实施，因此土地所有者、民众和社区团体的参与是河流生态修复项目中不可或缺的要素。河流生态修复项目还建立了人与河流之间的联系，而这种联系可以使项目成果在项目结束后得以保持。河流生态修复项目还应提供学习机会，以确保各利益相关方有能力应对河流管理中出现的问题。

（8）监测、评估河流生态修复成果，针对修复成果进行适应性管理，并提供相关证据。对照已确定好的、可衡量的目标进行河流生态修复成果的监测，对于制定适应性管理措施至关重要。监测应验证制定河流生态修复战略时使用的假定条件是否成立，并提供相关证据，以评价修复项目在恢复河流生态系统的结构和功能、生态系统服务和社会经济效益方面是否取得成功。同时，需要确定适宜的监测尺度，监测修复项目在某一时间段内产生的影响，并在项目"完成"后长期持续下去。

第4章

河流生态修复的流程和环节

本章要点

本章介绍了河流生态修复规划和实施的流程和主要环节。其中，关键环节包括现状评估、目标设定等。本章要点如下：

▶ 准确评估河流生态系统的现状、问题、主要风险及变化趋势对于规划的制定极为重要。

▶ 河流生态修复规划应确定流域长期愿景、希望达到的效果，以及详细的、可衡量和实现的中短期目标。需要尽可能详细地制定总体和具体目标，并预测其对生态系统的功能、服务和社会经济因素的可衡量影响。

▶ 河流生态修复规划应能适应未来可能的变化，规划应着眼未来，因时制宜，不断适应形势变化对河流生态系统健康赋予的新内涵。

▶ 确定河流生态修复措施的优先顺序需要反复权衡，并充分了解各类修复措施的效果和可持续性。

4.1 流程概述

开展河流生态修复的原因是多样的，可能出于政府部门对政治或法律因素的考量，也可能是非政府组织的内部决定。但无论出于何种原因，制定和实施河流生态修复战略一般都包括以下步骤（图 4.1）：

（1）现状评估。对流域现状进行分析评估，为规划编制提供必要的基础信息。现状评估应充分了解河流基本情况、河流生态系统的结构和功能，分析河流健康状况不佳的主要原因和外部诱因，并确定相关主体对河流可提供的生态系统服务的需求。

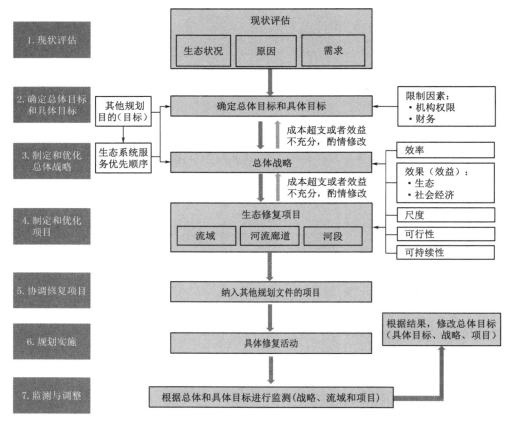

图 4.1　制定和实施河流生态修复战略的步骤

（2）确定总体目标和具体目标。需要通过总体目标和具体目标确定生态修复工作的基础，并指导相关工作的开展。确定目标时，需要明确修复工作想要达到的效果以及评估效果的措施。

（3）制定和优化总体战略。这一步骤是为了确定实现修复目标的总体战略。相关战略应明确河流系统的哪些要素在修复过程中最为主要，可包括优先选择的修复区域、与河流相关的资产以及生态系统的功能等。

（4）制定和优化项目。提出为实现修复目标而需要开展的生态修复项目，可包括在流域、河流廊道、河段等不同尺度所采取的措施。

（5）协调修复项目。在确定了具体修复项目后，需要协调不同项目以及项目与其他水资源管理规划或发展规划之间的关系。在协调过程中，可能需要调整这些项目以及相关规划，以使生态修复取得更好的效果。

（6）规划实施。根据生态修复的总体战略和具体目标，实施具体修复活动。这一环节不是本书的主要内容，有关要求可参考其他指南和手册（专栏 37）。

（7）监测与调整。这一步骤用于确定修复活动是否按预期达到了总体和具体目标，并为生态修复规划和方案的必要调整提供依据。

虽然这些步骤是按照"线性模式"列出的，但在实践中，制定生态修复规划是一个反复调整的过程（示例见专栏8）。特别是当需要确定目标、制定策略、设计具体措施时，既要考虑先前的环节，又要结合后续步骤的实施成果进行调整。

制定西班牙全国河流生态修复战略

西班牙河流生态系统面临众多威胁，为了履行《欧盟水框架指令》规定的国家义务，该国环境部于 2006 年启动了全国河流生态修复战略。图 4.2 列出了西班牙河流生态修复战略的七个步骤。首先为确立目标和制定措施，然后是编写和发布技术指南，以便获取必要的技术和社会支持。接下来是诊断，包括确定关键问题、替代方案和约束条件。根据现状评估结果，最终制定了一套战略方案，并进行了优先性排序，其中包括五条主要行动路线，分别为教育和培训、保护、修复和复原、志愿者工作、文字记载和研究。后续有许多项目都是按照这些行动路线实施的，这其中包括生态修复区域内的 13 个项目，且有些项目目前仍在进行。此外，评估修复项目的具体成果和修复战略的总体绩效的标准仍在制定中。

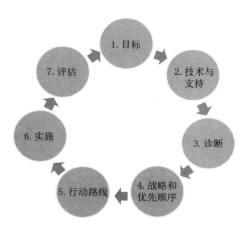

图 4.2　西班牙河流生态修复战略的制定步骤

4.2　现状评估

制定河流生态修复规划需要尽可能多地掌握信息，以便更好地识别问题、选择方案、制定策略。这些信息应该可用来回答有关河流生态系统的核心问题包括：

（1）对河流生态系统有重大影响的因素有哪些？

（2）河流生态系统如何运行？

（3）河流生态系统的现状如何？

（4）河流生态系统可提供何种服务？受众是谁？

现状评估应该为回答这些问题提供信息。现状评估包括状况评估、问题分析和趋势研判（图 4.3）。

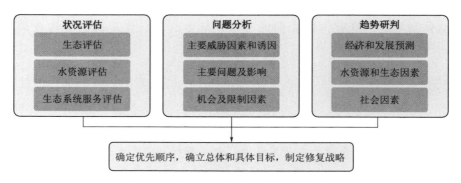

图 4.3 河流生态修复规划的现状评估

有许多专著和指南已详细介绍了对河流健康进行评估的方法（专栏 37），下面将介绍这些方法的关键考虑因素。

4.2.1 状况评估

状况评估应充分了解河流生态系统的现状和运行机制，其中包括生态评估、水资源评估以及人类对河流生态系统的依赖（即生态系统服务）。

（1）对于河流生态修复而言，了解生态系统关键功能（包括流域内的各种生态过程）尤其重要。同时，还需要对那些可促进河流健康并提供生态系统服务的河流功能进行识别。可以通过以下方式了解生态系统关键功能，并为制定修复方案提供科学依据：

1）提前判断为改善河流功能所需要采取的应对策略。

2）预测和量化生态修复的短期和长期影响。

3）评估生态系统相互依赖性以及累积影响。

4）评估会导致生态系统功能崩溃或发生实质性变化的临界值。

美国环境保护署根据河流功能制定了河流生态修复方法。该方法可以实现上述要求，并支持相关决策的制定（专栏 9）。

专栏 9

基于功能的河流生态修复方法

美国环境保护署设计了一个基于功能的框架，来制定和评估河流生态修复项目。它将河道功能分为五类，高级别功能由低级别功能支持。第一级功能（水文）支持所有其他功能，而第五级功能（生物）则取决于所有其他功能（图 4.4）。这个框架的主要目的是帮助开展修复活动的人员认识到河道功能是相互联系并按特定顺序相互依存的。同时，在考虑河流功能时也应遵循图中所示顺序。例如，如果没有首先修复好低级别功能，如河流的水文、地形和物理化学性质，重新引入鱼类（第五级）就不可能取得成功。这个框架也希望将子河段尺度的修复项目放在流域尺度中考虑，并强调修复区域的选择与干预措施的开展同等重要。

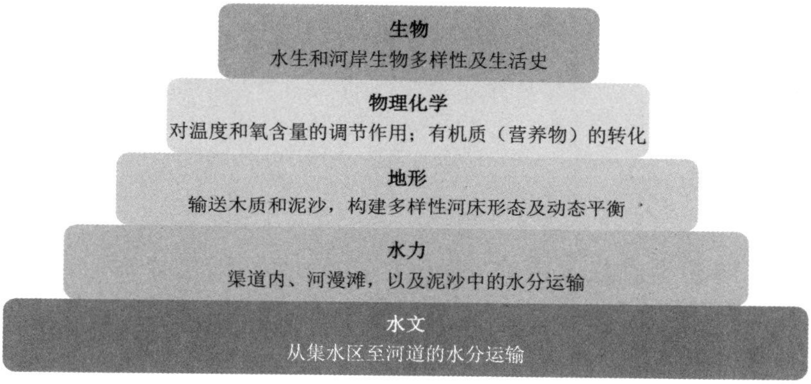

生物
水生和河岸生物多样性及生活史

物理化学
对温度和氧含量的调节作用；有机质（营养物）的转化

地形
输送木质和泥沙，构建多样性河床形态及动态平衡

水力
渠道内、河漫滩，以及泥沙中的水分运输

水文
从集水区至河道的水分运输

图 4.4　河道功能的金字塔形框架

（2）了解河流生态系统运行机制，可以让规划人员更好地了解生态系统如何对干预措施作出回应，这对于确立生态修复的目标并明确修复活动的优先顺序尤为重要。然而，由于河流系统具有复杂性，河流对干预措施的回应也会千差万别，难以预测。例如，对于一个已经退化的河流生态系统，生态修复可能可以迅速恢复河流的健康，也可能需要一段时间才有成效，甚至有可能难以恢复，这取决于河流最初受到干扰的性质、退化程度和修复方式。因此，了解河流系统对干预措施的响应机制就显得非常重要，并可对下列问题作出指导：

1）何时干预。例如，早期干预可能要经济实惠得多，或者可能存在某临界值，超过临界值就会产生无法弥补的损失。

2）何处干预。例如，可以对生态修复措施进行排序，并对各种选择方案的成本和效益进行评估。

3）何种效果。例如，确定切实可行的目标，以改善河流健康状况或修复生态系统可提供的服务。

4.2.2　问题分析

问题分析应明确以下几点：

（1）主要威胁因素和诱因。影响或威胁河流生态系统状况的因素，包括可能影响河流关键的生态系统功能的活动或过程，例如：

1）影响河流作为通道的因素，如妨碍河流横向或纵向连通的屏障，或者对河流输送洪水的能力产生影响的渠道的变化。

2）影响河流作为屏障或降低河流过滤能力的因素，如河岸带植被的丧失。

3）影响河流发挥源和汇作用的因素，如污染，它限制了河流净化废弃物并提供清洁饮用水的能力。

4）减弱河流提供栖息地的能力的因素，如采矿或对河道内植被的清除。

（2）主要问题及其影响。流域内面临哪些挑战？这些挑战对河流生态系统以及依赖河流生态服务的人类社会会产生哪些后果？这其中应包括会限制河流健康改善效果的因素（专栏 10）。

专栏 10

西班牙河流生态修复战略中所确定的改善河流健康面临的障碍

为了满足《欧盟水框架指令》的要求，西班牙制定了全国河流生态修复战略，并对河流现状进行了评估，以确定改善环境状况面临的挑战。这项工作由专门成立的工作组完成。工作组撰写了详细报告，阐述了西班牙河流健康面临的主要问题和限制因素。所确定的六项挑战按重要性排序如下：

（1）河流及某些含水层存在水资源超采现象。

（2）城市或工业产生的污染。

（3）农业产生的污染。

（4）河流和河岸带景观的退化（土地利用不当）。

（5）湿地的退化或干涸（土地利用不当）。

（6）外来物种的入侵。

此外，工作组还发现了一些行政管理中出现的问题，包括：技术知识和能力不足，相关机构协作有限，开发规划未考虑结构性缺水及污染问题，社会关注不足，缺乏对流域内活动可能产生的累加影响的长期评估。

通过对上述问题的了解，西班牙制定了全国河流生态修复战略，并确定了修复措施的优先顺序。

（3）机会及限制因素。河流生态修复规划需要考虑生态修复活动开展的地点，该地点的选择应可支持或得益于流域内其他涉水活动（如涉及其他方面的流域计划），并可产生协同效应。同时，还需要预见修复活动可能的限制因素，包括法律、物理、实践、政治或资金限制。

4.2.3 趋势研判

河流的生态修复是为了使河流在未来达到较理想且稳定的状态，因此需要了解河流未来的发展趋势。这就需要在河流生态修复过程中同时考虑以下几点：

（1）未来需求。未来流域需要提供哪些生态系统服务？需要提供何种水源？城市化是否会改变流域洪灾风险，是否需要加大防洪力度？

（2）压力变化。影响河流健康的因素如何随时间发生改变？流域内土地利用情况如何？可能存在植被被严重破坏的现象吗？可能存在什么污染负荷？气候会发生变化吗？它如何影响流域水文特征？

这种趋势评估需要考虑经济和发展因素（流域内的人类社会和行为可能发生的变化），水资源和生态因素（河流结构和功能可能发生的变化），以及社会因素（人们对河流景观的期望）。

一般来说，各类发展规划和保护规划可为判断流域未来的发展趋势提供参考。通过现状评估，可以将流域未来发展规划融入到生态修复规划之中。

了解河流的发展趋势，包括河流状态和开发利用如何随时间发生改变，可以为预测未来的河流状态和需求提供重要依据（示例见专栏 11）。同样，评估"未来"也需要"回顾"过去。

专栏 11

对美国俄勒冈州威拉米特河流域未来可能发生情景的评估

威拉米特河流域面积约为 3 万 km^2，它位于美国俄勒冈州西北部。该项评估通过分析未来可能发生的多种情景，讨论了流域未来的情景和流域生态修复战略的愿景，并协助利益相关方制定共同愿景（图 4.5）。评估所采用的分析主要通过以下方式：①要求利益相关方根据对未来的假设，明确各自的目标和优先顺序，从而认清不同利益相关方的不同观点；②阐释利益相关方的目标和优先顺序对河流系统的影响；③证明为了实现特定情景，需要对土地和水资源的利用进行的改变；④评估每种情景对社会经济和生态的影响。

根据流域现状、历史趋势以及关键指标的变化趋势（如人口统计资料），该评估考虑了三种可能的未来情景，分别是：

▶ 以规划为导向的 2050 年。如果土地和水资源开发及利用的相关政策保持不变，2050 年预期的景观。

▶ 以开发为导向的 2050 年。如果放松对开发的控制，到 2050 年的情景。

▶ 以保护为导向的 2050 年。如果加强生态保护和修复，到 2050 年的情景。

考虑这三种情景不是为了预测未来，而是为了评估当土地和水资源利用的政策发生改变时，相应的关键指标如何作出改变。在本项目中，这三种情景的评估是通过评估以下四个重要资源要素来完成的：

▶ 水资源可用性。用于消耗和生态的地表水的需求以及流域水资源供应能够满足这种需求的程度。

▶ 威拉米特河。渠道结构、河岸植被以及干流鱼类群落丰度。

▶ 河流生态状况。流域内二级至四级河流栖息地和生物群落。

▶ 陆生野生动物。流域内陆生野生动物栖息地以及特定鸟类和哺乳动物的丰度及分布。

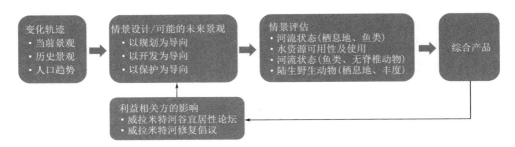

图 4.5　威拉米特河流域未来可能发生情景的评估

在应对未来变化的过程中，水资源规划，包括生态修复规划，越来越关注未来的不确定性和灵活性可能带来的挑战，而不仅仅局限于预期的一种或几种未来状况。不确定性主要由两个方面的因素决定：社会、经济和人口的迅速变化以及气候的改变。这些因素不但决定了如何采集现状评估所需的信息，而且还反映出需要更灵活、更稳健的规划机制以适应未来，其中包括制定流域目标和修复战略的具体方法。

4.3　目标和战略制定

4.3.1　规划目标的层级关系

修复规划最关键步骤是决定达到什么目标。流域规划目标层级如图 4.6 所示。

（1）愿景，即流域未来长期的理想状态。

（2）总体目标，即在规划期结束后所希望达到的效果。

（3）具体目标（水环境目标、管理目标），即在中短期内希望实现的某种可量化的目标（图 4.6，示例见专栏 12）。

（4）战略措施。

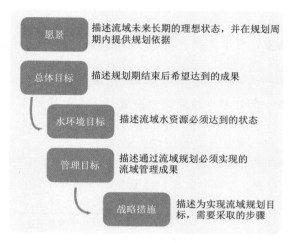

图 4.6　流域规划目标层级示意图

昆士兰州东南部健康水道战略以及哥伦比亚河
修复计划的愿景、目标、成果和措施

1. 澳大利亚昆士兰州东南部健康水道战略

澳大利亚昆士兰州东南部健康水道战略（2007—2012）确定了该地区水道和流域的愿景，即：到 2026 年，该地区的水道和流域都会成为健康的生态系统，可有效支持昆士兰州东南部人民的生存和生活方式，其管理是通过社会、政府和行业之间的合作进行的。

（1）该战略确定了当愿景实现时，同时需要实现的自然资源状态目标，以及与生存和生活方式相关的社会目标。其战略目标❶包括：

▶ 到 2026 年，昆士兰州东南部的所有（于 2007 年确定的）受干扰水道应达到预期的水质目标。

▶ 到 2026 年，社会在自然资源管理方面的影响力和积极性应超过 2008 年。

（2）该战略确定了管理目标，并制定了相应的资源状态目标。管理目标❷包括：

▶ 在干燥天气，需要重复使用从点源排放的污水（致力于清除生态系统的营养负荷）。

---

❶　等同于本书中所用术语中的"总体目标"。

❷　等同于本书中所用术语中的"具体目标"。

▶ 在所有新开发的项目中需要全部采用"可持续城市设计（WSUD）"标准。

▶ 通过河岸修复、河道复原与最佳管理实践，将重要区域中的面源负荷减少 50%。

（3）该战略由 12 项行动计划构成。这些行动计划可分为以下类别：

▶ 基于问题的行动计划（如点源污染管理、水敏感城市设计、非城市面源污染管理）。

▶ 区域行动计划（聚焦特定流域或区域）。

▶ 保障行动计划（如交流教育计划、生态系统健康监控计划）。

（4）该战略的愿景、目标和措施的层级结构如图 4.7 所示。

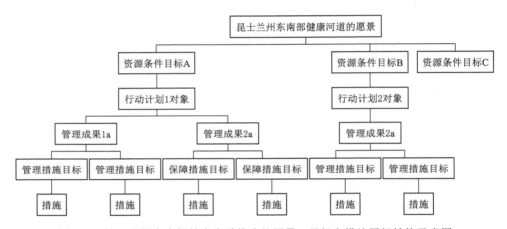

图 4.7　昆士兰州东南部健康水道战略的愿景、目标和措施层级结构示意图

2. 美国哥伦比亚河修复计划

《鱼类和野生动物计划》详细介绍了《哥伦比亚河修复计划》的总体目标、具体目标、科学依据和措施，是解决区域鱼类和野生动物减损和恢复问题的一种综合方法，其基本要素包括：

▶ 愿景。结合河流预期提供的效益，确定该计划希望实现的鱼类和野生动物的目标。

▶ 生物学目标。描述实现这种愿景需要达到的生态条件和种群特征。

▶ 实施策略、步骤、假设和指南。指导或描述为达到预期生态状态所采取的措施。

▶ 科学依据。将计划的框架整合在一起。

该计划的愿景是：支持哥伦比亚河流域生态系统的鱼类和野生动物群落的丰度、产量和多样性，并在整个流域降低涉水事务的开发和运营对鱼类和野生动物产生的不良影响。

生物学目标由以下两种方式确定：①生物学表现，描述种群对栖息地状态作出的反应（容量、丰度、产量及生活史多样性）；②环境特征，描述实现理想种群特征所需要的环境条件。该计划已为溯河性鱼类确定了量化目标和实现目标所需的时间期限。其中包括鲑鱼和虹鳟鱼年均数量到 2025 年要达到 500 万条。为实现这一目标，将重点关注来自下游水坝（bonneville）以上区域的鱼类种群，维持群落和非群落数量，并确保斯内克河及哥伦比亚河上游中鲑鱼和虹鳟鱼的幼鱼到成鱼的洄游率在 2％～6％范围内，这两种鱼已列入《濒危物种法》。

4.3.2　规划制定的优化过程

制定修复规划是一个反复权衡的过程，主要包含两个步骤：①确定目标和可度量的指标。这就需要对河流生态系统资产、价值、功能和服务进行排序，并确定生态修复取得成功的衡量标准。同时，还需要对生态修复总体和具体目标的重要性进行排序。确定总体和具体目标主要是战略层面的问题。②制定实现上述目标的策略。这就需要评估生态修复干预措施的实施范围，并从成本因素出发，确定实现多种（甚至可能是相互竞争的）的总体和具体目标的最佳方法。成果排序和方案评估的迭代过程如图 4.8 所示。制定相应措施主要是技术层面的问题。

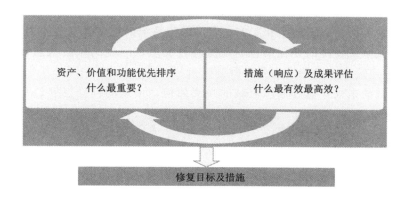

图 4.8　成果排序和方案评估的迭代过程

这两个步骤之间的反复权衡可由以下两因素决定：

（1）目标驱动。主要考虑的是如何实现某特定河流健康状态或生态系统服务成果，并由此确定总体和具体目标的优先顺序，从而以最有效的方式实现目标。

（2）预算驱动。根据固定预算，对项目进行规划和优先性排序，以实现最佳效果。

评估生态修复的干预措施的过程可视为优化过程，即根据特定目标或限制条件确定最佳成果。目前，水资源管理战略已不再寻求"最佳"结果，因为最佳结果几乎是不存在的，而是更加关注整个流域的适应能力，以及对各种情景作出反应的能力，这主要是由于未来条件的不确定性造成的。虽然提高适应能力是主要的考虑因素，但是规划仍然需要建立一套体系，可对不同修复和管理措施产生的效益进行评估。

4.3.3　总体目标的考虑因素

生态修复的总体目标应描述整个规划周期内试图达到的流域状态。修复总体目标通常关注物种的恢复、生态系统结构的修复，或者生态系统服务的恢复。

（1）确定河流生态修复的总体目标应考虑以下因素：

1）我们希望从河流得到什么，或者河流应该为我们提供什么？

2）哪些方面的修复活动是可行的？

我们希望从河流得到什么，或者河流需要为我们提供什么，即我们希望河流提供什么生态系统服务，这一点通常在其他规划文件中得到体现。流域规划或开发规划通常已经确定了该地区的未来发展方向，以及河流对未来发展的支撑作用。如果没有相关信息，制定规划时就需要对此进行明确定义。利益相关方的观点和价值观通常决定了河流生态修复的总体目标，这是利益相关方在修复过程中参与的最重要的阶段。

（2）评估修复的可行性需要考虑以下几点：

1）结合当前状态、需求和影响，考虑河流系统的现状以及可能的变化。

2）河流系统曾经的变化历程。河流源自哪里，河流的原始状态如何。这些因素可以确定流域的发展潜力及其限制因素。

3）流域的未来。需要考虑流域的未来如何，预期的社会发展趋势，社会发展会对流域产生怎样的影响，气候将会如何演变，以及人们对流域的期望是什么。

4）实现特定总体目标和具体目标的成本和可用资金。河流生态修复成本高昂，并且短期内能够实现的目标受可用预算的限制。

5）负责项目的执行机构的权限范围。例如，在跨地区流域内，规划单位可能无法全面管控某些行为或项目。

6）其他约束因素。例如，政治考量、生态修复对经济产生的影响、利益相关方的影响，或者土地利用限制。

确定修复总体目标和具体目标通常是一个反复权衡的过程，并且随着修复战略的发展，以及对实现某成果所需的措施的要求和含义更为了解时，总体目标和具体目标可能需要重新评估。图 4.9 对确定河流生态修复目标时的考虑因素进行了总结，总体目标的示例见专栏 13。

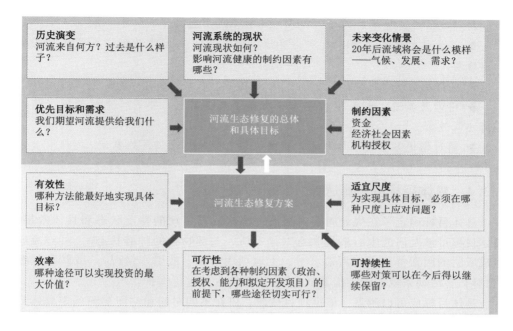

图 4.9　确定河流生态修复目标时的考虑因素

关于河流生态修复总体目标的全球经验

1. 从伊萨尔河生态修复项目中观察城市河流生态修复的若干目标

伊萨尔河属于多瑙河流域。20 世纪初,为了提高伊萨尔河的防洪能力,充分利用水力资源,人们在伊萨尔河开展了一系列工程措施,如截弯取直、开凿运河,并在上游区域围堰筑坝、修建水渠、利用水资源发电等。这些措施类似于在其他欧洲河流上开展的措施。这使得河床在一年之中的大部分时间里都处于干涸状态,河床的主要功能变成了行洪。

几十年的防洪抗洪经验表明,伊萨尔河防洪工程价值十分有限,因此需要对防洪战略进行调整。这就加快了关于改善沿河自然条件和休闲娱乐条件的讨论进程,并最终推动了河流生态修复的开展。伊萨尔河修复目标涉及很多方面:

▶ 拓宽洪水通道,改善防洪能力。

▶ 改善水质和生态,以利于动植物生存,让河流及河漫滩恢复自然结构,利用坡道替代堤坝,从而改善纵向连通性。

▶ 拓宽河床,改善亲水活动条件,降低河岸高度,改善水流通道。

2. 新加坡 ABC 水计划的目标

新加坡活力、美观、洁净（ABC）水计划的目标如下：

▶ 将水体打造成洁净、美观、有活力的景点，公众可以在这里开展社区和娱乐活动。

▶ 在继续保证水质和安全的情况下，将流域、水库和水道打造成市民活动区域。

▶ 将涉及流域、水库和水道的各项方案整合起来，并进行全面管理，从而提高协同效应。

▶ 通过增进社会与水的联系，提高人们自觉珍惜水资源的意识。

4.3.4　具体目标的考虑因素

具体目标确定了在规划周期内河流生态修复需实现的特定状态和具体效果。具体目标可涉及河流生态系统状态（如水质、关键物种的种群状态）、可对流域造成威胁的因素特征（如污染水平、土地利用情况，或引水情况），或管理目标（如对有害活动采取的管控措施），或设定具体区域进行保护。

具体目标应可以测量。根据项目性质，可在不同时间和空间层面确定具体目标，相关示例见表 4.1。具体目标的确定应考虑下列因素：

（1）以前的自然条件，可参考未受干扰的区域确定。

（2）该自然条件所对应的时间点（例如，通过人们的记忆）。

（3）希望达到的特定状态（例如，鱼类生存状态、水质目标值）。

（4）实现或维持某特定功能。

（5）修复河流的适应能力（尤其是当无法预测未来的可能性时）。

表 4.1　　　　　河流生态修复的总体目标和具体目标示例

河流生态系统要素	总 体 目 标	具体（可测量）目标
栖息地	维持河道现状	未来 10 年，渠道平面形态的变化不超过 5m（假定不会发生超过 20 年一遇的洪水）
	改善河道基质，便于生物利用	5 年内，粒径的中位数将会翻倍
	丰富水力多样性	5 年内，河道内水流形态多样性翻倍
	修复河岸廊道植被	10 年后，人工栽培的植被的多样性和密度与参考河段类似
	限制牲畜进入	每年，位于路口和城镇的河道要修建不少于 2km 的栅栏
生物多样性	扩大某种鱼类种群的规模	5 年内，该物种种群在修复河段中的规模翻倍
	增加大型无脊椎动物的丰度	未来 5 年，该河段无脊椎动物丰度翻倍

续表

河流生态系统要素	总体目标	具体（可测量）目标
水流状况	使水流状况更加自然	2年后，修复河段可达到与控制河段类似的洪水持续时间
水质	改善水质	5年内，修复河段的水质可以在特定保证率的情况下达到特定标准

4.3.5　确定措施的优先顺序

制定河流生态修复战略需要确定为实现既定目标可采取的措施。选择修复项目的地点和措施通常只遵循最小阻力原则，即根据可以利用的土地选址，根据政治层面的因素或最突出的问题开展修复活动，而不是建立在可实现最有效（且最经济）的成果的基础上。政治信念和务实性的确是需要考虑的问题，但除此之外还有许多问题需要考虑：

（1）措施实施的地点。需要在哪里、在多大尺度上解决问题？

（2）措施的有效性。河流生态系统如何对各种干预措施作出反应？在实现既定修复目标过程中，哪些措施最有可能取得成功？需要怎样应对限制河流健康修复速度的控制性因素？

（3）措施的效率。哪些方法的单位投资的产出最高？不同方法的成本和效益如何合并？成本和效益可包括：①预付费用和持续费用；②直接和间接效益。

（4）可持续性。哪些方法更持久？在流域内采取的其他措施是否可能破坏生态修复措施？哪些方法对未来可能发生的情况有更强的适应能力？

（5）可行性。确定总体和具体目标时，措施的选择需要考虑潜在限制因素，以保证方法的可行性，这其中包括识别因预算、能力、政治意愿或制度权限而产生的限制因素。

修复措施的优先性排序示例可参见专栏14。第9章将详细讨论制定和实施修复战略时，如何对各项修复措施进行优先性排序。

专栏 14

修复措施的优先性排序示例

在韩国，人们按照规划和管理目标识别河段，并根据物理和环境特征将其分为三类：保护河段、康乐河段和修复河段。如果河段的自然特征保存完整，但生态状况脆弱，会被指定为保护河段。如果河段被用于休闲娱乐，则为康乐河段。如果河段的自然功能，如栖息地和自净能力，退化严重，需要人为干预，就指定为修复河段。河流生态修复工程重点关注此类河段。

在新加坡，ABC 水计划主要依据三项总体规划，覆盖该国的三个主要流域。修复地点的选择主要基于 ABC 水计划提出的目标，其中包括：

▶ 水质改善潜力。

▶ 可用于教育活动的潜力。

▶ 对社会的潜在效益，例如，拓宽进入亲水休闲娱乐区域的通道产生的效益。

▶ 实施的便利性。

▶ 与其他项目整合的潜力。

▶ 具备独特性的潜力，例如，具有文化特性的区域。

4.4　规划编制

将规划成果形成正式的战略或规划文件是十分重要的，原因如下：

（1）这可能在法律上有必要，尤其是当修复战略需要比其他法律或政策措施的地位高时，赋予规划法律效力十分重要。

（2）这可以增加透明度并建立问责机制，明确做什么，谁来做，为何做。

（3）可明确总体和具体目标，以评估修复战略。

（4）鼓励人们从更长远的角度审视河流管理中存在的问题，而非仅局限于眼前问题；鼓励人们解决影响河流健康的根本原因，而非仅局限于解决河流健康的表面问题。

（5）确保生态修复措施按照正确顺序开展，以提高执行效率。

（6）促进与利益相关方和公众的沟通，促进具体修复措施的制定。

河流生态修复规划可以在各个层面上开展，如可以在国家、地区、流域或者本地层面制定政策、战略和措施，并确定总体和具体目标。规划的成果文件（全国层面的河流生态修复总体规划或流域层面的生态修复方案）在结构和内容上会存在一定差异，这主要是由于规划类型的不同，以及相关法律法规的要求的差异。修复规划通常应包括以下内容：

（1）背景。现状概述，其中包括生态和发展问题。背景用于描述相关区域或河流流域状况，并确定实施生态修复的必要性。背景应简要介绍现状评估的结果，包括问题、威胁和趋势。

（2）愿景。简要介绍生态修复战略或计划希望实现的短期、中期和长期目标。愿景为战略和措施确定合理性，为评估修复项目是否取得成功提供依据。

（3）方案。列举可能的替代方案以及每项方案的优缺点，并确定最适宜方案及其选择依据。

（4）策略。需要采取哪些措施实现愿景和目标。策略可包括不同地区、河段或措施所确定的可以测量的具体目标，以及相关机构的功能和职责。

（5）实施与适应性管理。为战略的实施确定具体活动和阶段性目标；明确责任；确定可用资源，提供预算，划拨资金；明确监测及汇报要求，包括需要监测什么，怎样对信息进行分析、报告，以及如何将信息纳入战略评审与适应性管理过程中。

河流生态修复战略的组成如图 4.10 所示，生态修复战略和计划中所包含的内容示例见专栏 15。

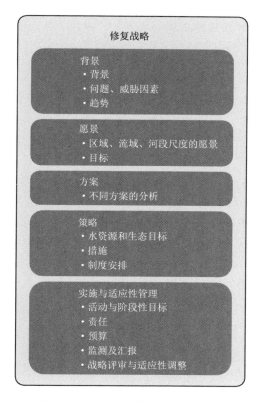

图 4.10 河流生态修复战略的组成

专栏 15

生态修复战略和计划中所包含的内容示例

下面列举了两项典型河流生态修复项目的战略和计划中所包含的内容。

1999 年美国佛罗里达大沼泽地河流生态修复战略：

▶ 当前和未来的状态。

▶ 问题和机遇。

▶ 计划的制订和评估。

▶ 综合规划的建议（地点和措施的确定）。

▶ 实施计划。

▶ 公众参与及协调。

2006 年美国布朗克斯河生态修复与管理计划：

▶ 背景。

▶ 河流状态（当前状态和问题）。

▶ 生态目标（水质、水文、渠道形式、河道内栖息地、生物多样性）。

▶ 变更的可能性和相应措施。

▶ 计划的制订和维护。

第5章

河流生态修复的监测、评估和适应性管理

本章要点

本章主要讨论了以下四个关键问题：①河流生态修复项目的监测和评估对象是什么；②什么时间开展监测和评估；③以何种方式开展监测和评估；④如何根据监测和评估结果开展河流生态修复的适应性管理。本章要点如下：

▶ 需要监测的目标应该是明确并可以测量的，这对于评估河流生态修复效果和开展相关适应性管理十分重要。

▶ 监测方案可以验证（或反驳）河流生态修复策略所依据的科学假设，并提供证据以评价生态修复项目是否取得成功。

▶ 监测计划应纳入河流生态修复项目的设计阶段，并于生态修复措施实施前启动。

▶ 监测工作应在适宜的时间和空间尺度内开展，以准确验证生态修复成效，并应在生态修复项目"完成"之后持续开展较长时间。

5.1 监测、评估和适应性管理的作用

监测、评估和适应性管理在河流生态修复中发挥着至关重要的作用。有关监测、评估和适应性管理的定义见专栏16。全世界各类河流生态修复项目每年均需要投入大量资金。这些经费通常来源于公共资金，因此需要通过严格监测来考核这些资金的运用是否合规、是否取得了预期的生态修复成效。同时，监测数据

也可为科学研究提供依据，使专业人员更好地理解和预测特定生态修复措施可取得的成效，并指导未来的修复活动在流域、国家和国际层面上开展。此外，监测和评估结果也可以在项目层面上支撑项目的适应性管理，并确定需要优先开展的修复措施，从而以最经济的方式创造最好的经济社会和生态环境效益。由于河流系统的复杂性和差异性，人们无法准确预测修复成效，因此绝大多数河流生态修复项目也充当着"试验"的角色，而检测和评估无疑在确定哪些技术最有效且最值得投资的过程中发挥着至关重要的作用。如果监测和评估未经过精心设计，就难以支撑相应的适应性管理。同时，在与公众、决策者和利益相关方沟通河流生态修复的原因和成效的过程中，监测提供了关键信息。这种沟通可促进未来河流生态修复活动的进一步开展。

专栏 16

监测、评估和适应性管理的定义

　　监测、评估和适应性管理，这些术语经常一起使用，有时甚至可以互换，但它们实际上是项目和项目管理中的不同要素。项目的评估和适应性管理需要通过不同种类的监测活动来支撑。

　　监测指的是根据预先确定的指标来收集定性或定量数据的过程。监测应包括收集不同种类的数据，从而为解决以下问题提供有力的数据支撑。

　　（1）河流生态修复启动前，河流系统处于何种状态（对基线进行监测）？

　　（2）河流生态修复项目是否完成了预定的各项任务（对活动或实施进行监测）？

　　（3）项目成本是否与预算一致（财务、资金使用效率监测）？

　　（4）对比预期目标，河流生态修复措施在生态系统功能和服务以及生态或社会经济效益方面是否取得了成功（影响或结果监测）？

　　（5）是否有其他影响河流系统状态的重大事件发生（监管或系统监测）？

　　评估指的是项目执行者、投资者或其他利益相关方对监测数据进行分析，研判项目进展状态和需要采取的措施，以支持适应性管理或进一步开展生态修复行动（或其他水资源管理措施）的过程。这一过程应采用认可度高的统计学方法，如利用相关模型。本阶段也可用来评估生态修复措施设定的假设条件。

　　适应性管理通常是指那些根据监测和评估成果，对项目进行灵活调整的过程。适应性管理相关的理论和过程已在学术论文中有深入的探讨。学术领域将适应性管理描述为一种结构化并可互动的过程，以形成更加可靠的、可应对不确定因素的决策，其目的是为了减小系统长期的不确定性。适应性管理作为一种工具可用来认识和改变某一系统。由于适应性管理是一种学习过程，因此随时间的推移，适应性管理的效果会更好，适应能力会更强。在这一过程中，监测提供了关键的信息，是适应性管理的核心。

尽管监测和适应性管理在科学、商业和其他众多领域十分普遍，但监测和评估河流生态修复项目一直以来却在资金、设计和实施上不够重视，这导致了适应性管理在河流生态修复项目中的应用不足。而且，如果生态修复项目或者监管措施在设计上不够完善，甚至可导致生态系统的进一步恶化以及资金的大量浪费。

目前已有指南介绍如何设计和实施河流生态修复项目的监测、评估和适应性管理措施。近年来，随着监测、评估和适应性管理方面的投入不断加大、认识不断加深，人们在该领域取得积极的进展。

5.2　监测、评估和适应性管理的问题与挑战

实践表明，在已经开展的河流生态修复项目中，监测和评估并未引起足够重视。虽然在过去 10 年，关于项目带来的生态效果的监测和评估有所增加，但关于经济社会效益的监测和评估却仍然较少。

监测和评估面临的主要障碍包括以下几个方面：

（1）河流生态修复项目的预期目标定义模糊，造成评估困难。例如，Bern-hardt 等（2007）发现在美国 317 个河流生态修复项目中，只有不到一半的项目设置了可度量的目标。

（2）应对复杂系统和未来的不确定性难度较大。难以将特定修复措施产生的效果与河流系统的总体变化区分开来。Feld 等（2011）发现，从水文地貌、生物等宏观尺度来评价生态修复效果的案例很少。

（3）确定指标和数据收集过程中的技术水平和严谨性不高。有证据显示，许多河流生态修复项目在评估过程中所采用的指标是由主管部门的主观因素决定的，而非从分析的客观需求考虑，对科学性考虑不足，导致监测和评估效果欠佳。此外，对河流生态修复项目带来的经济社会效益的监测和评估较少。例如，Ayres 等（2014）发现，欧盟地区的人们通常认为生态修复可以改善多种生态系统服务，但是对于特定生态系统服务带来的经济效益考虑较少。即便是河流生态修复产生的生态效益，监测也通常只专注栖息地或植被发生的变化，而非更为宏观的流域过程和河流健康的变化，并且多局限于特定的案例分析，而非对于整个区域或流域的分析。例如，对河道生态修复措施进行评估时，一般只评估鱼类的反应，对于大型无脊椎动物和其他水生生物开展的监测较少。此外，物理、生物和社会经济领域监测的结果还可能存在冲突，这也给确定河流生态修复是否取得了成功带来了困难。

（4）不同的生态修复效果需要不同时长的监测来评价，包括生态修复前对

基线的监测以及项目完成后的长期监测，然而大多数生态修复项目的监测评估时间均不超过项目完成后的数年。例如，对法国境内 44 个河流生态修复项目的调查结果显示，虽然 50% 以上的项目开展了监测活动，但是大多数监测仅仅开始于河流生态修复启动的前一年，这势必无法全面了解该生态系统的功能。同样，监测活动通常在河流生态修复完成后的 10 年内结束，这通常也十分不充分。

（5）资金不足，项目完成后的监测和评估尤其如此。Smith 等（2014）的结论是："开展监测的项目很少，其根本原因是监测和评估几乎没有任何激励机制。成本是一个关键问题。一般而言，项目规模越大，（由于资金保障充足）开展监测和评估的可能性也就越大，然而规模较小的项目由于预算有限（基本不开展监测和评估）。"

（6）一般而言，河流生态修复项目总费用中用于监测和相关研究的比例很少。例如，美国陆军工程兵部队通常仅将项目资金的 1% 用于监测和评估，这其实是杯水车薪。根据其他类型的开发建设项目的经验，用于监测及相关数据管理和分析的资金应占项目成本的 5%～10%。另外，虽然越来越多的甲方要求生态修复项目实施单位开展监测，但甲方对监测活动的具体实施措施并不十分明确。

第 2 章介绍的有关案例也支持了上述结论。第 2.3 节介绍的大多数项目都涉及了监测和评估活动。这些项目中，有些指标非常明确，如英格兰默西河和韩国 Taewha 河流域整治的水质指标。有些流域的生态修复项目获得了大量的科学研究资金，用于监测和评估活动的开展。例如，北美哥伦比亚河修复项目制定了三项计划，对栖息地和鱼类种群的变化进行监测，并获得了专业人士的指导。但是，也有不少项目缺乏监测和评估活动。例如，新加坡的 ABC 水计划中，只有少许水质改善项目加入了监测内容。而欧洲的多瑙河项目中，几乎没有任何量化指标评价该河下游绿色廊道对洪水风险或水质产生的影响；这种影响可以是由河漫滩湿地修复活动引起的，也可能是由于大范围流域尺度和气候变化造成的。在澳大利亚，对昆士兰州东南部河流生态修复的监测只在零星地区开展，并且还缺少资金支持。在英国，已完成的 2500 多个河流生态修复项目中，仅有 17% 进行了评估。

适应性管理的一个主要挑战就是如何在下列两方面的活动中取得平衡：一方面是基于当前知识达到最佳短期效果；另一方面则是积累知识和经验以用于改进未来的管理实践。时间、资金和不确定因素意味着，知识的局限性将在河流生态修复项目中一直存在着，不充分的监测为修复项目进度的评估和适应性管理措施的制定增加了难度。同时，Moore 和 Michael（2009）认为，监测数据还需要专业分析的支撑，否则也会影响在适应性管理中的应用。

尽管有关适应性管理的理论研究已有较长时间，但是将理论成果用于实践的案例却很少（专栏17）。虽然河流生态修复项目总会提到要采用适应性管理以动态调整修复方案，但是实际项目却很少包含相关机制，用以评价某种策略是否可以满足某项生物学目标，或者根据更新的科学数据决定是否需要改变管理模式。

以下几方面原因导致了适应性管理在应用上有难度：

（1）定义和方法较为模糊。

（2）可以借鉴的成功案例太少。

（3）主要采用反馈式措施，而非预期性措施，对自然资源进行管理，并对相关的政策和资金进行安排。

（4）未能认清是否需要调整目标。

（5）未能让社会充分了解不确定性，因此增加了不确定性导致的风险。

总体而言，未能有效实施适应性管理的原因可以归结为：过分相信河流生态修复的预期结果，以及不愿意终止没有效果的修复行动。在有些情况中，项目赞助方和工作人员投入了大量时间和精力来制定修复方案，"敝帚自珍"，以及缺乏实际验证、有效监测、科学共识和适应性管理等情况，使得他们不愿放弃付出的努力，因而不愿终止没有效果的修复行动。即使监测数据已经表明无法实现预期目标，项目总是还在继续着原来"错误"的方案。

专栏 17

生物系统的适应性管理综述

Westgate 等（2012）综述了与生物多样性和生态系统管理相关的适应性管理文献，并分析了开展适应性管理的项目的数量。同时，也分析了不同文献对于"适应性管理"这一术语的不同定义、适应性管理持续的时间，以及介绍适应性管理项目的文章的引用频率是否超过同等非适应性管理文章的引用频率等情况。结果表明，通过 ISI 可检索到的相关文章非常多（$n = 1336$），但是仅有 61 篇（小于 5%）明确表明需要实施适应性管理。61 篇文章累计描述的项目仅有 54 个，而其中只有 13 个项目得到了公开发表的监测数据的支持。而且，这 13 个项目对适应性管理中关键要素的认识，如参考模型、持续监测、比较替代管理措施，也存在很大差异。

此外，大多数适应性管理项目的周期很短，有具体数据的文章的引用频率并未超过定性研究类文章。同时，使用"适应性管理"这一术语比较常见，但是只有少量（虽然在增加）的项目能够将适应性管理应用于复杂问题。该综述认为可以通过以下方式提高适应性管理应用：①加强科学家与资源利用部门的人员的合作；②加强沟通，明确不进行适应性管理所存在的风险；③确保适应性管理作为项目管理的重要部分被认可。

5.3　监测和评估的方案制定

5.3.1　基本要求

　　具体的河流生态修复项目需要针对河流所处的特定物理、生态和社会经济环境开展，因此没有任何一种监测和评估方法可适用于全部情况。但监测和评估方案仍然需要统筹考虑河流生态修复项目的总体目标、修复策略（如需考虑变更，则还需要包括变更基于的假设或理论）以及具体措施。监测方案需明确监测对象、监测方式、监测负责人以及监测频率和时间尺度，而且需建立数据采集表格，其中需列出数据收集的预期地点、日期和方法。英国河流生态修复中心已经制定了监测计划（表5.1）。

　　制定有效的监测方案需要考虑很多问题和因素，如需考虑科学、后勤、资金方面的问题以及生态修复项目的目标是什么。在制定监测方案过程中，河流生态修复项目管理人员必须在开始监测前就预先了解这些数据的最终用途。监测的主要目的就是让项目的执行者通过监测数据分析修复目标的实现情况。有时，监测活动也可促进公众、投资方和相关人员之间的沟通，以确定修复活动的优先序列。此外，监测活动也可用于学术研究，丰富河流生态修复的相关知识。检测数据也可与数据的分析结论一并公布于众。

　　在制定河流生态修复监测和评估方案时，需要了解如下的关键步骤和问题（图5.1）：

　　（1）确定监测方案的总体目标和具体目标：它是否仅用于适应性管理？是否用于科学研究？是否可以提供信息，方便与公众、投资方或利益相关方沟通？

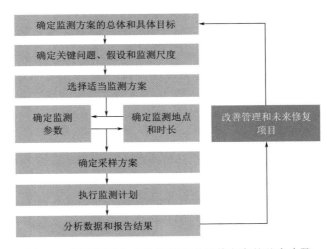

图5.1　制定河流生态修复监测和评估方案的基本步骤

表 5.1　英国河流生态修复中心制订的监测计划

为什么	何事	如何做	数据	何时	何人	成本	置信度	评估
什么样的工作目标将被监测？	您的监测目标是什么？您在尝试观测什么？	您将采用什么方法？	添加已经收集的基线数据（数据类型、频率、方法）	年内什么时段（明确可变性）及频率？	何人做此事？	可包含实物折算成本	监测稳健性（中、低）高	监测数据如何（何时、何人）进行采集和分析
在 2km 范围内，使水塘、浅滩和碎石栖息地的面积增加 80%（2016 年 3 月工程项目）	对栖息地多样性以及大型无脊椎动物和鱼类集合体的变化幅度进行监测	固定地点摄影	无	• 项目开展前：2015 年 10 月。 • 项目开展中：2016 年 3 月。 • 项目完成后：2017 年 4 月、6 月、10 月、2018 年 4 月、10 月，在五个地点进行监测	内部	实物	中	• 地理坐标参照的并存储在服务器的照片。 • 评估每套照片（内部）。 • 纳入最终评估报告
		绘制栖息地地图	无	• 项目开展前：2015 年 9 月。 • 项目完成后：2016 年 9 月	某环境顾问	400 英镑	高	• 每次调查后由顾问出具报告。 • 纳入最终报告

续表

为什么	何事	如何做	数据	何时	何人	成本	置信度	评估
在2km范围内，使水塘、浅滩和碎石栖息地的面积增加80%（2016年3月工程项目）	对栖息地多样性以及大型无脊椎动物和鱼类集合体的变化幅度进行监测。	针对大型无脊椎动物进行3分钟采样；α多样性分析，PSI指数分析	2013年秋两个地点的两份3分钟采样数据，由××提供	• 项目开展前：2015年4月和10月，在五个地点取样，并做控制试验。 • 项目完成后：2017年4月和10月，2019年4月和10月，在五个地点取样，并做控制试验	内部由××负责	12000英镑	中	• 数据录入标准表格。 • 调查后评估（内部）
		电气捕鱼；类群、年龄、重量、长度	无	• 项目开展前：2015年5月，在两个地点取样。 • 项目完成后：2017年5月，在两个地点取样	内部由××负责	1500英镑，不包括设备	低	• 数据录入标准表格。 • 每次调查评估后进行评估（内部）。 • 监测前的报告和监测后的报告分别人最终评估报告

（2）确定关键问题、假设和监测尺度。

（3）选择适当监测方案。

（4）选择监测参数，即指标和度量方法以及监测地点与时长。

（5）确定指标的采样方案。

（6）执行监测计划。

（7）分析数据和报告结果。

虽然这些步骤经常按顺序列出，但是很多步骤在现实生活中需要同时处理。例如，监测参数的选择取决于项目的尺度，而抽样方案的选择可能会影响被测参数及其测量方式。

此外，Roni 等（2005）对河流（或其他涉水）生态修复项目的监测和评估提出了一些建议，主要针对如何监测物理和生态系统的变化：

（1）河流生态修复项目本身就是试验，应像对待试验一样对待河流生态修复项目，否则很难从中受益。

（2）作为试验，在设计生态修复项目时，应考虑能够验证预测生态修复影响的假设和理论，并能够分析其中的因果关系。生态修复的影响可涉及物理、化学和生物学方面的因素以及社会经济的损益。这种监测应包括效果监测和验证监测：确定项目是否取得了理想的效果，并验证生物反馈基本假设是否正确。这种监测可以延伸到河流系统变更产生的社会经济效应。

（3）在评估修复措施之前，明确修复项目的总体目标以及监测和评估的具体目标。一般而言，总体目标比较宽泛，具有一定的战略性；而具体目标则更加详细，并且可以量化。

（4）定义精准的具体目标，可转换成问题，然后再定义成可检验的假设。

（5）监测生态系统功能变化的方法有限，一般包括收集数据的时间点（是否在生态修复实施前后均收集数据，或仅收集实施后的数据），以及这些数据在空间上是否需要重复采集，是否需要在单一地点或多个地点采集数据等情况。

（6）监测参数的选择应该以问题为导向，与修复措施、生态和社会上主要关注的问题相关联，并便于测量。

（7）监测修复措施的影响的能力取决于参数的变化以及监测在时间和空间上的重复性。如果没有充分了解监测对变化的探测能力，则监测活动不会取得良好的效果。

（8）数据采集、质量控制、质量保证和数据管理是监测项目的关键部分。

（9）在修复活动中的学习必须遵守科学方法，并向科学界和公众汇报研究成果。

上述建议是否可以得到遵循取决于资金筹集情况以及实施者的主观认识。项目预算必须考虑监测和评估支出，必须尽可能遵循科学流程。如果资源有限，无须为大型项目内的每项修复措施制定系统全面的监测和评估计划，但是必须对整个项目中双方达成共识的基础数据进行收集，同时也应该对如何选择有代表性的项目进行详细监测达成共识。

由于河流生态系统功能的动态性、生态服务在分配上的复杂性，以及方案制定中的政治因素，监测和评估方案难以准确预测每种修复措施产生的效果。在制定监测和评估方案时应充分认识到这种不确定性，并且使利益相关方充分了解这种情况。同时，监测和评估应做到：①努力降低不确定性，使得河流系统各种要素之间的关系可以进行充分评估；②能够持续确定修复项目和适应性管理是否可以提供足够的数据支持上述评估。

由于气候变化的影响，历史资料在未来并不一定可靠。河流系统的物理、生物或社会经济要素在未来产生的波动是需要重点考虑的问题。这就需要一定的适应能力以灵活调整有关方案，并对其进行有效管理。这其中的关键在于如何识别河流系统的风险从量变到质变的阈值，而监测对此至关重要。在开始制定监测方案时，需要首先明确不确定性。例如，监测计划应描述不确定因素的范围以及未来采取的相关监测措施，从而有效应对不确定因素。传统假设检验是一种可用来检验证据的不确定性的工具。而另有方法可用于估算参数，并确定这些参数的变化范围的置信区间。例如，涉及权益的环境参数可能包括河流流量、水质、泥沙量以及采取具体修复措施之后的渔业预期产量。为了给管理和政策决定提供信息，该参数的量级估值以及它的不确定性估值可以与有生态意义的且可被社会经济接受的水平进行比较（示例见专栏 18）。

专栏 18

结构化的决策和适应性管理

河流生态修复需要对不确定因素进行决策。这就提出了三项需求：了解重要的社会经济和环境参数的状态和趋势，了解河流生态修复的决策背景，了解在我们不清楚所有事情时如何决策。在学术文献中，这分别涉及监测、结构化决策和适应性管理领域。它们是来自决策分析领域的三套重叠工具，有助于管理人员了解、建立、分析、沟通和执行自己的决定。

结构化决策是将决策分析工具应用于自然资源管理决策过程之中，其中适应性管理是结构化决策中一项常用的工具。结构化决策经常和适应性管理混淆，二者之间的关系如图 5.2 所示。结构化决策是一种整合且透明的决策方法，用于识别和评估替代方案，证明复杂决策的合理性；但是结构化决策并不像适应性管理那样要求循序渐进的学习过程。

结构化决策是一套庞大而多样的工具系统，在实际应用中体现为许多方法，

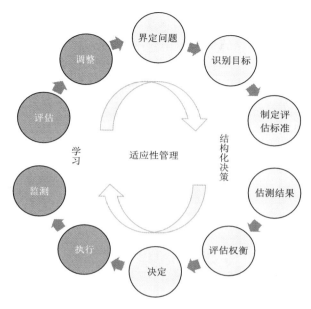

图 5.2　结构化决策和适应性管理的关系示意图

如多属性效用理论、信息鸿沟决策理论、信息预期值、专家启发、利益相关方参与、科学及传统知识整合方法。但这些应用都具有共同的框架，即通过基于价值的思考，形成决策。

决策分析的核心步骤包括：①了解决策背景；②构建基础目标；③制定替代措施；④对照目标，评估措施可能产生的成果；⑤确定最有可能实现目标的首选措施。将决策分析分解为这些步骤，有助于决策者识别主要障碍，并确定应对措施。结构化决策强调以价值为重心的思考方式，需在决策过程的早期明确决策者的目标，而这些目标可以推动后续的决策分析。

学术文献介绍了很多成功的结构化决策案例，涉及休闲渔业、水资源、水电开发和利用、近海生态系统、美国和加拿大五大湖区对七鳃鳗的控制，以及自然资源的其他应用。此外，美国和加拿大的哥伦比亚河流域于近期制定的几项管理计划中运用了间接结构化决策法（如运用 All–H 分析模型的孵化场绩效评估）。另外，Peterman（2004）列举了位于哥伦比亚河流域内的斯内克河的决策分析示例，并指出，决策分析可以帮助持不同意见的利益相关方解决分歧，如涉及鲑鱼洄游和水坝等有争议的问题。

5.3.2　评估对象

需要结合河流生态修复战略框架中不同环节涉及的具体问题，确定监测的具体参数。例如，通过监测，可以告知评估方修复措施是否对优先区域（水安全以及经济、社会、文化或生态方面）、河流功能或河流健康进行了改变。通过对工作和财务进行监测，可以评估修复措施在成本和效益方面是否为最佳选择。此外，通过监测能够确定驱动因素、压力或流域过程发生的较大改变究竟阻碍了还是强化了修复效果。通过对比监测数据与基线数据，可以使适应性管理能够保证河流生态修复达到最理想的效果。图 5.3 所示为河流生态修复战略框架与监测评估之间的关系。

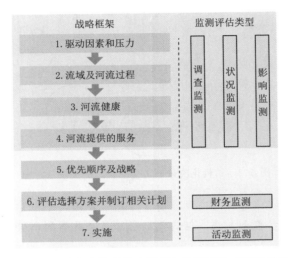

图 5.3　河流生态修复战略框架与监测评估之间的关系

监测的具体指标会随着修复目标和流域情况的不同发生变化。物理和生物变量是监测计划的核心组成部分，但这些变量的监测范围会随着修复项目的不同产生较大变化。《欧盟水框架指令》要求根据生物要素（如鱼类、大型植物和无脊椎动物）、物理化学要素（如温度和营养水平），以及河流形态要素（如水流量、泥沙成分和栖息地结构），对水体达到良好生态状态的进度进行评估。学术文献对具体的生物和物理衡量标准进行了大量而翔实的讨论。

如果修复项目还包括明确的社会经济目标，那么还需对生态系统服务和经济社会效益进行监测和评估，对物理、生物和社会经济过程进行综合监测，如反映文化多样性和生活水平的数据。将人口、文化和经济数据与流域环境要素和生物要素一并考虑，有助于修复项目的成功。收集这些数据可能需要具备一定的社会科学专业知识。正如物理和生物要素的监测和评估一样，社会经济监测和评估框架需要在修复项目或设计的早期阶段建立。

社会经济监测和评估需要收集相关数据（如利用修复场地进行休闲娱乐活动的人数），并与修复前使用该场地的人数进行对比。它还包括分析河流生态修复在更大尺度的成本和效益，第 7 章将会对此进行深入讨论。评估人们对河流变化的看法也十分重要。例如，韩国在太和江（Taewha）修复项目启动后的近 10 年，对河流满意度进行了一次调查，调查人群主要分为两类：市民和专家（如大学教授和研究人员）。受访者对以下两种情况是否满意进行评估：第一种是与 5 年前相比，对目前河流状态的满意程度；第二种是在不进行对比的情况下，对目前河流状态的满意程度。满意度分值在 0 分（非常不满意）和 5 分（非常满意）之间（表 5.2）。结果显示，市民认为河流的水质、气味和干涸程度未得到明显改善，但是河流廊道可及性和可用性以及周围状态与 5 年前相比略有改善。专家则认为除干涸程度以外各项状态均略有改善。专业人员的总体满意度高于普通市民的满意度。

表 5.2   2004 年 4 月韩国太和江满意度一览表

项　目	市　　民				专　　家			
	与 5 年前相比		不比较		与 5 年前相比		不比较	
	平均	标准偏差	平均	标准偏差	平均	标准偏差	平均	标准偏差
水质	2.85	1.10	2.21	0.92	3.48	0.89	2.43	0.89
气味	2.85	1.11	2.19	0.91	3.34	0.77	2.43	0.84
干燥度	2.95	0.99	2.46	0.83	2.94	0.89	2.57	0.79
可达性	3.27	0.92	2.78	0.98	3.49	0.82	3.00	0.89
河流廊道可用性	3.50	0.89	2.82	0.98	3.30	0.87	2.82	1.07
周围状况	3.50	0.92	3.00	0.98	3.33	1.03	2.80	1.00

除了监测产出、成果和影响外，收集对项目所进行投入的相关数据也很重要，其中包括具体措施的财务成本和非财务成本，确保能够对河流生态修复的成本效益进行评估。非财务类投入的相关数据，如志愿者的时间或捐赠物资，也可以作为评估公众对河流生态修复支持度的有效指标。

5.4   监测和评估的开始时间

监测应从一开始就被纳入河流生态修复项目中，并且应在修复项目启动之前的适宜时机便开展。

基线监测可评估项目的执行者、投资方和利益相关方投入的时间和精力是否对河流系统产生了影响。在此之前，也可对河流开展持续监测，以确定需要通过修复干预措施解决的河流问题。通过获取河流系统的持续监测数据，可有助于建立河流生态系统发生变化的假设或理论，这些假设或理论可进一步用于确定河流生态修复的具体措施。

有些成果和影响可能要等到修复项目完成后很长时间才会显现，尤其是当需要改变河流的物理形态时更是如此，这是因为河流在经过物理改变后，其生态系统要经过很长时间才能恢复。同样，不可能凭经验评估涉及洪水风险管理目标的修复项目，而只能等到生态修复结束后有洪水来临时再进行监测和评估，在此之前，仅可以模拟洪灾风险产生的影响。相反，有些河流生态修复活动会迅速产生影响，例如，鱼类在拆除水坝数周后就能开始溯河洄游，又如水质在实施某些修复措施后可快速改善。因此，监测和评估需要涵盖各种目标，并在项目前期、中期和后期的各个阶段开展。河流生态修复项目中不同监测类型的监测时间见表 5.3。

表 5.3　　河流生态修复项目中不同监测类型的监测时间

监测类型	监测问题和目的	示例	何时监测
基线	• 河流生态修复启动前，河流系统处于何种状态？ • 现有的物理、生态和社会经济条件，可为制订计划和评估修复效果提供依据	有无鱼类或者鱼类分布情况	修复措施启动前
活动	• 河流生态修复项目是否按计划完成了各项任务？ • 确定项目是否按计划实施	是否按计划在边缘区域种植植物，或修建河道内或边缘栖息地	修复措施结束时（如果要求进行中期评估和适应性管理，也可在执行期间进行）
财务	• 项目开支大致与预算一致吗？ • 有助于评估成本效益和资金利用率，方便实施问责制	每项修复措施的预算和最终开支以及总预算和最终总支出	修复措施结束时（如果要求进行中期评估和适应性管理，也可在执行期间进行）
影响	• 关于项目既定目标，河流生态修复在生态系统功能和服务以及随之产生的生态或社会经济效益上是否产生了重大影响？ • 确定相关措施在优先区域、功能、河流健康和流域过程方面是否达到预期效果；修复措施与响应之间的因果关系假设是否正确	• 池区面积是否增加了？ • 池区面积变化是否导致鱼类或其他物种丰度发生预想的变化	修复措施结束时（如果要求进行中期评估和适应性管理，也可在实施期间进行）。 在项目完成后的数月或数年开展监测，评估成果（影响）是否得到有效维持
监管	• 是否还存在其他对河流系统可造成重大影响的情况？ • 确定河流状态随时间的变化趋势，包括不由河流生态修复引起的变化	鱼类产卵调查及丰度变化趋势	持续进行

5.5　监测和评估的实施方式

5.5.1　宏观指标

　　需要对不同层面的河流生态修复措施进行监测，包括单个措施或整个项目、某条河流不同修复计划的组合措施，以及国家或区域层面的河流生态修复项目。在具体的尺度（即单个河流生态修复措施）上，既需要记录按照规定执行的措施，也需要记录所达到的具体目标。这一层面的报告可作为基础数据。在更大的尺度上，许多修复措施可能会同时或按顺序进行，以实现某共同目标，如改善水质、促进渔业产量，或减小洪水风险。在这种情况下，需要同时监测具体成果和更大的目标。

　　由于项目中存在不确定性、复杂性或资金的限制，通常无法对所有成果进行详细监测，因此需要对项目的某些部分进行抽样，或者监测可反映河流系统总体状态的综合参数（如氮浓度、鱼类生长、洪峰流量）。这种综合参数被称为宏观指标，可以用来评估更大规模的修复计划或政策在更广泛的尺度上的效果。例如，由美国西北电力和保护委员会牵头的哥伦比亚河流域鱼类和野生动物计划在2009年承诺将采取并定期更新宏观指标，并向美国国会以及当地州长、立法者和市民汇报项目取得的进展。

　　宏观指标通常来自于地理尺度较为广泛的多种环境或社会经济学指标，甚至其他宏观指标，并可作为河流健康评分体系的指标（河流健康评估相关细节请参阅第8章）。宏观指标应可描述省级目标、流域目标和次流域目标的实现情况。向决策者汇报的宏观指标应力求简洁，并以定量或半定量方式（如等级）精确简明地表明河流系统关键因素的状态和趋势。在哥伦比亚河流域中，宏观指标描述了次流域以及全流域这两个层面的鱼类和野生动物的状态和趋势，并力求与省级和次流域生物学目标保持一致。这些宏观指标包括了生物、执行和管理三个部分，可用来评估该计划的整体效果。

　　为了让社会更加充分地了解宏观指标的重要性，可为其建立适当的评价体系并配合必要的说明。人们应当保证宏观指标明确且一致。例如，增加鱼类丰度看似很好，但是鱼类丰度的增加是否可以意味着生态修复的所有目标都一并实现？总体趋势是清晰稳定的还是不确切的？目标是否快要实现抑或相当遥远？宏观指标的确立并不是一个简单的过程，需要科学论证，并与具体目标保持一致，例如：哥伦比亚河鱼类和野生动物计划作为一个大型综合计划，选定首批宏观指标用时超过10年。

5.5.2　监测程序

　　人们需要对监测进行标准化，但必须谨慎。随着物理、生物和化学测量方法、社会经济调查方法，以及分析技术的发展，有些监测方法或许已经过时。监测程序应该吸收更自动化、更高效、成本更低的新方法。同时，监测应该尽量保持一致，这样便于对整个区域的状态和趋势进行评估，但仅用某个具体的标准化的监测方法可能并不现实或不可取。当不同机构和调查人员对生态系统进行测量时，一方面应根据合理的标准程序〔尤其是有宏观指标及（或）合规性要求时〕，力求收集尽可能小的信息组，以分析特定的影响或效益（如水质、修复的栖息地公里数、蓄洪能力、某类型经济效益）；另一方面应允许调查人员收集他们认为合适的其他信息。

5.5.3 信息沟通

通过沟通，帮助利益相关方了解和参与项目，可提高管理和修复效率。信息共享的最终目的是为流域的未来制定共同愿景，并邀请社会各阶层承担责任、提供信息，参与对潜在解决方案的讨论。监测和评估数据应尽可能提供给利益相关方和河流生态修复相关人员，帮助他们了解进度，鼓励他们对项目的影响和措施的优先顺序提出建议，使他们协助开展适应性管理，尤其是针对修复措施的社会经济目标，并在流域、国家和国际层面建立专业人才队伍。

信息共享可存在于各种层面，有助于确立河流生态修复的共同愿景。但是它必须定向、持续，并传达一致的真实信息。信息共享的三个主要组成部分包括数据访问、教育培训和有效沟通。

（1）对全世界很多水资源管理方案而言，数据及信息访问的能力还有待提高。虽然人们越来越有能力提高数据的可用性和分享能力（例如，通过云计算和社交媒体），但要使相关数据可以分享，并在流域尺度上实现标准化，仍需要努力。另外，适应性管理应该在河流生态修复干预措施启动前具备充分的数据收集和分析评估能力。

（2）为了提高与监测活动有关的教育和培训的效果，应充分结合流域内民众、文化和技能的多样性。可以采取多种方式为参与监测计划的民众和专业人士提供教育培训，包括公众科学计划、特定主题研讨会、团体和协会会议（如工程学院、环境保护社团、商业或娱乐性渔业组织）。教育培训有助于形成河流生态修复的共同愿景，确立修复活动的责任，提高当地民众对生态修复的接受能力，从而大大提高适应性管理的成功概率。

（3）要根据受众的特点确定最佳信息传递方式。有些受众不喜欢复杂的科学技术信息，他们偏爱那些简单直接的、可反映公众或科学关切问题的图形，例如随着空间和时间变化的关键变量的趋势。视觉图形只是其中一种信息共享形式；其他形式，如电影、音乐、戏剧和故事也可能非常有效。传达信息的方式随着社交媒体（如脸书、推特、微博）的出现，已发生了快速的变化，人们可以快速便捷地搜索并获得信息（如谷歌）。充分利用这些传播媒介，发挥通信工具的潜力，可以更有效地吸引公共机构和地方机构参加河流生态修复计划。

公众科学及河流生态修复见专栏 19。

专栏 19

公众科学及河流生态修复

公众科学（邀请公众参与监测活动），具备几项重要优势。首先，通过市民的参与，可在更多的地点和时间处获得更多的信息，提高对私有财产的监测能力，加强与私有土地产权人的合作。市民可以提供大范围的、与当地联系紧密的数据，从而支撑遥感和其他技术手段获取的数据。通过参与监测活动，市民也可获得经验，例如确定栖息地特征和状态的方法，或者规程背后的基本原理。他们能够更好地理解收集数据的原因、方式和步骤，并通过观察了解生态过程。最重要的是，这些活动可以促进市民参与项目的积极性，培养他们对项目的兴趣，并使他们获得更多的知识。实际上，他们获得的知识通常很充分，足以参与决策，提出有价值的问题，并可承担适当的责任，从而使项目达到更好的效果。因此，公众科学即是一个例证，展现了那些通过与合作伙伴开展合作，无须投入大量预算，便可实现目标的情况。

由非政府组织"地球观察"建立的"淡水观察"项目是公众科学参与河流项目的一个示例。"淡水观察"项目是汇丰银行水计划的一部分，分布在全球 25 个城市，旨在让 10 万民众了解和保护未来的河流水质和供应。该项目计划从 35000 多个地点收集水质及其他数据，其中大多数地点以前从未列入研究范围。参与方来自汇丰银行和其他机构，他们在数据采集过程中发挥了重要作用，并积极参与促进河流资源可持续发展的全球合作。

第6章

河流生态修复的成本、效益及资金

本章要点

本章讨论了评估河流生态修复的成本和效益中存在的问题以及项目融资机制中的问题，同时还探讨了这些方面面临的主要挑战和限制因素。本章要点如下：

▶ 河流生态修复需要的资金巨大，但同时也会带来巨大的效益。对河流生态修复方案进行论证时，应考虑到每种方案可能的损益情况。

▶ 河流生态修复的融资方式包括：谁污染谁出资谁受益谁出资或通过税收方式由全社会共同出资这三种形式。

▶ 实现河流生态修复的长效机制，需要建立有效的融资机制，以确保可持续的资金投入，而非仅限于初期实施阶段。

6.1 河流生态修复的成本

确定河流生态修复项目的资金来源和投资方，就如同其他水资源项目一样，必须要考虑项目的成本和效益。涉及的成本和效益，一方面需要结合相关涉水产业和预算以及对生态修复目标的直接贡献进行评估；另一方面也要考虑到项目可带来的间接性和长期性的社会效益。准确识别造成河流生态系统退化的"元凶"，以及河流生态修复项目的受益者，有助于确定项目的融资方式。

河流生态修复项目的实施方，包括地方政府、各种非政府组织、企业、科研机构等，应将对项目成本和效益的评估纳入项目前期的论证和设计，项目成本和效益的一些常见参数应在流域或国家尺度上进行考虑。同时，国家有关部门和流域相关机构，应对项目实施方提出明确的要求和必要的指导，以确保项目实施方收集充足的资料数据，开展成本效益评价等有关工作。

6.1.1　成本的产生

河流生态修复需要进行实物投资，从植树到建设污水处理厂等。除工程措施外，还需要为运行管理提供经费，以确保工程实施后的持久效果。其他成本可能包括从农民手中买回用水权利，这在澳大利亚部分地区已经出现；或者向上游土地所有者付款，以收回土地管理权限。此外，还包括河流生态修复的机会成本。例如，由于河流生态修复影响了土地所有者或水资源使用者原有的经济活动，需要向他们提供补偿等情况。

在大多数河流生态修复项目中，介绍成本及产生效果的文件很少，提及的成本数额通常是估计值、总值（针对整体修复项目而非特定干预措施）或非标准化的数值。一方面，这反映了由于河流的复杂性，预测特定修复措施的效果有很大难度；另一方面，是因为早期并没有关于项目成本和效益的详细记录，这导致了没有关于修复措施的成本和取得的价值的权威数据。另外，修复干预措施的开销可能很小（如由志愿者主导的在河岸带重新种植植物），也可能十分巨大（如在美国佛罗里达州大沼泽地开展的斥资几百万美元的修复项目，以及韩国的四大河流修复项目）。美国自1972年《清洁水法》通过以来，已经投入840多亿美元改善水质，包括污水处理和面源污染控制。此外，还有很多投资较小的项目。评估报告指出，美国最近几年每年投入河流生态修复的资金超过10亿美元，这还不包括为改善河流水质建设的污水处理厂的安装和运营费用。在日本，每年投入河流保护和修复项目的资金约为12亿美元。

图6.1所示为澳大利亚和美国河流生态修复措施的成本中位数（基于第3.7节所述的措施类型）。数据来源于澳大利亚维多利亚州2200多个河流生态修复项目以及美国37000多个项目的分析结果。应注意的是，在上述分析过程中，并非所有项目都包含详细的成本数据信息，而且并非所有的干预措施都包含于两国的修复项目中（如澳大利亚案例分析没有土地征用相关数据），但从中仍然可以总结出一些共性的趋势。如投资较大的修复项目经常有大量的实体工程（如雨水管理或河漫滩重新连接）及土地征用。值得注意的是，澳大利亚的一些修复措施的成本费用明显低于美国。如改善雨水管理的修复措施，在澳大利亚所需费用（略高于7万美元）不到美国（约18万美元）的一半。但鱼道建设的成本中位数在两个国家的项目中基本一致，约为3万～4万美元，成本存在差异可能是由于当地的经济因素（材料或人工费用差异）或措施的尺度差异。

这一结果表明：尽管一些修复措施总是耗资巨大，但特定物理因素或经济社会因素也会影响其成本。不同修复措施的成本需要仔细分析，并需要考虑修复项目可以带来的效益。不同选择方案的成本分析在项目建议书和报告中应当仔细记载，以便更好地对修复项目的资金利用率进行评估。

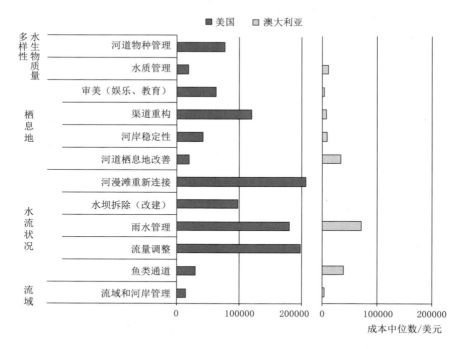

图 6.1　澳大利亚和美国河流生态修复措施的成本中位数

6.1.2　成本的估算

河流生态修复的成本组成目前尚未形成统一标准。Ayres 等（2014）将河流生态修复的成本按照经常性成本和临时性成本细分如下：

（1）临时性成本：①规划和设计成本；②交易成本；③土地征用成本；④其他建设（投资）成本。

（2）经常性成本：①年度维护成本；②年度监测成本。

这种分类方法强调了与前期经费相比，后期维护和监测经费的重要性，而此类成本在之前的修复项目中经常被低估。此外，除了项目本身涉及的直接成本外，也需要考虑河流生态修复项目涉及的间接的经济和社会成本，包括机会成本、监管部门的经常性或临时性成本，以及政策补贴或激励措施所产生的成本（如税收鼓励政策）。

评估河流生态修复项目的全部成本难度很大很有挑战性。在同一流域内，由于所处条件不同，修复措施的成本也会不同。例如，表 6.1 介绍了美国切萨皮克湾修复项目中农田最佳管理措施的成本和污染物清除效率。对某些措施而言，如建立草地缓冲带，成本变化十分显著。

表 6.1 美国切萨皮克湾修复项目中农田最佳管理措施的成本和污染物清除效率

农田最佳管理措施	年度总成本/[美元/(亩·年)]	清除效率/%		
		总氮	总磷	悬浮固体总量
森林缓冲带	163～291	19～65	30～45	40～60
草地缓冲带	99～226	13～46	30～45	40～60
湿地修复	236～364	7～25	12～50	4～15
驱逐牲畜	81～117	9～11	24	30
覆盖作物	31	34～45	15	20
不进行耕地	14	10～15	20～40	70
减少施肥	37	15	0	0

河流生态修复的成本应与其他河流管理措施的成本进行比较。例如，为了降低下游地区洪灾风险，可通过修复洪泛区湿地或者建设防洪工程来实现，而这两种方案的成本（以及效益和风险）应进行比较。在比较成本时，需要明确，一个设计良好的河流生态修复项目通常有助于多种河流管理目标的实现。如洪泛区湿地修复项目可同时促进河流水质的改善、提高社会价值、支持鱼类资源的恢复、增进生物多样性。相反，也需要考虑河流或与之相连的湿地在修复后会不会失去某种功能，以及带来的成本因素（例如，如果将老旧大坝拆除，则其功能也不会再存在）。因此，比较生态修复和其他干预措施的成本，远比仅是比较两个解决方案要复杂。

6.2 河流生态修复的效益

6.2.1 效益特征

如第 1 章所述，健康河流产生的社会和经济效益体现在供给、调节、支持生态系统服务功能，以及与之相关的文化属性。世界各地河流生态系统功能退化导致了其可提供的服务迅速退化。随着河流健康的改善以及部分生态系统服务功能的提升，人们感受到了河流生态修复项目带来的效益。

尽管生态系统服务难以准确描述，但一些研究人员已经开始对生态修复项目所能提供的生态效益进行分类。例如，Palmer 等（2014）分析了美国 644 个项目，发现河流生态修复项目最常见的改善目标为生物多样性（作为 33％项目的首要目标）、河道稳定性（22％）及河岸栖息地（18％）。

表 6.2 为河流生态修复措施的社会经济效益及示例，它可以和河流生态修复措施联系起来。单一的河流生态修复措施能够产生多种效益；同样，多种河流生

态修复措施也能产生某种共同的经济社会效益。例如，洪泛区生态修复有助于渔业生产、降低洪水风险、改善社会效益、增加生物多样性，而提高渔业生产力可以通过河漫滩修复、改善水流状况和解决水质问题来实现。专栏 20 和专栏 21 分别介绍了多瑙河（欧洲）和艾尔华河（美国）的修复措施，其目标为改善多种生态系统服务及其效益。

表 6.2　河流生态修复措施的社会经济效益及示例

要素	修复方法	生态系统服务			
		提　供	调　节	文　化	支　持
流域	流域及河岸管理	木料及（或）柴火、人类用食物和牲畜用饲料，如新西兰农场的河岸地带	控制水温、减少泥沙和营养物径流，如西澳大利亚奥尔巴尼	河岸带的美学价值以及水道的历史和文化重要性，如新西兰农场的河岸地带	在陆地上及河道内增加栖息地，促进生物多样性，如西澳大利亚奥尔巴尼
	土地征用	改善本地动植物群落，包括受到威胁和濒临灭绝的物种，如美国佛罗里达州大沼泽地	减少营养负荷，提高旱涝期间水资源管理的灵活性，如美国佛罗里达州大沼泽地	促进旅游业、增加工作岗位以及公共娱乐区的效益，如美国佛罗里达州大沼泽地	增加用于繁育和保护的鱼类栖息地，如美国佛罗里达州大沼泽地
水流状况	鱼类通道	影响与洄游鱼类及其丰度有关的鱼类种群和其他生态系统服务，如美国罗德岛帕塔克塞特流域	改善水质，如英国埃克斯河	增加工作岗位，促进生态旅游和户外娱乐，如英国埃克斯河	改善重要的产卵栖息地，促进小型鱼类和底栖无脊椎动物可通过通道并在通道上定居，如美国罗德岛帕塔克塞特流域
	流量调整	改善河道形态，并提高水资源管理的效果，如美国北卡罗来纳州罗诺克河	改变河流水量及发生时间，如美国佛罗里达州基西米河	补充灌溉用水，如美国北卡罗来纳州罗诺克河	利于鱼类产卵，并促使鱼类可以到达河漫滩低洼区，如美国萨凡纳河
	雨水管理	提供清洁水，如英国伦敦	拦截雨水，并控制其进入河道的流速，恢复地下水供应，如美国俄勒冈州波特兰	改善河流健康状况和宜居性，提供周边绿色空间，如美国俄勒冈州波特兰	减少雨水量，过滤污染物，改善栖息地，如美国俄勒冈州波特兰

要素	修复方法	生态系统服务			
		提 供	调 节	文 化	支 持
水流状况	拆除（改造）水坝	增加鱼类物种数量，如美国密歇根州松江	改善鱼类通道，改变河流地形，提高流量波动幅度，如美国密歇根州松江	增加鱼类数量，以提高河流休闲娱乐价值，如美国蒙大拿州克拉克堡米尔顿大坝	通过改变泥沙过程增加鱼类物种数量，如美国密歇根州松江
	河漫滩重新连通	增加渔业产量，如北澳大利亚	降低洪灾风险，防止泥沙堆积，如伯德金河	减轻附近城镇或农区洪灾风险，确保公共安全，如美国萨克拉门托河	提供鱼类产卵地，提供幼鱼栖息地，如伯德金河
栖息地	改善河道内栖息地	提高关键鱼类物种数量，如奥地利德拉瓦河	增加水体溶解氧，冲刷泥沙，如新西兰信德河	增加渠道结构多样性，改善美学价值，如新西兰信德河	增加栖息地物理特征的变化，促进生物多样性，如奥地利德拉瓦河
	河岸的稳定性	促进渔业发展，如英国瑞河	减少面源和点源污染，如英国瑞河	改善休闲娱乐环境，如英国瑞河	改善并稳定栖息地和繁殖地，如英国瑞河
	渠道重构	提高鳟鱼产量，如美国科罗拉多州甘尼逊河	延长渠道水力停留时间，重新连通河流与河漫滩，如美国蒙大拿州银弓溪	增强固定设施的保护，如美国北卡罗来纳州	提高大型无脊椎动物丰度和密度，改善常栖鱼产卵、觅食和残遗物种保护区，如丹麦斯凯恩河
	美学（娱乐、教育）	保护本地物种，如美国威斯康星州希博伊根河	调节流量，防止洪水，如美国威斯康星州希博伊根河	改善环境以提高旅游价值，如美国威斯康星州希博伊根河	保护本地物种，增加生物多样性，如美国威斯康星州希博伊根河
水质	水质管理	提高本地鱼类产量，如美国内布拉斯加州普拉特河	改善河流水质，如美国内布拉斯加州普拉特河	提高经济和社会康乐价值，提高生活质量，如美国内布拉斯加州普拉特河	减少入侵物种在栖息地的数量，增加稀有鱼类或濒危鱼类的数量，如美国内布拉斯加州普拉特河

续表

要素	修复方法	生态系统服务			
		提　供	调　节	文　化	支　持
生物多样性	河道内物种管理	提高本地鱼类物种可用性，如美国亚利桑那州化石溪	改善水质，降低本地鱼类物种对资源的竞争，如美国亚利桑那州化石溪	改善河流健康状况以开展娱乐活动，如美国亚利桑那州化石溪	改变本地水生生物分布和丰度，如美国佛罗里达州基西米河

专栏 20

多瑙河下游绿色走廊经济分析

　　多瑙河全长 2780km，流经中欧和东欧，最后汇入黑海。多瑙河流域面积为 801463km²，人口约为 8000 万人。一般而言，多瑙河的下游是从罗马尼亚和塞尔维亚交界的铁门峡开始的，一直延伸到黑海岸边的多瑙河三角洲。

　　多瑙河下游最需要解决的问题是如何提高水质并降低洪灾风险。多瑙河是流入黑海的最大营养物质来源。农业为多瑙河提供了约 50% 的人为营养负荷，其余则来自工业（25%）和城市废水（25%）。多瑙河上游和中游改造力度很大，其下游已有 28% 的河漫滩在 20 世纪通过修建与多瑙河平行的防洪堤，被改造为农业、水产或林业用地。然而，洪水在该地区仍然带来严重问题。据估算，在 1992—2005 年期间，罗马尼亚洪水带来的损失达到了 16 亿欧元。人们更是担心洪水带来的危害可能会随着气候变化变得更加糟糕。另外，修建防洪堤所征用的土地可产生的经济价值都比较低。

　　20 世纪 90 年代和 21 世纪前 10 年，人们对多瑙河下游河漫滩湿地的修复潜力进行了评估。根据养分去除能力、渔业、芦苇收获量、农业耕作和旅游业的相关数据进行分析，估计经过修复后的河漫滩湿地可产生的经济价值为 1354 欧元/hm²。另一项研究项目专门计算了养分去除带来的经济效益，为每年 870 欧元/hm²。而集约式农业产生的经济价值仅为每年 360 欧元/hm²。

专栏 21

美国华盛顿州艾尔华河堤坝的拆除

　　2011 年，位于美国华盛顿州奥林匹克半岛的艾尔华河启动了大型水坝拆除项目，对修建于 20 世纪初的 108 英尺（33m）高的艾尔华大坝和 210 英尺（64m）高的格莱印斯卡因大坝进行了拆除。

通过拆除水坝，在奥林匹克国家公园重新恢复了 70 多英里❶鲑鱼栖息地。大坝阻挡了鲑鱼沿艾尔华河洄游的通道，对艾尔华河鱼类和甲壳类动物造成了毁灭性的打击，影响了艾尔华河下游人民的生计。艾尔华河向河口输送的泥沙改变了地貌和河床泥沙粒径，影响了水生栖息地结构、鲑科鱼类产卵和繁育潜力及河岸植被。

拆除两座水坝的成本估计为 4000 万～6000 万美元，修复艾尔华河总成本约为 3.514 亿美元。相比较而言，该项目可为美国华盛顿州居民带来每年 1.38 亿美元的非市场化收益，并可持续 10 年，也可为全美所有家庭带来 30 亿～60 亿美元的收益。

6.2.2　受益对象

大多数修复措施的受益区范围都比较大，这是由于河流生态修复可增加各利益相关方需要的水资源量（通过改善水质或增加流量）、河漫滩湿地的碳固定量，或改善河流的社会休闲娱乐价值。但也有一些群体，可从特定的修复措施中更直接、更显著地受益。与此同时，也有一些群体的利益可能会因河流生态修复而受损，如失去河岸土地的土地所有者或租户以及需要进行污染治理的行业，或者为提高河流流量而放弃部分或全部水权的用水户。因此，论证不同的河流生态修复方案，应考虑相应的损益关系，以确保方案最优化。

6.3　成本和效益的量化

水资源方面的管理需要收集和分析数据，包括可量化的成本和效益以及河流生态修复措施可达到的预期效果。一直以来，河流生态修复项目收集或公布的监测数据都不充分、目前关于河流生态修复生态效应的测量标准正在完善。然而，这还是不够的。如果想充分了解生态修复措施的效果，则需要有针对性地充分收集成本、生态效果和社会经济（生态服务）效益等数据。

河流生态修复产生的效益主要通过生态系统自身变化体现。例如，当文化及支持性生态系统服务和生物多样性得到改善时，生态修复带来的效益十分明显。然而，政策制定者和出资方经常从经济角度来确定措施的优先序列。因此，河流生态修复的执行者应了解用不同的方法和工具来评价生态修复措施的成本和效益。一个经典的例子是《纽约市水源地保护协议》。20 世纪 90 年代，由于纽约城市饮用水供给受到城市发展和水源地内农业活动产生的面源污染的威胁，该市

---

❶　1 英里＝1.61km。

对以下两方面进行了对比评估：①新建过滤系统所需成本；②通过加强城市规划和土地管理，对水源地进行保护而产生的成本。在上游流域对生态系统进行保护和修复所需投资预计为 10 亿～15 亿美元，而新建和运营过滤系统，使水质达到标准所需要的投资预计为 60 亿～80 亿美元。另一个示例是在较小尺度。伦敦梅斯河公园以及 1.6km 长梅斯河修复项目，四年内共投入的资金为 380 万欧元（约 340 万美元）。若按每年 3.5% 折扣计算，它 40 年内在减小洪灾和气候风险、改善娱乐和旅游、养分循环、野生动物恢复以及区域再生能力方面产生的效益将会达到 3120 万欧元（2810 万美元）。

现在，人们开发了能够估测特定生态系统服务产生的经济价值的工具，如 InVEST 工具。此外，经济学家还提出了对生态系统修复成本和效益进行量化评估的方法（表 6.3）。尽管这些方法各有千秋，也较为缺乏可靠数据，但这些方法随着实践的深入将日益完善。

表 6.3　　　　　对生态修复成本和效益进行量化评估的方法

方　法	简　单　描　述	优势或劣势
替换成本	计算更换或修复受损生态系统产生的直接成本	简单，但可能过于简单。修复措施需要事先达成一致；取决于类似措施的成本估算，但相关数据可能无法获得或不可靠；可能无法计算间接修复成本，如规划成本、监测成本
替换成本系数	计算生态系统修复成本，并且包括因受损和不确定性而造成价值损失所产生的成本	与替换成本优势相同，但考虑到了不确定因素产生的成本。可能很难向出资方证明该成本的必要性
评估生态系统服务价值	通过对比替代方案，评估修复某一生态系统服务的经济效益，如对比通过流域生态修复与建设水处理厂来改善水质的成本	可明确生态系统服务价值，但可能很难量化，并且局限于使用价值，而忽略了非使用价值，如美学
条件价值评估法	评估人们对已修复生态系统的支付意愿	包括非使用价值。人们可能很难对自己的支付意愿进行定量估价。人们承诺愿意支付的金额与实际支付的金额存在差异。实际应用的成本较高
旅行成本法	通过评估人们去某一生态系统旅行的支付意愿和花费的时间，评估他们对该生态系统的价值的看法	修复后的生态系统如果具备休闲娱乐价值，则该生态系统的价值就有提高
内涵价格	通过评估修复后的区域对附近资产价值的影响，估算修复后生态系统的价值	有确凿证据表明因为房产靠近健康生态系统，周边环境舒适而理想，购房者愿意花费更多资金购买该房产。如果房产不靠近修复后的生态系统，那么这种方法就会打折扣

在对不同的生态修复方案进行成本和效益评估时，项目执行机构以及流域或国家相关机构的决策者应了解成本和效益评估中的不确定性。而基于成本和效益的定量分析，将有助于对不同方案进行更科学的评估。选择最适当的修复方案，主要取决于如下因素：成本高低、修复费用的支付者、修复项目的性质，以及河流生态修复规划中所涉及的物理、生态和经济社会环境等。例如，如果因为某公司的问题导致生态系统损害而需要进行修复时，那么只需要求该公司全额承担有关修复费用。如果由纳税人支付项目费用，并且融资金额无法满足最佳修复方案的要求时，就需要根据支付意愿确定优先顺序。在实践中，可首先咨询对河流生态修复方案进行经济评估的人，并从他们的实践经验中受益。

6.4　河流生态修复的融资

6.4.1　资金来源

6.4.1.1　融资方式

一般而言，河流生态修复项目主要有三种融资方式（图 6.2），而实际融资方式一般是不同方式的组合，对于由私营机构（可能包括污染方和受益方）出资的情况尤其如此。国家政府（有时包括地方政府）通常会制定有关的政策和法律

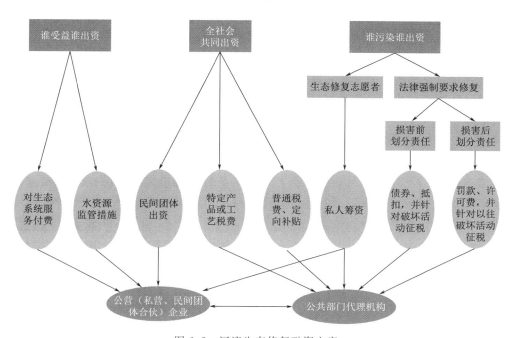

图 6.2　河流生态修复融资方案

框架，为融资提供明确的政策环境和要求。但对于由非政府机构出资开展的生态修复项目，一般不需要执行特定的公共政策。

（1）谁污染谁出资。很多国家已经针对危害生态系统的行业或个人建立了一套处罚或付费许可机制。通过该机制筹集到的资金有广泛的用途：有些国家将资金直接归入地方或国家财政；有些国家则将资金作为环境项目的专项资金对生态系统的损害进行补偿。保险也是部分国家法律明确要求的，以应对修复中产生的无法预料的成本费用。环境修复债券也是一种形式，如果企业开展的活动可能对环境不利，那么该企业必须在此之前购买债券，确保在开发项目完成后，可向公共部门或其他机构支付充足的用于生态修复的资金。哥伦比亚河博纳维尔电力局为生态修复项目提供资金，就是在水电行业中"谁污染谁出资"的示例。

（2）谁受益谁出资。最近几十年，大量出现由民间团体推动的河流生态修复项目，这些项目将改善后的生态系统服务的"买方"（大多数是下游企业或城市）支付的款项转交给"卖方"（通常是上游土地管理者或农民）。作为回报，卖方或者开展修复活动，或者调整流域管理方式，从而减少污染或者保障生态流量。水资源管理计划，是这种方式的一种变化形式，涉及的公司比较关注与水有关的风险会对其经营产生威胁，因此它们和其他利益相关方共同投资应对这些风险。例如，公司担心由于排放废水导致的河流污染会对其声誉造成损害，或者需要为此支付罚款，甚至被吊销运营许可证。该公司可参与投资城市污水处理设施，或改进数据采集方式，以更好地评价污染对环境和社会造成的影响；或者与非政府组织合作，推动流域层面上的污染物控制法规更好的执行。有时，公司在对生态修复做出贡献的同时，也可直接从中受益。如多瑙河流域的航运部门为该河的生态修复提供资金，以改善其生态环境，并同时促进河流的运输能力。该河航运部门可通过合理的制度措施，使得从生态修复中获得的收益可持续投入到以后的生态修复的投资中。

（3）全社会共同出资。很多河流生态修复项目都有一个共同特点，就是政府机构或类似政府机构发挥了重要的融资作用。这种由公共部门出资的情况主要发生在：①可以通过河流生态修复获得广泛的社会或经济效益；②造成河流生态系统受损或从河流生态系统修复中受益的对象难以准确界定。民间团体通过（主要接受慈善捐赠支持的）非政府组织也为一些河流生态修复项目提供资金支持。

6.4.1.2　融资渠道

很多组织机构都向河流生态修复项目提供资金。生态修复项目资金通常来自国际、国家和地方公共部门、私营部门和民间团体的不同组合，这说明生态修复可以使多种利益相关方受益。河流生态修复融资渠道示例见表6.4。

表 6.4　　　　　　　　　　　　河流生态修复融资渠道示例

部门	融资渠道	资助的典型干预措施	示　例	支付方式（污染方、受益方或社会）	利　弊
公共部门	国家政府	基础设施、制度、水质改善、生态系统修复	英国政府资助默西河流域整治项目；墨西哥联邦政府资助 El Realito 项目；澳大利亚联邦政府资助墨累-达令流域用水权回购计划	社会	• 重要融资渠道，尤其是针对具有重要战略意义的项目；为基建成本和运营成本提供资金。 • 所有项目几乎都不能获得 100% 的资金；在很多国家，公共资金面临越来越大的压力
	州（省）政府	水质改善、生态系统修复	德国巴伐利亚州资助伊萨尔河修复项目；澳大利亚昆士兰州政府资助昆士兰州东南部健康水路项目	社会	• 重要融资渠道；经常为基建成本和运营成本提供资金。 • 所有项目几乎都不能获得 100% 的资金；在一些国家，公共资金面临越来越大的压力
	地方（市）政府	基础设施、水质改善、生态系统修复	德国慕尼黑市政当局资助伊萨尔河修复项目；韩国 Taewha 河修复项目	社会	• 为当地利益相关方的参与提供资金。 • 通常取决于来自其他公共部门的重要融资的资金杠杆；在有些国家，公共资金面临越来越大的压力
	超国家组织（多边组织）（如全球环境基金、欧盟）	制度、基础设施、水质改善、生态系统修复	欧盟和全球环境基金资助多瑙河整治项目，包括下游河漫滩湿地修复项目	社会	• 对于具有重要战略价值的项目，是一个重要融资渠道；强调有战略意义的生态系统功能和服务，强调生物多样性。 • 取决于政府对河流生态修复项目的优先取向；获得资金支持可能需要时间和繁文缛节的政府流程

续表

部门	融资渠道	资助的典型干预措施	示　例	支付方式（污染方、受益方或社会）	利　弊
公共部门	开发机构（银行）	基础设施、制度、水质改善	亚洲开发银行资助菲律宾马尼拉 Pasig 河修复项目；世界银行资助恒河整治项目	社会	·对于具有重要战略价值的项目，是一个重要融资渠道；为基建成本和运营成本提供资金。 ·经常采用贷款而非赠款形式
私营部门	公共事业公司，尤其是水务公司和电力公司	基础设施、水质改善	·西北水务（联合公共事业公司）资助默西河流域整治项目；博纳维尔（水电）资助哥伦比亚河修复项目；水电公司资助伊萨尔河修复项目。 ·法国能源项目	污染方、受益方或社会，视情况而定	·对特定项目而言，是重要的融资渠道，尤其是水质改善项目（通过水务公司）。 ·取决于监管部门，它们会要求（许可）公共事业单位资助修复项目
	水资源监管途径	水质改善、生态系统修复	·可口可乐公司为世界自然基金会和其他河流生态修复项目提供资金，如在英国；南非米勒啤酒公司支持大自然保护协会在拉丁美洲的水基金。 ·RSA 保险公司为伦敦梅斯河修复项目投入超过 20 万英镑（企业社会责任资金）	污染方或受益方，视情况而定	·潜在的重要新融资渠道，涉及与水相关的业务风险。 ·未给影响评估预留充足时间。与政府优先排序的联系不清晰
	为河流健康退化承担责任的污染方，如修复保险、修复债券或罚款的支付方	水质改善、生态系统修复	·莱茵河（发生山德士化学污染事故后的修复工程）。 ·英国公用事业公司造成的污染，其中 50 万英镑支付给云铎河项目——启动云铎信托，40 万英镑支付给利河（两者均为泰晤士河支流）	污染方	受损后，河流健康的某些方面可能很难修复；在破坏之前应该考虑如何更好地执行保障措施。河流生态修复资金到位之前，法律程序可能会很冗长

部门	融资渠道	资助的典型干预措施	示　例	支付方式（污染方、受益方或社会）	利　弊
私营部门	慈善基金	制度、基础设施、水质改善、生态系统修复	汇丰银行通过其水资源计划，与世界自然基金会和其他组织一道提供资助	社会	·可能是对其他融资渠道的补充。常常通过非政府组织引导。 ·大多规模很小或周期有限
其他	非政府组织〔最初来自企业、基金会（信托机构）、主要捐赠方、公共或其他渠道〕	制度、基础设施、水质改善、生态系统修复	世界自然基金会资助多瑙河下游绿色走廊计划，最初来自MAVA基金会	社会	·可能是催化种子融资的重要渠道（并且经常扮演非政府组织"政策发起人"的角色）。 ·常常依赖其他渠道重要融资的资金杠杆
	生态系统服务付费方案	水质改善、生态系统修复	·纽约市水源地保护协议；南非"致力于保护水资源"方案。 ·英国西南上游河流项目：400万英镑土地管理费付给农民，有效降低水处理成本	受益方	·潜在的重要新融资渠道。 ·未给影响评估预留充足时间；依赖于生态系统服务的"市场"，调控这个市场依赖于相关制度

（1）英国默西河治理受益于国家政府提供的资金以及地方政府和其他合作伙伴提供的实物资本。国家政府提供的资金为该流域生态修复的主体资金，旨在通过生态修复，在25年内实现城市再生。项目资金来自多种渠道，包括私营部门，特别是污水处理基础设施部门（水务机构在20世纪90年代从公立机构改制为私营机构），以及区域经济组织，特别是欧盟。

（2）多瑙河下游绿色走廊协调倡议所需的资金中很大一部分由一家非政府组织（世界自然基金会）提供，而这个组织又从很多渠道筹集资金，包括公开认购和慈善基金。特定河漫滩湿地修复项目的主要资金来自于地区和全球多边组织的筹措，包括欧盟、世界银行和全球环境基金。

（3）在新加坡，河流生态修复项目的主要资金由若干国家机构提供，包括公共事业局、国家公园管理局和城市再生管理局。但事实证明，单单这些机构无法有效管理土地、确保水质。2010 年，公共事业局发布了 ABC 水资源认证方案，鼓励其他公私部门在自身开发的项目中采用 ABC 水资源管理措施。

（4）在澳大利亚墨累-达令流域，联邦政府拨款 129 亿澳元，回购用水权，提高用水效率，并实施旨在增加河流流量、改善流域健康状况的其他措施。

（5）美国哥伦比亚河的生态修复规划以及鱼类和野生动物计划由相关委员会提供指导，博纳维尔电力局提供资助。博纳维尔电力局是联邦政府一个非营利机构，它通过发电获得收入，并将这些收入用于环境整治。德国伊萨尔河修复项目也采用类似模式，用于为沿河修复工程提供资金。

（6）有些产业的私营机构越来越担心水资源短缺、污染以及水量的变化会给自身的业务带来风险。作为全面"水资源管理"方案的一部分，可口可乐公司已向全球若干个河流生态修复项目投入了大量资金，包括英国、越南、危地马拉、中国和多瑙河流域，目的是管理和降低水资源风险对自身的影响。

6.4.2　市场机制

如果由河流生态修复的受益方支付相关费用，且私营部门对水资源实施监管，则应该针对水资源管理和河流生态修复建立市场机制。这其实反映了传统市场常常低估社会从大自然中所获得的收益（如水），因此河流的过度开发损害了部分人群的利益。利用市场机制，即是把未定价的生态系统服务的价值清晰化，以便更好地进行管理。

利用市场机制来开展河流生态修复是一种很好的尝试。市场机制可以包括一系列措施，如生态认证、排污权许可交易和生态补偿。市场机制用于河流生态修复的最常见方式就是生态系统服务付费（PES）方案，而《纽约市水源地保护协议》最为有名。此外还有不少案例，例如，在拉丁美洲，大自然保护协会与城市和企业合作，已经建立了很多水基金项目，向在上游地区进行的河岸带林地的修复活动支付费用。生态系统服务付费方案十分复杂，但人们对于生态系统服务的认知水平也在不断完善。目前已有相关指南为如何运用市场机制管理自然资源提供指导。可操作的指导性意见包括联合国环境规划署、经济合作与发展组织和英国政府等机构发布的指南。

所有生态系统服务付费方案都有一个前提条件，即有人能够提供特定的、额外的生态系统服务，并且其他人有兴趣购买这种服务。对买卖双方而言，这是一个双赢模式。如果存在这个前提，那么市场机制就是一种有效的河流生态修复融资方式。另外，生态系统服务付费方案在具体细节上可存在很大差异。例如，可能有一个或几个卖主；或一个或几个买主；方案可能来自政府主导的市场，政府监管在这种情况下就十分必要；也可能是买主和卖主之间的自发的非正式形式。生态系统服务付费方案在运营尺度上也可存在较大差异，从当地农民之间的协调到上游土地所有方与下游城市和企业之间更大规模的协议，不一而足。

制定生态系统服务付费方案，通常有以下四个关键步骤：

（1）确定生态系统服务前景和潜在买主。需要确定需交易的特定生态系统服务项目、其市场价值以及从此项服务中受益并愿意为此付费的买方（这意味着他们认识到生态系统服务可为"正常经营"提供潜在附加值），并考虑是否向个人或集体出售此项服务。

（2）评估制度和技术能力。包括评估法律和政策环境以及土地所有制相关问题，明确生态系统服务付费方案可以运行的具体规则，并了解不同组织机构在支持生态系统服务付费运行中的职责范围。

（3）建立生态系统服务付费协议。包括制定业务计划，评估和优化支付类型和交易成本，确保交易活动公平公正，并起草合同。

（4）执行生态系统服务付费协议。这就需要最终确定生态系统服务付费管理计划，验证服务交付，以及对其进行监控和评估。

Smith 等（2013）将生态系统服务付费方案内的参与方分为四类：买方、卖方、中间人和知识提供方。每个组织机构由于情况不同，均可能扮演上述四种类型中的任何一种。一般而言，生态系统服务（如清洁水供应或洪水防控）的买方包括个体企业或集团公司、地方或国家政府。卖方通常是土地所有者和农民（可以是个人或政府部门、私营机构或非政府组织）。中间人经常发挥生态系统服务付费方案发起人或引导方，以及买卖双方交易经纪人的作用。他们可能是非政府组织、政府机关或私营机构。如果生态系统服务有官方市场，则政府机关可对市场进行监管，这可成为一种调解方式（示例见专栏22）。知识提供方常为研究人员，可就河流系统的社会经济和生物及物理状态提供建议。知识提供方还包括掌握河流系统相关信息的地方或流域的利益相关方，并包括需要对河流生态修复项目负责或对其进行监督的流域机构或水资源管理部门。最后，还需要有对生态系统服务付费方案进行验证或认证的私营部门或非政府组织，以确保卖方继续履行买方付费项目。

专栏 22

中国新安江流域的生态补偿

新安江自西向东流经安徽省和浙江省。虽然新安江在历史上是中国水质最好的河流之一，但是近年来水质已经下降。尤其是 2000 年以来，新安江在安徽、浙江两省交界处的总氮和总磷含量一直在增加。

2011 年，为了通过市场手段保护和改善新安江水质，中国财政部和环境保护部启动了一项生态补偿试点计划，提高新安江流域水资源保护水平。该计划要求加强对新安江在两省交界处的水质的监测力度，并建立补偿基金。每年向补偿基金支付的款项达到 5 亿元人民币，其中中央政府出资占 60%，安徽和浙江两省各占 20%。

中央政府提供的资金全部支付给安徽省（上游省份），剩余资金根据新安江经安徽省流入浙江省所在地点的水质进行分配，再按照"补偿指标"支付款项。如果指标值小于或等于 1（说明水质未达标），或者如果发生重大污染事故，那么剩余资金划拨给浙江省。否则，这笔资金划拨给安徽省。根据这项规则，在2012—2014 年期间，浙江省（下游）向安徽省支付了款项，这说明水质已经达标。

通过补偿基金支付的款项只能投入新安江流域为保护和改善水生环境所设立的项目，如工业结构性调整措施、改进后的工业设计和布局、流域综合管理、水污染控制和生态保护。具体包括上游水源保护、农业面源污染控制、工业污染防控、城乡污水处理、改进后的废物管理、内河航运船舶的污染控制以及清除河道漂浮物质。

表 6.5 列出了截至 2014 年年底用于新安江流域生态补偿已经筹集、划拨和支出的资金总额。其中包括为生态补偿试点项目划拨的"专项资金"，由地方政府筹集的资金，以及通过建筑公司发行债券或通过公私合营机制筹集的"社会资金"。在确定的 192 个项目中，已经实施了 134 个项目，总支出约为人民币 85.94亿元，包括专项资金提供的 16 亿元。

表 6.5　截至 2014 年年底用于新安江流域生态补偿已经筹集、划拨和支出的资金总额

项目类型	项目数量/个	专项资金/亿元	修复项目直接开支/亿元
农村面源污染	102	2.67	4.20
废水/污水拦截项目	34	1.16	4.24
点源污染管理	14	1.26	10.47
生态恢复	31	10.35	66.45
能力建设	11	0.56	0.58
总计	192	16.00	85.94

根据 Smith 等（2013）的观点，有七项原则可用来支持有效的生态系统服务付费方案（见专栏 23），同时还需要结合相关监测数据，并需要利益相关方参与生态系统服务付费方案的设计和适应性管理。现实中，由于社会经济和生态系统的复杂性和不确定性，几乎没有任何方案能够全面满足这七项原则要求，也无法达到"完美"的生态系统服务付费方案，但这些指导原则仍然有借鉴意义。专栏24 展示了一个典型的南非布里德河流域生态修复的融资实例。

专栏 23

生态系统服务付费方案的指导原则

▶ 自愿行为。利益相关方自愿签署生态系统服务付费协议。

▶ 受益人付费。生态系统服务受益人支付费用（个人、社区、企业或政府可作为受益人的代表）。

▶ 直接付款。直接向生态系统服务提供方付费（实际上经常需要通过中间人或经纪人）。

▶ 额外性。如果向土地或资源管理方索取额外服务，则需要付费。需要注意的是额外服务不会一成不变，但是付费项目至少应超出规定内要求的责任范畴。

▶ 制约性。付费取决于是否交付生态系统服务。实际上，更多的是对合同双方均认可的可以产生服务效益的管理措施支付费用。

▶ 确保永久性。受益人付费的管理干预措施不应轻易改变，需要持续提供服务。

▶ 防止漏洞。制定生态系统服务付费方案应避免漏洞，如一处的生态系统服务得到保障不应导致另一处的生态系统服务丧失或退化。

专栏 24

南非布里德河流域生态修复的融资实例

布里德河流域位于南非最南端西开普省，该河由布里德/奥弗贝格水资源管理机构进行管理。布里德河长 322km，流域面积 12600km²，其中 Riviersonderand 河是它的主要支流。

按照《国家水法》的规定，布里德/奥弗贝格水资源管理机构有权力对该河进行管理，并有责任制定流域管理战略。布里德/奥弗贝格水资源管理机构最近制定了流域管理战略及其愿景，并提出口号"永远为大家提供优质水"。流域管理战略愿景旨在：

▶ 保护环境，保持流域清洁健康，提高人们生活质量，创造良好商业机会。

▶ 发展农业，为社会创造财富，创造工作机会，实现农村弱势群体愿望。

▶ 为个人和企业创造机会，通过技术创新适应世界的发展变化。

▶ 确保人们随该地区的发展可以继续享受高质量的生活及生态服务。

布里德/奥弗贝格水资源管理区不直接参与修复活动，但是协调各利益相关方（如水资源用户协会、地方政府和农场主）的关系，以便对该流域进行可持续管理。实际修复活动由诸如水利部牵头的"致力于保护水资源"和"致力于保护湿地"之类的项目负责，并得到地方环境保护机构和非政府组织支持。1995 年，南非政府发起"致力于保护水资源"倡议，旨在解决外来入侵植物带来的挑战。这些物种对地表水资源构成了严重威胁。这个计划还希望通过开展外来入侵植物的清除工作增加岗位，为失业人员创造工作机会。"致力于保护水资源"计划自立项以来，已在全国开展了 300 个项目，被称为非洲最大的保护项目之一。该计划旨在提高南非水资源安全，改善生态完整性，对土地进行修复，同时还为南非弱势群体创造就业机会。

根据 1999 年的一项定价策略，部分用于去除外来入侵植物的费用可通过水资源管理费的形式，由水资源管理区内的工业和农业水用户支付。"致力于保护水资源"计划针对城市用户的收费在 0.01～0.05 兰特/m³ 之前，而农业因为享受 90％ 的补贴，收费仅为城市用户的 10％。年度入账金额约为 7500 万兰特，而为其提供支持的财政补贴远远超过了这个数字，达到 3 亿兰特以上，这反映了该计划的社会和生物多样性价值。

2007 年定价策略有所调整，将其调整为由意愿用户支付费用，流域内受入侵物种影响的利益相关方和用户可以达成一致意见，为清除外来入侵物种提供资金。资金来自于根据用户使用情况所计算的费用，并可能会获得其他补助。超过环境需求和过度分配的可用水量可以分配给为清除外来入侵物种项目提供资助的相关方。这是南非启动环境服务付费计划以来的最新经验。

尽管对生态系统服务付费能够为河流生态修复带来新机遇，但是仍有一些关键问题需要考虑：

（1）需要维持市场的高效运作，并覆盖生态系统服务的时间。对于某些生态系统服务项目而言，如防洪减灾或清洁水供应，其服务的时间将是永久性的。生态系统服务付费中间机构或监管部门是否能够保证买卖双方的数量达到平衡？

（2）相关参与机构的能力也很重要。在可见的将来，谁会发挥中间机构、监管部门、知识提供方和认证机构的作用？这些机构是否具备相应的技能、人力和财力，以及是否有意愿发挥这些作用？政府部门需要对正规市场实行监管。此外，如果生态系统服务付费方案是更为广泛的河流生态修复和水资源管理方案的组成部分，那么生态系统服务付费中间机构或监管机构与河流生态修复和管理协调单位之间的联系必须清晰、有意义。有些生态系统服务付费方案由非政府组织按照企业运作模式启动，但是一旦非政府组织资金用尽或者战略出现改变，会发生什么情况？生态系统服务付费市场是否能够维持？一旦非政府组织离开，生态系统服务付费市场是否会崩溃？

（3）公平是一个至关重要的考虑因素。生态系统服务付费方案的设计、监测和适应性管理如何让所有利益相关方（包括最贫穷和最弱势群体）参与制定市场规则？如果受影响方感觉无法参与制定市场规则，可能会立刻让他们警觉起来，甚至可能会暗中破坏方案的公信力。

（4）监测和评估可以向生态系统服务付费方案的适应性管理提供信息，以保证该方案可实现既定目标，并有益于整个河流生态修复项目。这种适应性管理是否充分考虑了输入因素（如农场管理实践），或者输出因素（如河流水质或洪水过程线）？验证输入因素对河流产生的改变较为简单，但其不一定能够实现既定目标。如果河流状况未按预定方案发生变化，即使买方已经按照合同规定履行了职责，但输出因素可能还是会对买方不利。

（5）应有充分证据证明生态系统服务付费方案对河流系统的社会经济和生态要素产生了影响，以确保向该方案的持续投资。研究结果表明情况并非总是如此，有些生态系统服务付费方案并非充分依据良好的生物及物理学原理，并且很难提供产生社会经济影响的证据。

（6）需认真考虑不同生态系统服务之间以及生态系统服务和生物多样性之间的平衡。例如，对买方而言，山坡重新造林可能会减少输沙量和改善下游水质，但是其他人可能会认为树木蒸散量的增加会导致河水流量减少。该生态系统服务付费方案是否对未参与交易的生态系统服务的受益人不利？

河流生态修复项目的融资面临着诸多挑战。河流生态系统自身的复杂性和不确定性，使得准确地预测河流生态修复效果十分困难。特别是当还需要考虑经济评估过程中的不确定因素时，估测效益与成本的关系就更为困难。这与流域与水资源管理者通常从事的工程类项目明显不同，因为工程类项目的因素较为确定。在很多国家，公共融资的局限性越来越大，要获得资金，就要更好地展现资金的利用率，这就需要从项目和国家层面更好地监测和评估项目的成果和影响，并采用更好的经济学方法管理项目。河流生态修复的资金提供方应允许项目预算中有监控和评估的开支。

如果流域或水资源管理过程中确有必要进行河流生态修复，那么就需要从公共的水资源管理预算中为修复项目预留部分资金。另外，很多河流生态修复的干预措施不但有可行性研究和工程建设阶段的开支，还会持续产生运营成本，修复计划应全面考虑各项成本因素。然而，干预措施的维护成本可能难以量化，并且目前几乎找不到开展此类规划和预算的案例。

某些项目（如新加坡）提供的证据指出：和农村项目相比，城市河流生态修复项目成本更高，因为城市土地成本更高，基础设施网络更稠密。这些因素限制了河流生态修复可用空间，并且让河流生态修复工程更加复杂。如果土地所有方或租户需要重新安置，可能还会增加补偿开支。新加坡 ABC 水计划的解决方法是将多种功能整合纳入河流生态修复项目，这样不仅增加了现金利用率，也整合了其他开发项目。

与水资源管理的其他方面一样，制度因素也可能限制修复项目的融资。例如，生态系统服务的收费面临严峻挑战，这是由于对保障生态系统服务的质量并维护基础设施的运行所需要的职责和分工还不甚明确，如何对该市场进行监管还不甚清晰。

当不同利益相关方要求通过修复项目获得不同收益时，会产生更多的困难。河流生态修复的典型目标为生态环境的保护。修复参与方以及利益相关方可能对生态成果有所期待，包括生物多样性的改善。但是在很多情况下，其他利益相关方、融资方和监管部门会优先考虑提高与生态系统特定服务挂钩的经济社会效益。虽然有时这些目标会基本一致，但是社会经济效益需要的最佳措施未必会兼顾生态系统功能的修复。若将社会经济效益作为主导因素来制定修复方案，则可能会损害河流系统的某些生态要素，其典型示例如在某个子流域修建蓄水或调水工程以满足下游需要的水文情势，结果便是如此。另外，一些修复措施，如清除鱼道中的障碍，可以立即带来效益；而其他修复措施，如为减少泥沙流量和污染恢复河岸带林木，可能需要几年甚至几十年才会产生明显的成果。因此，为了让各利益相关方获得效益，修复措施应考虑时间尺度问题。

河流生态修复的保障措施

本章介绍了确保河流生态修复取得成功所需要的各项保障措施，包括政策和法律、制度安排，以及利益相关方的参与。本章要点如下：

▶ 法律和政策框架对推动河流生态修复至关重要，它们可以为河流生态修复制定规则、下达命令、确定目标。

▶ 为确保河流生态修复取得长期效果，需要制定相应的监管措施以保护河流生态修复的效益，防止受到流域内人类活动（包括未来开发活动）的破坏。

▶ 利益相关方参与河流生态修复非常重要。最佳解决方案往往来自于能够解决土地和水资源问题的综合方案，并实现跨机构和部门的合作。

7.1 保障措施概述

成功制定和实施河流生态修复战略是一项艰巨任务，需要几年甚至几十年时间，而且在项目的开始阶段就需要了解可保证河流生态修复成功的先决条件，以及存在的常见阻碍因素（见专栏25）。

专栏25

河流生态修复项目的常见阻碍因素

在河流生态修复项目的实施过程中遇到的困难可能与下列因素相关：

▶ 生态因素。例如，对生态演替和生态修复之间的联系缺乏了解，或者低估了恢复时间。

▶ 技术因素。如缺乏技能或数据。

▶ 社会经济因素。涉及利益相关方的参与和项目成本的因素。

▶ 法律因素。如缺乏配套政策和法律。

这些因素与《西班牙全国河流生态修复战略》中发现的行政和管理问题一致，包括：

▶ 技术人员缺乏关于河流生态修复过程的知识和经验。

▶ 行政部门之间的合作有限，且经常发生冲突。

▶ 开发过程中没有考虑对河流健康的影响。

▶ 进行监控的人手不足。

▶ 社会对河流退化和修复缺乏关注。

在制定和实施河流生态修复战略时，除了考虑技术等问题外，还需要考虑非技术因素（图 7.1），具体如下：

（1）政策和法律，以界定修复工作的首要目标和原则，并为特定措施提供支持。

（2）制度安排，为修复措施建立授权和问责体系，并与各相关机构进行协调。

（3）利益相关方参与，以确保在规划过程中参考不同观点，并在不同层面上强化生态修复的政策保障措施。

（4）融资，为生态修复项目的实施提供资金支持，并有效管理后期维护等成本。

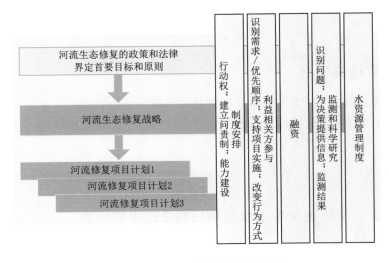

图 7.1　河流生态修复的支撑体系

（5）监测和科学研究，为科学决策提供依据，监测和评估生态修复项目的合规性和影响，并为适应性管理提供支持。

（6）水资源管理制度，通过监管和规划，为河流生态修复措施提供保障。

这些保障措施除了支持生态修复项目的规划和实施外，对于确保修复措施的长期可持续性也非常重要。例如，保证长期稳定的税收，以维持或更新基建投资；作出适当制度安排，以遵循长期发展计划；建立监管措施，以保护修复项目的收益以及避免流域内出现破坏生态系统的行为。

关于现状评估和监控的科学研究问题，以及如何为河流生态修复提供资金支持，已在前面几个章节进行了讨论。下面将讨论保障措施的其他方面。

7.2　政策和法律

在宣传、支持和指导河流生态修复过程中，政策与法律发挥着关键作用，可制定河流生态修复的实施要求。例如，《欧盟水框架指令》规定各欧盟成员国必须承担法律责任，所有水域在 2015 年之前必须达到"良好状态"。它反过来推动了欧盟成员国在国家和地方两个层面建立法律和政策措施，并最终采取实际行动。与此同时，宏观政策可以为河流生态修复确立原则，从而有助于制定修复目标，并确定实施地点和内容。

政策和法律也能为河流生态修复制定激励措施。例如，法律可以通过税收措施，或财务激励措施，鼓励河流生态修复的实施，或促进土地利用方法的改进。

法律需要规定支持或实施河流生态修复的权力范畴。例如，河流生态修复可能会涉及强制征收土地以及对土地利用、排污或取水等活动的监管。这些权力都需要法律的支持。现有的法律（例如与开发有关的法律）可能会与修复目标或措施发生冲突，此时可能需要进行法制改革，调整立法优先顺序。

法律可以重点关注某些物种，如美国《濒危物种法》和《澳大利亚环境保护和生态多样性保护法》明确规定了保护清单上所列物种的管理方式。另外，法律也可重点关注整个生态系统，如美国《清洁水法》和《欧盟水框架指令》，前者为各州水质的改善提出了框架和责任要求。

国际、国家、流域、区域或地方也可制定相关法律和政策。例如，多瑙河的生态修复遵循多层面的法规和政策，包括欧盟层面的《欧盟水框架指令》、流域层面的协议，以及国家层面的法律。表 7.1 为与多瑙河生态修复相关的主要政策、法律和规划文件。专栏 26 概述了中国在河流生态修复方面的政策和制度。

表 7.1　　　　　与多瑙河生态修复相关的主要政策、法律和规划文件

年份	国家、流域和区域	法律（政策）
1991	欧盟	城市污水处理指令。它的目标是保护环境，使环境不受城市污水排放和特定工业部门排污的负面影响，并关注以下几点： •生活废水收集、处理和排放。 •混合废水收集、处理和排放。 •特定工业污水收集、处理和排放。 该指令已经成为欧洲水质改善投资项目的主要依据
1992	欧盟	Natura 2000 指令。该指令根据 1992 年《栖息地指令》和 1979 年《鸟类指令》建立了欧盟自然保护区网络，旨在确保欧洲最有价值、受到最严重威胁的物种的长期生存以及栖息地的可持续性。Natura 2000 保护区中 40％都是河流保护区
1994	多瑙河流域	《多瑙河保护公约》（DRPC）。根据公约于 1998 年建立了多瑙河保护国际委员会。该委员会为改善多瑙河及其支流的状态，制定了相关政策、优先顺序和战略；并在流域层面负责协调《欧盟水框架指令》和《欧盟洪水管理指令》的实施
2000	保加利亚、罗马尼亚、乌克兰和摩尔多瓦	《多瑙河下游绿水走廊协定》。保加利亚、罗马尼亚、乌克兰和摩尔多瓦四国就多瑙河下游的河漫滩湿地修复、保护和维持签署了该协定，涉及的河漫滩湿地从铁门大坝到多瑙河三角洲，面积为 100 万 hm²
2000	欧盟	《欧盟水框架指令》。该指令制定了一个框架，以保护欧盟区域的地表水和地下水，并确保根据生物学、化学和水形态学的评估结果，在 2015 年之前，全部水域达到"生态良好状态"。 该指令要求制定流域综合管理计划，包括为达到"生态良好状态"的措施方案。 多瑙河流经的国家中有六个不是欧盟成员国，因此《欧盟水框架指令》第 3（5）条明确规定："应努力与相关非欧盟成员国进行协调，力争实现《欧盟水框架指令》目标"
2010	多瑙河全流域	《多瑙河流域管理计划》。这是第一份得到采纳的涉及多瑙河全流域的计划。该计划利用多瑙河保护国际委员会作为平台，将各国在国际层面上的管理计划综合起来，为实现多瑙河全流域的目标提供指导。现有计划涵盖的期限为 2009—2015 年
2007	欧盟	《欧盟洪水管理指令》。该指令旨在减少和管理洪水给人类健康、环境、文化遗产和经济活动带来的风险。 2015 年将会采纳洪水风险管理计划
2012	多瑙河全流域	《欧盟多瑙河战略》。该战略在 2010 年首先提出，2011 年采纳，2012 年强制执行。它是一项推动多瑙河区域的欧盟和非欧盟国家发展的战略。欧盟为多瑙河流域地区制定的战略有助于实现欧盟目标，强化欧盟重要倡议，特别是《欧洲 2020 年战略》

专栏 26

中国在河流生态修复方面的政策和制度

为改善生态环境，中国共产党在十八大报告中提出了一系列措施，包括建立全面综合的制度和体系，并执行"最严格水资源保护管理制度"。这些措施旨在改善环境管理和生态修复体系，并为生态环境的保护制定规则。这些措施包括：

▶ 改善自然资源产权的管理体系和对自然资源使用的控制体系，包括通过统一登记自然生态环境（如河流），确立自然资源产权体系，以及明确界定相关权利与责任，并进行有效监督。

▶ 区域发展要符合功能区的界定，并建立监控机制，在开发利用率接近资源和环境承载能力时发出预警，并在环境、土地、水资源和海洋资源过度开发区域采取限制措施。

▶ 建立自然资源使用的补偿机制，以及对生态环境破坏的处罚机制。

▶ 建立和完善环境保护体系，对各种排污现象进行严格监控，完善报告系统，强化公共部门监督，改善排污许可体系，并对排污企业的数量进行控制。

中国政府颁布了许多法律法规，为河流生态修复提供指导，如 2011 年颁布的《太湖流域管理条例》，旨在强化水资源管理和水污染防治，确保生活、工业和生态用水的需求达到满足，并改善太湖流域生态环境。

2015 年国务院颁布了《水污染防治行动计划》，要求在 2020 年之前，中国七大河流流域为"良好状态"（国家 III 类水质标准）的区域应超过 70%，并且为城市地区集中供水的水源应有 93% 以上达到或超过 III 类水质标准。

《水污染防治行动计划》就以下方面提出建议：①污染物排放防治；②推动经济体制改革；③推动节约用水并保护水资源；④强化技术支持；⑤采用市场机制；⑥加强环境执法；⑦加强水环境管理；⑧保证水环境安全；⑨明确各方责任；⑩推动公众参与，加强社会监督。

相关政府部门是上述措施以及其他相关措施的责任主体。水利部及其下属机构对河流生态修复承担首要责任，通过流域管理规划和水资源相关政策，从宏观角度指导河流生态修复的开展。环境保护部主要负责水污染防治及水质管理。具体而言，水利部承担的责任包括：

▶ 确保合理开发和利用水资源，主导水资源战略规划。

▶ 生活、工业和农业用水相关总体规划和保护，确保生态环境用水。

▶ 保护饮用水源。

7.3   制度安排和责任

7.3.1   考虑因素

由于影响河流健康的活动非常广泛，并且流域通常跨越很多行政区域，因此河流生态修复项目往往会牵涉很多单位，这其中包括非政府组织、社会团体以及地方政府。另外，修复活动的成本一般很高，因此需要中央政府的财政支持以及各级政府的共同参与。如果河流跨越国境，可能还需要牵涉国际组织。澳大利亚政府资助地方组织协调生态修复的举措见专栏 27。

专栏 27

澳大利亚政府资助地方组织协调生态修复的举措

澳大利亚大堡礁健康面临的最大威胁来自于流入大堡礁的水质，特别是农业污染的排放。昆士兰州政府对大堡礁流域内的河道的健康状态负主要责任。该政府以《大堡礁水质保护计划》为基础，对不同的水质改善措施进行协调，涉及的主要合作方包括昆士兰州政府、澳大利亚联邦政府及相关机构，以及非政府组织。

昆士兰州政府为非营利非政府组织类的自然资源管理机构提供资金，用以支持生态修复项目在当地的开展。昆士兰州有 14 个自然资源管理机构，每个机构都明确了具体负责地区，并覆盖整个昆士兰州的面积。自然资源管理机构通过与行业、社会和政府开展合作，提高自然资源管理成果的交付能力。其中六个管理机构共同负责大堡礁流域的管理。昆士兰州政府通过《大堡礁水质保护计划》向自然资源管理机构提供资金，旨在实现：

▶ 农业产业的延伸及相关教育活动。

▶ 土地修复计划的实施。

▶ 澳大利亚政府大堡礁计划专项资金的管理（该资金主要提供给农业生产者和工业机构，以改善水质）。

▶ 农场管理实践相关数据的收集。

这种融资模式可产生更好的效益，因为项目的实施可以获得与当地联系紧密的机构和商业的参与。然而，昆士兰州审计署在最近发布的审查中发现这其中存在重大缺陷，特别是，未发现可有效实现《大堡礁水质保护计划》目标的方案。很多措施的实施早于计划的制定，且项目的开展方式也无法确定是最高效的方式。许多方案中涉及与水有关的目标是不确定的，也不如其他目标重要。审计报告还指出项目的管理仍需大力改进，并且未发现有专门负责协调、管理和评估的责任机构，也没有对资金支出进行有效跟踪。各政府部门随意将昆士兰州的其他计划产生的费用计入大堡礁项目，这样政府可以宣称为大堡礁修复投入的资金与承诺保持一致，而实际支出却是一笔糊涂账。

对于许多大型河流生态修复项目而言，河流生态修复的制度安排可能比技术问题更具挑战。同样，为了确保修复项目取得成功，正确做好制度安排可能与采取技术措施同等重要。

流域范围越广，做好制度安排的难度就越大，也越重要。范围较广的河流流域修复战略一般需要结合以下两个方面：首要目标和战略需要宏观指导；具体责任需要落实到地方团体，如地方政府、政府部门或社会团体。

在确定制度安排过程中，需要考虑：①哪些组织应该参与；②各组织机构在修复过程中会发挥哪些重要作用；③如何管理不同组织机构之间的关系。

虽然在河流生态修复项目的设计过程中，制度安排没有固定模式，但是需要良好的多层次水资源管理模式。

（1）好的管理应全面考虑各种问题和要求，并避免常见的管理"缺口"，包括：

1）政策缺口。应解决水资源（及开发）管理政策存在的制度问题或区域碎片化问题。

2）管理缺口。使行政区域和水文边界相吻合。

3）资金缺口。确保修复活动责任与资金分配责任不存在失配现象。

4）能力缺口。确保具备充分的硬件（基础设施）和软件（专业技术）能力开展修复措施。

5）问责缺口。确保责任分工明确。

6）目标缺口。确保总体目标、具体目标和优先顺序在不同尺度、不同部门和不同地区间均协调一致。

7）信息缺口。建立知识库，了解有关的物理、生物和社会经济信息，为规划、执行和监测提供支持。

（2）当需要确定由何种机构参与制定生态修复的制度时，必须考虑以下几点：

1）各级政府，包括国家、地区和当地政府。

2）可能对结果感兴趣的机构，或者可改变河流健康的机构，涉及土地管理、区域开发规划、农业和环保等相关的单位。

3）资助方，包括政府财政部门。

4）科研机构。

5）社会团体和非政府组织。

6）私营部门、贸易机构和工会。

哪些单位应该参与修复项目取决于修复项目的空间范围等多种因素。由于项目的资金来源十分重要，因此项目资助方通常对确定参加单位以及它们的职责拥有很大的话语权。

在流域尺度的修复计划中，将责任分解到各相关单位十分普遍。在作出制度安排的过程中，有必要确定相关单位的具体职责，包括由谁负责制定总体和具体目标，以及由谁负责制定修复计划的具体措施（如适应性管理、项目的实施、数据的监测和收集、知识管理以及融资）。表7.2介绍了河流生态修复中相关制度的作用和注意事项。

表7.2　　　　　　　　河流生态修复中相关制度的作用和注意事项

作　用	注　意　事　项
制定总体目标和战略	一般而言，制定河流生态修复的总体目标和战略的责任与融资密切相关，通常由生态修复项目的出资方来决定可投入的资金，并确定需要实现的目标
制定局地目标和战略	• 将制定局地目标和战略的责任移交给地方机构（如地方政府或社会团体），可以让为实现局地目标和战略的措施更适宜当地的利益。 • 需要充分提供战略和技术指导，以确保当地采取的措施与计划首要目标一致。 • 当地政府不但要负责措施的实施，还对该项目是否达到预期效果负有责任
修复项目排序	• 评估过程需要具备一定的专业技术。 • 资金去向的客观性和透明度十分重要
实施	• 实施修复措施的责任单位需要具备充分的人力、财力、技术能力和权力。 • 如果在实施过程中需要地方团体、行业或个人采取措施或提供支持，则这些利益相关方需要充分参与战略的制定过程
数据收集、监测和评估	• 数据收集可能会复杂而琐碎。建立系统的数据收集方法，可有助于监测、评估和研究。 • 确保在监测和汇报过程中的独立和公平，这样可以准确地分析生态修复措施是否取得成功、是否实现既定目标
出资	• 共同为修复工程出资比较普遍，应明确资金投入量和连带条款
对计划进行评估和修改	为了确保实施方法的适应性，方案设计应明确界定以下情形： • 项目的目标是否实现。 • 适应性管理措施是否有效，方案设计是否需要变更。 • 计划何时需要终止

与此同时，需要建立适宜的机制，对参加单位进行组织和监督，以保证生态修复项目的良好运行。

7.3.2　国际经验

与河流生态修复相关的制度安排包括如下国际经验：①明确河流生态修复主要责任；②协调政府部门；③社会和其他利益相关方的参与。确定管理制度要与当地情况一致，包括地方政治制度、流域范围（是否跨界），以及问题的尺度和性质。

新加坡 ABC 水计划是一项由政府牵头的修复计划，由新加坡全国税务管理机构——公用事业局具体负责，并与国家公园委员会合作实施。公用事业局还设计了一个认证程序，鼓励其他公共机构和私人开发商将 ABC 水资源管理特点与他们的项目相结合，对符合 ABC 水资源管理标准的开发项目进行认证，并允许开发商使用 ABC 水资源管理标识来推广它们的项目，从而体现环境保护的责任。

而在韩国，河流生态修复工程由国土建设交通部和环境部负主要责任，但是各级政府部门也承担部分责任。表 7.3 介绍韩国各机构参与的河流生态修复计划特征。同时社会和环境团体通常在策划和监测过程中也参与其中（表中未列出）。

表 7.3　　　　　　　韩国各机构参与的河流生态修复计划特征

机构	修复计划	计　划　特　征
国土建设交通部	大自然友好型河流改善计划	1998 年启动的示范项目。指定三种子河段类型，其中优先考虑生态修复子河段。关注大中型河流
环境部	河流生态修复计划	项目于 1987 年启动。在 2000 年前，主要关注城市河流的水质改善。2000 年以后，又增加了生态系统修复措施。关注中小型城市河流
公共管理与安全部	小型河流改善计划	项目于 20 世纪 90 年代启动。关注小河流防洪安全，并采用"亲近河流"技术
地方政府	河流环境改善工程	关注城市河流社会康乐设施的修复。项目根据当地政府的河流生态修复计划来实施，独立于中央政府

制度安排要允许改变，以满足河流生态修复项目的需求。例如，英国默西河整治工程于 1985 年启动，由环境部的领导牵头，并有众多合作伙伴参与。然而到了 1996 年，上述管理模式发生了显著变化，该项目的运营开始部分独立于政府，成为了一个与政府"保持距离的管理机构"。大家认为整治项目有必要允许私营部门和志愿团体参与，但政府仍然是整治项目的主要资助方。在 2001 年，该项目的管理结构在评估后又一次进行了调整，并拓宽了参与范围。图 7.2 展示了默西河整治项目的组织结构。整治项目包括理事会（非执行主管部门）、默西河流域商业基金会（项目法人）、健康水道信托机构（整治项目慈善机构），以及对政策制定和项目措施提供建议的顾问小组（志愿组织顾问小组、水生垃圾顾问小组、国防顾问小组和沟通顾问小组）。

澳大利亚昆士兰州东南部流域的修复工程同样获得了多机构合作模式的支持。健康水道合作计划参与方包括昆士兰州政府下辖的 6 个机构、该地区全部的 19 个地方政府、4 所大学、30 个重要行业以及 38 个关注流域、环境及社会的团体。秘书处负责参与方的日常协调工作，并主导区域项目的运行以及监测和汇

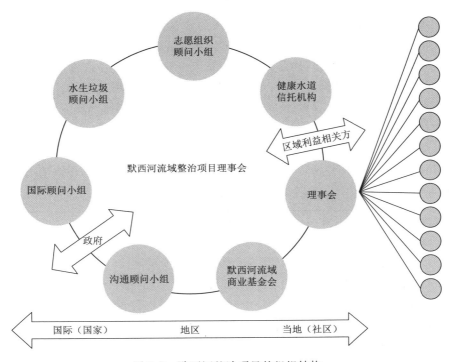

图 7.2　默西河整治项目的组织结构

报。昆士兰州东南部修复工程的一个重要组成部分为一项对生态系统健康进行全面监测的计划，每年都会由独立科学顾问委员会编制河流健康评估报告，并向社会发布。由于监测和评估独立进行，政府在改善河流健康过程中发挥的作用得到了更好的监督。

在美国，《清洁水法》授权水质计划的实施，要求各州制定水质标准，建立污染物排放许可制度，授权污水处理设施建设项目的融资，并对建设项目的补贴及其贷款作出规定。由美国国家环境保护局、美国陆军工程兵部队及各州政府共同负责实施《清洁水法》，其中包括：

（1）各州负责定期向环境保护署提交受损水域水质评估报告，并确定每日最大负荷总量，以修复受损水域。

（2）美国国家环境保护局制定美国联邦水质指导标准，并督促各州制定水质标准，确保这些标准符合《清洁水法》的要求，并确保各州标准能够充分实现本州确定的目标。环境保护局还负责监督各州执行国家污染物排放削减许可制度的情况，为尚未建立许可机构的州的排污单位发放许可证，并协助解决跨州水污染问题。

（3）美国陆军工程兵部队几乎在所有州执行湿地许可计划，但接受环境保护局的监督。本制度用于调控湿地建设活动。

7.4　水资源和自然资源管理

河流生态修复可以视为水资源管理体系的一个组成部分。水资源管理体系即调控水资源获得和使用的政策、过程和机制。同时，河流生态修复战略要根据河流的具体问题来制定，这样才能使修复措施达到良好效果。例如，是要限制取水，还是要控制污染物排放，这需要根据具体情况而定。此外，还需要考虑相关的自然资源管理和保护措施，如土地利用、采矿、渔业和其他资源调控措施。

水资源管理体系的设计，即是将有限的自然资源视为资产，确定自然资源可持续利用的限度，确定自然资源的使用者及具体使用条件。因此，水资源管理体系可用于保护和恢复自然资产。同时，该管理体系还可有效确保流域开发活动不会破坏其他地区的生态修复成果。

河流生态修复项目需要水资源和其他自然资源管理体系的保障，管理体系需明确以下内容：

（1）确定有多少资源可用于开发。例如，确定可以分配的总用水量，能够从河流中可持续开采的河砂量，或者鱼类或其他生物可持续收获量。

（2）确定资源使用者可获得资源的权限。包括决定谁能使用该资源，并确定使用该资源的方式和程度以及相应条件。

（3）提出激励措施，改进实践方案。例如，对违规行为给予处罚，对采用土地管理最佳实践方案的土地拥有者给予税收或其他优惠。

（4）确定执行和监督责任。

（5）监测和执行合规性要求。

（6）根据监测和评估过程中收集的数据，对以上体系进行适应性调整。

明确用户权限可促进资源的可持续利用。如果不明确土地、水资源、渔业或其他自然资产的权限，那么用户就不太可能会对资源的保护和修复承担责任。建立权限体系可有效激励权利所有者充分保护自身权利，并直接或间接地支持有助于自身权利的修复措施。权限体系还是市场机制的基础，例如用户之间的权利交易（水权交易示例见专栏28），或者生态系统服务付费规则。

专栏 28

澳 大 利 亚 水 权 交 易

改善墨累-达令流域健康状态的重要目标是增加环境流量。基于 2012 年制定的流域规划，澳大利亚政府制定了许多计划，以减少流域内的水资源消耗量，并增加水资源存量。这些计划的实施，已使得澳大利亚政府在十年内花费了 129 亿

澳元，用于回购水资源、建设基础设施、提高用水效率、推进政策改革。其中
31 亿澳元用于购买长期的水资源权利，以归还河流的环境保护用水。水权的回
购基于自愿原则，在水资源过度分配的灌溉地区，农民获得政府的邀请，可向政
府报价，出售部分或全部水权。

　　政府购买的水权随后交由联邦环境水务部管理。截至 2015 年 3 月，联邦环
境水务部拥有的水权合计达到 22.7 亿 m^3。恢复流域水量采用的这种方法是基于
之前建立在水权基础上的流域水资源管理改革，这项改革清晰地界定并保障了水
权的可交易性。

　　保护规划和管理也可在支持河流生态修复过程中发挥重要作用。保护措施首
先可减少河流生态修复的工作量，并在以下方面发挥重要作用：
　　（1）可确定优先需要保护的区域，并有助于修复措施的优先性排序。
　　（2）可为水生及河岸物种建立残遗物种保护区，以支持种群的重建。
　　（3）可提供参照区域，用于了解在人类开发和相关干扰行为发生之前的河流
生态系统状态和功能。

7.5　利益相关方的参与

　　利益相关方的参与被认为是水资源综合管理的核心要素，它在河流生态修复
中发挥非常重要的作用。通常，河流生态修复项目同时是社会事业和生态事业，
其驱动力往往来自基层而非高层的宏观战略。很多河流生态修复项目需要社会团
体的参与，需要志愿者的努力。因此确保当地居民的重视和支持，是非常重
要的。

　　此外，河流生态修复项目的特点意味着其涉及广泛的制度和权力系统，而行
使这些制度和权力的机构可能存在多种不同的预期，从而增加了项目的实施难
度。利益相关方可能包括各级政府、各政府下辖的部门、工业、流域内的农业部
门和其他土地拥有者、环境保护团体和非营利组织以及整个社会。确保各利益相
关方的参与，可保证河流生态修复的主导方获得充分的意见和信息，保证生态修
复的实施与流域内的其他活动相协调，并赢得各方对生态修复项目的支持，以及
对该项目的责任感。

　　河流生态修复规划应制定促进利益相关方的参与的战略，确定利益相关方及
其在规划和实施过程中发挥的作用，以及参与该项目的时间和机制。

　　不同利益相关方可在河流生态修复过程的不同阶段发挥关键作用（图 7.3），
包括：

　　（1）现状评估。利益相关方通常了解河流生态修复规划的重要背景信息。例
如，他们可以帮助确定流域的变化趋势、压力和未来需求，了解当地的其他计划和

目标（如经济或土地开发计划），确保各种计划、目标和行动保持一致。

（2）确定总体目标和具体目标。科学确定总体目标和具体目标要考虑社会和政治因素。它需要利益相关方的参与，确保河流生态修复取得的成果能够体现社会价值和期望。可以运用模型，预测不同战略方案对社会经济和环境的影响，从而与利益相关方共同确定河流生态修复的总体目标和具体目标。

（3）制定和优化战略。需要利益相关方直接参与制定河流生态修复措施。利益相关方参与战略的制定可以确保提出的措施可行有效，并在实施阶段获得支持。

（4）实施修复战略。如果河流生态修复包括新的约束性措施，则利益相关方有责任遵守相关规定。有些措施是自愿参加的，如工业部门采用的水务管理措施或农业部门采用的更好的实践方法。很多当地修复活动需要由社会团体牵头。

（5）监测和执行。民众参与的全民科学为个人和社会团体参与河流健康评估和其他监测活动创造了非常重要的机会。这种模式不但可以提供大量信息，还可提高当地居民的意识、知识和责任观念（专栏29）。

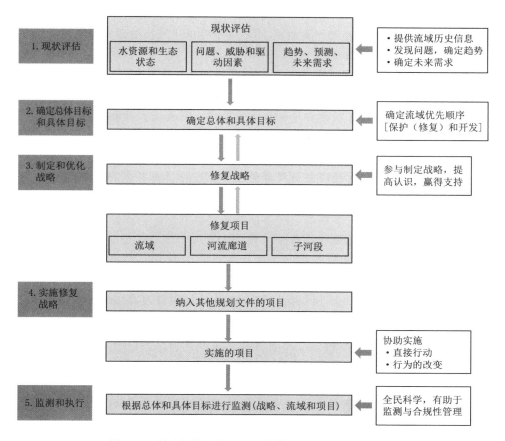

图 7.3　利益相关方在河流生态修复过程中发挥的作用

河流生态修复中的社会参与和自愿行为

西班牙河流生态修复战略有五条主要的行动路线，其中一条为自愿行动路线。该行动路线对自愿合作进行协调，涉及河流现场调查（诊断和评估）、问卷和民意调查、清理活动、环境保护教育、入侵物种控制以及其他措施。

澳大利亚昆士兰州东南部的很多河流生态修复项目都考虑了社会参与因素。例如，Echidna Creek 是一条流入阳光海岸的热带河流，这条河流的修复项目由当地水观察组织（Maroochy 河流域网络水观察）实施，并包括 Barung 土地关爱小组成员中的土地拥有者。这是一种自下而上的方式，那些从生态角度对水质和流域管理感兴趣的社会成员会积极向地方政府和流域管理团队请愿。通过各方的参与，共同制定了下列目标：

▶ 需要在 Echidna Creek 流域内，开展一项合理且经济实用的河岸修复项目。

▶ 保证在两年内林冠郁闭率达到 75%（不考虑不可控的天气因素）。

▶ 两年后植物存活率达到 90%。

▶ 从生态系统健康和水质改善两个方面，对项目是否取得成功进行监测。

▶ 针对毗邻区域、下游子河段及受水区域，确定项目的利弊。

此外，各利益相关方根据对项目成果的预期，制定了自身目标，如增加生物多样性、控制野草等。土地所有者首先因为某一兴趣参与进该项目，然后通过定期的小组会议，培养出对项目的责任感。每个项目的工作量都有不同，因此无法平均分配资金，这需要对经济效益和非经济效益进行平衡以寻求公平。

《欧盟水框架指令》要求公众参与到流域管理规划的编制和实施中，包括为恢复和维持河流"良好生态状态"所采取措施的设计中。这项指令极大地促进了整个欧洲的河流生态修复活动，并且出现了许多促进社会和利益相关方参与其中的创新方法。Tweed 河就是其中一个范例。该河穿越英格兰和苏格兰。Tweed 论坛成员涉及的范围十分广泛，包括代表整个 Tweed 河流域内各方权益的单位和个人。该论坛推动了该河 5000km^2 的流域内的很多修复项目，其中包括面积 70km^2 的 Eddleston Water 子流域。Eddleston Water 项目由苏格兰政府、苏格兰环境保护署和 Tweed 论坛设立。该项目旨在以科学证据为基础，分析河流生态修复的成本和效益。而成本和效益是通过详细评估生态、水文、利益相关方接受度和其他问题而确定的。该项目有两个目标：①改善这条河流的栖息地和生态状态，以满足《欧盟水框架指令》的要求（通过整治，最近几年生态状态已经从"差"提升到"中"）；②评估修复项目和相关土地管理干预措施是否可以降低洪水风险（即洪水管理）。Eddleston Water 项目的亮点是 Tweed 论坛作为中间机构发挥了重要作用，它非常了解当地情况，并与流域内的土地所有者和农民充分合作，确保河流生态修复满足土地所有者和农民的要求，同时还满足栖息地修复和洪水减灾的需求。其他有代表性的社会参与度很高的 Tweed 项目还包括：在跨越 300 英里的河道内，每年有大量志愿者参与对入侵植物的控制项目；在连续两次发生毁灭性洪灾后，与农业从业者一道进行 Bowmont 河（Tweed 河的另外一条支流）生态修复项目。相关研究包括，研究农民对自然洪水管理措施的接受程度及其成本费用，以及非政府组织可在该过程中发挥的作用。鉴于 Tweed 论坛与本地社区和其他方的合作方式，该论坛在 2015 年获得首届英国河流奖。

同样在欧洲，通过建立多瑙河节的方式，整个多瑙河流域的社会参与度得到了极大的提高。每年 6 月 29 日，多瑙河流域 14 个国家会庆祝"多瑙河节"。相关协调工作由保护多瑙河国际委员会（负责监督跨国流域管理事务的政府间机构）负责。节日的目的是为了"让人们关注欧洲这个最大的河流系统，以及依赖这条河流生存的人类和野生动物……"。举行的活动类型广泛，包括节日庆祝、公众集会和教育培训，其目的是提高多瑙河及其支流的环境保护和生态修复水平。

第8章

河流健康评估的理论和方法

本章介绍了河流生态修复参与人员如何运用前面几章介绍的方法进行河流健康评估。主要方法包括：建立生态修复的概念框架，了解河流系统并确定河流生态修复措施的优先顺序，以及制定有效的监测和评估框架及适应性管理办法。本章要点如下：

▶ 河流健康评估可以用来确定不健康或存在风险的河流，找到可能的原因，并评估管理措施的效果。

▶ 在开始阶段即确定河流健康评估的目的十分重要，因为这决定了评估的空间尺度、指标，以及最合适的参考值。

▶ 评估河流健康可以使用很多指标。为了充分考虑河流生态系统的各种要素，一般需要提供一系列指标，这些指标要能够可预见性地反映河流健康的变化。

▶ 随时间进程，对河流健康的趋势进行评估要比针对某一基准进行评估获得的信息量更大。

▶ 基于河流健康评估成果制定的河流健康报告卡，可以有效地为各利益相关方提供河流状况信息。

8.1 河流健康评估的概念

河流健康评估是一种诊断河流健康关键问题并识别问题根源的系统方法。河流健康评估也可支持河流生态修复的监测、评估和管理，并通过河流健康计分卡与利益相关方就河流健康问题进行有效的沟通。

　　河流健康是指河流生态系统的整体状态，它综合反映了生态系统的结构和功能，以及河流提供的生态服务。河流健康通常会涉及生物物种的完整性，其定义为："……具有维持一个平衡的、完整的、有适应能力的生物体集合的能力，且该集合在物种组成、多样性和功能上与该地区的天然状态相当。"

　　河流健康包含生态价值和人文价值。河流健康取决于河流维持其结构和功能的能力、受到干扰后的恢复能力、支持当地生物群落和人类社会的能力以及维持关键过程的能力，如泥沙输送、养分循环、废物吸收和能量交换。

　　河流健康评估需要监测一系列可反映河流生态系统要素的指标。这些指标随着环境扰动的强烈程度而变化，因此反映了河流偏离"健康"状态的程度。评估需要考虑河流生态系统的多种要素，其中包括对时空尺度的响应要素。常见要素包括水文，水质，水生动植物结构、丰度和状态，流域受干扰水平以及河道系统的物理形态。河流健康评估也越来越需要具体考虑河流所能提供的生态系统服务的程度。评估也可包括人类健康或社会经济指标，这些因素可间接反映河流生态系统状态。

　　需要指出，任何单一变量都不可能明确表达生态系统的状态，所以河流的健康状态需要多种变量来描述。例如，水质监测是一项经常性的工作，可提供反映河流状态的低成本有效数据，但水质评估只能反映河流在一个时间点的状态，其结果会受到某些突发事件的影响，如降水径流或污染事件。水质数据也不能说明水文情势能否支持关键生态系统过程，或者渠道结构能否输送洪水来降低洪灾风险。因此，单纯进行水质监测并不足以了解河流的健康状态。

　　目前，用多指标对河流健康进行评估十分普遍。这些指标能够把大量复杂的信息用简单的方式表述出来。它们可以将河流健康评估结果归纳为一条结论，如指示河流为"健康""不健康"，或介于两者之间。这样的信息极具说服力，很容易与各利益相关方进行沟通。但同时，在将上述结果归纳为单一指标过程中，也失去了很多细节，其中包括各指标赋予的加权数、评估的不确定因素，以及生态系统服务调查结果的总体含义。所以应谨慎核对数据，在促进与利益相关方沟通和确保决策者了解全貌之间做好平衡。

8.2　河流健康评估的目标和作用

　　通过河流生态修复维护和改善河流健康状态，需要准确评估河流生态系统的现状。河流健康评估可包括以下内容：

　　（1）确定健康状况不佳或存在风险的河流或河段，包括确定河流健康状况的变化趋势，例如，健康状况持续退化的区域。确定河流健康状态的变化趋势有助于了解哪里（或哪些）生态系统关键服务功能受到威胁，并了解河流健康是否持续恶化。

（2）确定影响河流健康的原因。河流健康评估应不只是找到健康状态不佳的河流，也应对导致河流健康恶化的因素进行诊断和确定，如找到污染物类别和源头，从而有助于确定需要优先进行的生态修复措施。河流健康评估需要确定哪些流域、河流或者河流的哪些部分是最需要干预的，并确定哪种管理措施最有效。

（3）评估管理措施的有效性。正如第 5 章所述，河流健康评估等监测手段，有助于验证管理措施的原理，评估流域管理目标是否可实现、是否可支持适应性管理。河流监测手段对河流生态修复非常重要，尤其是当大量公共资金用于改善河流健康，而我们对河流的当前状态不甚了解，或无法预测河流对采取的措施会做出什么样的反应之时。例如，《切萨皮克湾流域保护和修复战略》通过开展河流健康评估工作，确定了改善河流健康的目标，确保在 2025 年之前，全流域 70% 的样品采集点的生物完整性指数要达到"合格""良"或"优"。

（4）提高公众对河流健康水平的关注。通过河流健康记分卡和相关工具可向政府和社会通报河流状况，提高河流生态修复的意识，并在不同层面上增强生态修复干预措施的政治支持。

8.3　河流健康评估的框架和原则

开展河流健康评估，需要决定评估哪些指标、收集哪些数据、如何分析这些信息。图 8.1 所示为开展河流健康评估的框架，示例参见专栏 30。在进行河流健康评估时，通常需要采取图 8.1 所示步骤，但也需要根据当地情况对步骤进行调整。下面将介绍每项要素对应的关键步骤和原则，之后的章节还会详细讨论其中一些步骤。

专栏 30

国家层面的河流健康评估框架

一国政府开展国家层面的河流健康评估项目是为了通过比较不同河流的健康程度，确定为哪些河流生态修复措施优先提供资金，并评估保护和修复措施活动的效果。然而在全国范围内采用统一指标和参考值并不容易，这是由于各地区在气候、地质和其他环境因素上存在不同，在土地利用范围和强度上存在差异。因此，制定全国河流健康评估计划，对任何国家而言都是巨大的挑战。这需要建立一个合理框架，确保不同流域采用一致的方法，以便可以比较结果，并可灵活应对各地的特殊需求。

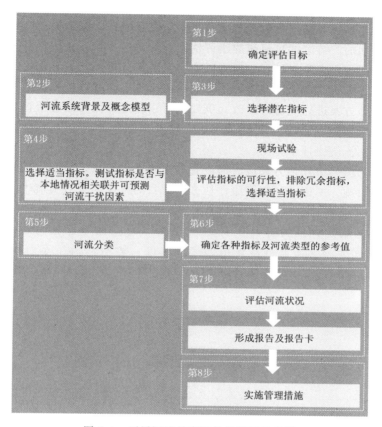

图 8.1 开展河流健康评估的框架示意图

澳大利亚水务委员会实施了 2005 年澳大利亚水资源项目，并为此制定了全国河流与湿地健康评估框架。该框架提出了六个与河流及湿地健康状况相关的关键要素：

（1）流域干扰。

（2）水文、空间、时间变化。

（3）水质。

（4）物理形态。

（5）河岸带。

（6）水生生物群。

通过河流与湿地健康评估框架，可以在全国范围内对河流与湿地的健康状况进行比较，并将各地已经收集的数据纳入其中。这个框架并未规定应该选择哪些指标代表这六个要素，但是建议指标应参照某一参考状态（通常是欧洲人定居之前的状态），线性转化为范围为 0～1、增量为 0.1 的值；并且按若干条件进行划分。

　　开展河流健康评估可以纳入常规监测计划，也可根据特定的水资源或环境管理任务来具体确定，如水资源规划或河流生态修复规划。以下框架介绍了制定常规的（即长期的、持续的）河流健康评估计划的关键步骤。这些步骤虽然独立于任何具体的河流生态修复过程，但可以为河流现状分析和监测工作提供有价值的信息。同时，为了改善河流健康评估方案在河流生态修复过程中的效果，可以对河流健康评估方案进行完善或修改。例如，可以通过确保河流健康评估目标与河流生态修复规划和实施的要求保持一致，或者详细评估河流生态修复措施的效果，来改善河流健康评估方案。

　　最终，河流健康评估方案应为河流管理措施提供信息，而常见的管理措施即为生态修复措施。所以，河流健康评估方案的目的就是为了对河流生态修复提供支持。

　　第 1 步：确定评估目标。在开始阶段确定河流健康评估目标至关重要，因为评估目标会影响河流健康评估的空间尺度，影响河流生态系统的哪些方面（以及何种指标）需要进行评价，并影响指标参考值的确定（示例见专栏31）。

专栏 31

制定河流健康评估目标：中国黄河

　　中国根据管理目标对黄河健康状况进行了评估。制定黄河管理的政策框架时，主要依据的是一个总体愿景、四个首要目标和九项措施。首要目标与防控不良结果相关联，简称"四不"：河堤不决口、河流不干涸、水质不超标、河床不抬高。黄河健康评估即是评估上述管理目标的完成情况，每个管理目标又包含多项指标，例如，指示河道最大流量的一系列指标（与河堤不决口的目标相关联）以及指示最小流量的一系列指标（与河流不干涸的目标相关联）。

　　在确定河流健康评估目标时需要了解河流生态系统关键部分的状态（如重要生态物种的状态）；评估关键因素的影响和威胁（如监测矿山或其他开发项目产生的影响）；或者评估监测管理措施的效果。如前所述，人们可以根据河流生态修复的要求制定或修改河流健康评估方案，使河流健康评估目标与河流生态修复工作保持一致，但也需要注意这两者的区别。河流生态修复需要对改善河流健康状态或消除关键威胁确定目标。但河流健康评估则是确定哪里的河流和河流健康状况的哪些方面需要改善（当需要形成现状评估报告时），或者评估河流生态修复措施的效果（当河流健康评估作为监测和评估过程的一部分时）。

　　第 2 步：河流系统背景及概念模型。河流健康评估需要科学了解相关生态系统如何运行。概念模型是制定河流健康监测和评估计划的一个重要组成部分。该模型可以揭示人类活动如何影响河流健康（参见专栏32），也可帮助识别和了解哪些重要过程有助于维持健康的生态系统，以及当生态系统健康水平下降时这些过程如何变化，从而有助于确定河流健康状态的哪些方面需要监测，以及指标的选择和诠释。建立概念模型，也有助于理清哪些过程是最重要的，并发现我们在哪些方面上对河流的认识还存在不足。同时，概念模型也有利于沟通。

专栏32

使用概念示意图进行河流健康评估图

概念图（图8.2）是十分有用的工具，可用于了解河流生态系统各组成部分和过程之间的相互作用，并预测河流生态系统某一方面的变化（如水文情势变化）如何影响其他因素（如河道变化或生物群变化）。在开展河流健康评估过程中，了解这些关系十分重要，可用于预测环境变化如何影响河流健康指标，并有助于解释河流健康监测的结果。

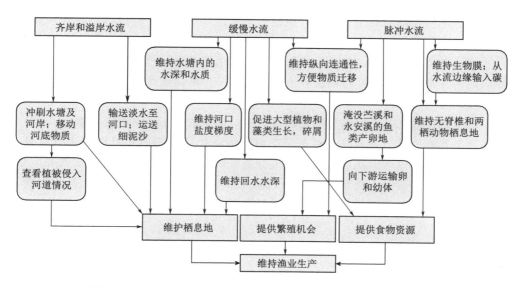

图 8.2　河道水流、地形、植被和渔业生产之间的关系概念示意图

第3步：选择潜在指标。河流健康有很多潜在指标。选择什么样的指标要根据指标与重要环境因素和价值的关联度，以及对各种威胁的响应来确定。

第4步：选择适当指标。首先通过现场试验，测试所选指标是否与本地情况相关联，是否可预测河流的干扰因素（如水质变化或土地利用变更），指标的选择示例见专栏 33。该测试过程还应确定这些指标在局部环境中是否可行（如是否可以确定参考值，是否可进行数据收集），并排除冗余指标，从而选择适当指标，最大限度减少未来费用。

专栏 33

澳大利亚昆士兰州东南部生态系统健康指标的选择

澳大利亚昆士兰州东南部生态系统健康监测计划负责对该地区河流、河口以及莫顿湾的状态进行评估。该计划可以指导管理策略的制定，并评估其效果。河流水质指标的确定包括两个阶段。第一阶段在办公室内进行，识别筛选潜在指标。第二阶段为现场调查，主要根据流域内土地利用的变化，测试所选指标的响应。之后再排除冗余指标，减少未来监测费用。根据这个方法，对 75 项指标进行了测试，其中来自 5 组的 16 项指标最终建议纳入监测计划。

第 5 步：河流分类。在制订监测计划时，必须了解河流类型之间的差异，因为：

（1）不同类型的河流（以及其他地表水形式）即使处于健康状态在外观和表现上也各不相同。

（2）适用于一种河流类型的指标可能并不适用于另一种河流类型。

（3）一种河流类型使用的取样方法可能在另一种河流类型中无法使用或没有关联性。

（4）即使同一指标可用于不同河流类型，阈值或目标也可能存在差异。

由于存在这些自然差异，将不同类型的河流的指标阈值和目标值进行比较，往往并不恰当。这些问题可以通过河流分类来解决，可按照影响河流水质和生物群落，而又不直接受人类活动所影响的景观和气候要素（如降水、径流、温度、地质、地形和其他景观特征）对河流进行分类（示例参见专栏 34）。

专栏 34

中国用于太子河健康评估的河流分类

在中国，太子河属于辽河水系。对太子河的不同河段进行分类，有助于对该河进行健康评估。该河的分类主要基于空间尺度上的生物和物理特征，考虑的变量来自于数字高程模型、拓扑、斜率、土壤类型、植被类型、年均温度、年降水量、年蒸发量及标准化的植被指数。之后，水生生态系统和自然地理因素又进行关联，并最终选择海拔和年降水量作为其分类依据。太子河由此被分为 3 种类型：山岳地带、中部地带和低洼地带。不同类型有各自的指标参考值，例如，山岳地带河流与低洼地带河流采用了不同的参考值来预测物种丰度或构成。

第6步：确定各种指标及河流类型的参考值。对河流状态进行评估时需要确定参考值。而参考值的确定很有难度，因为在不同河流和不同地区，参考值可能会存在巨大差异，甚至在流域内部以及流域之间，诸如水质之类的参数也会存在巨大差异。第8.5节还会继续讨论参考值。

第7步：评估河流状况，形成报告及报告卡。河流健康值可以利用指标和参考值来确定。通常健康评估会生成大量数据，而且向不同利益相关方汇报健康评估的结果也十分烦琐。其解决方法可以是将结果进行整合形成统一标准，并对不同的观测点、不同的指标组打分。例如，可以根据参考值，按照0～1的范围对指标评分；也可将指标在某一地点的结果按"好""合格""差"分类；又可将评估结果按照A～E（最佳到最差）或1～5分类。其方法的选择需要考虑受众的特点。

可将众多项目的单一分数转换为统一尺度（如0～1），再累计每个分值，从而对观测点、指标组，甚至流域打总分。可以对单一指标（如溶解氧）、指标组（如水质）和河流总体健康状态评分，也可为流域内的观测点或整个流域评分。

计算累计分数时可采用多种方法，可以直接取平均值，或者计算加权平均（如在评估河流状态时，可以突出水质重要性）。当某一关键指标不合格时，即使观测点内其他指标得分都很高，该处的总分仍应设定为很低。例如，如果某金属对某水域造成严重影响，那么即使其他水质指标都合格，整个水域还应视为不合格。另外，不存在绝对的最佳的评估方法，而是需要确定最佳的信息呈现方式。

目前，"报告卡"在许多国家中普遍使用（示例参见专栏35）。通过这种简单方式，可以向利益相关方提供河流健康评估结果等复杂信息。在编制报告卡的过程中，需要认真考虑报告的目标是什么，包括目标受众以及报告需要表达的信息。受众不同，所需的详细程度以及沟通和参与的方式也会不同。

专栏 35

澳大利亚昆士兰州东南部生态系统健康监测项目
评估结果及报告卡的编制

澳大利亚昆士兰州东南部生态系统健康监测计划共分为五个指标组：鱼类、大型水生无脊椎动物、理化、营养物循环和生态系统过程。在135个河流观测点进行每年两次的采样，在254个河口和海洋观测点进行每月一次的监测，并根据对评价指标的保护要求来确定目标。

每个指标在 0~1 范围内评分。然后针对不同观测点、指标组和流域，将这些分数进行整合和汇报。流域按从"A"（优）到"F"（不合格）进行评分。评估由独立学术机构完成，每年进行一次，并通过河流健康报告卡的形式对公众公布。报告卡可明确显示过去 12 个月流域健康状况是改善了还是恶化了。报告卡的发布引起了媒体的广泛关注，发布时通常还需要由该学术机构的领导向布里斯班市长或地区官员进行汇报。

生态系统健康监测计划为生态修复的开展赢得了社会支持，并为干预措施的确定提供了指导。该计划确定了莫顿湾的高营养负荷来源地，并促成了新污水处理厂的建设。该流域内有一些区域可产生大量泥沙径流，该计划为如何减少这些区域的土地退化提供了有效支持。

第 8 步：实施管理措施。最终，河流健康评估应为河流管理决策提供信息，包括河流生态修复。因此，河流健康评估的最后一步是对发现的问题或威胁采取适当的应对措施。这个步骤将河流健康评估和适应性管理联系起来。在进行河流生态修复时，应根据河流健康评估结果对生态修复策略进行审核和修订。例如，河流健康评估可以确定哪些地方急需干预措施，或发现哪些策略不会达到河流生态修复的预期目标。

8.4 河流健康评估的指标体系

河流健康评估可使用很多指标。并非所有指标的结果在所有情况下都有意义，且指标数量越多，评估费用越高。选择的指标应符合以下要求：

（1）对威胁因素和资产进行量化。

（2）输出容易解释的信息。

（3）对人为破坏作出预测。

（4）在适当时间尺度予以响应，例如，如果某项指标对景观变化（如干扰）响应的时间太长，则它便不合适。

（5）测量成本经济。

（6）与管理目标相关联。

（7）科学上合理。

河流健康评估可用于评估河流生态系统物理属性（如流量、水质或生物群）、河流健康胁迫因素和驱动因素，以及河流生态系统可提供的收益（包括直接收益和通过社会经济指标间接反映出的收益）。图 8.3 所示为与河流生态系统要素相关的河流健康指标。表 8.1 详细介绍了河流健康指标，并指出了每个指标如何与河流健康评估相关联以及在使用中的注意事项。

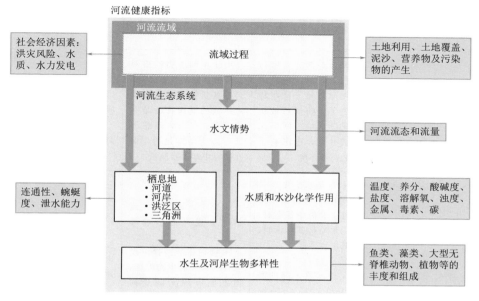

图 8.3　与河流生态系统要素相关的河流健康指标

表 8.1 河 流 健 康 指 标

河流生态系统要素	指标类别	用于河流健康评估的原因	注意事项或存在问题	指标示例
流域	流域	流域和流域过程是河流生态系统的重要因素。对流域状态进行监测，有助于了解影响河流健康的胁迫因素和驱动因素	在评估当地或整个流域因素是否对河流生物完整性产生影响时，研究结果表现不一	• 土地利用（覆盖）（如流域森林覆盖率或农业种植率）。 • 农业最佳管理实践方案的采用（如不同部门采用比例）。 • 现有基础设施
水流情势	水文	取水和流量调节引起的水文变化是水生生态系统发生变化以及河流健康受到影响的主要驱动因素。通过考察水资源开发对流态的改变程度，可评价水文的变化程度	• 容易计算，但需要充分的水文数据，通常却难以获得。 • 水文指标和生态系统过程之间的关系仍不够明确	• 流量胁迫因素排序。 • 水流健康指数

河流生态系统要素	指标类别	用于河流健康评估的原因	注意事项或存在问题	指标示例
栖息地	物理形态	物理形态涉及河床与河岸形态、泥沙特征以及河漫滩环境。这些特征代表了生物栖息地状态。建设水坝与河堤使河流碎片化，也影响了河流的物理环境	由于不同生物群落对物理栖息地的偏好不同，通过测量物理形态以确定河流的健康特征是有难度的。另外，理想河流形态为动态过程，但在实际中却很难测量	• 河岸稳定指标。 • 河道形态变化程度（如蜿蜒度、粒径、河道横截面）。 • 连通性（横向和纵向）。 • 直接扰动
水质	水质参数	• 水质是水生生态系统状况的主要因素。当河流处于非健康状态时，恶劣的水质是其标示物，又是其决定因素。 • 营养物和污染水平可以反映水质下降的潜在原因和来源，并有助于确认需要采取干预措施的区域	• 要考虑近期的径流情况会极大地影响参数值。 • 物理化学指标可反映存在风险的生物群落，但不能反映实际受损程度	通常需测量一系列指标，包括温度、浊度、电导率、pH 值、营养物质、重金属等
生物多样性	底栖大型无脊椎动物	• 底栖大型无脊椎动物广泛分布于栖息地中，是重要食物来源，并参与碳和营养物质循环。 • 它们的迁移能力有限，因此容易捕获。 • 它们对中短期干扰敏感。 • 不同种群对水质参数和栖息地变化的敏感性不同	• 普遍应用于河流健康的生物学评估。 • 比其他生物和参数更易于收集、处理和识别，并包含较多生物信息。 • 不像鱼类那样对河流的流量变化敏感	• EPT 比率、Berger-Parker 优势度指数、香农指数、SIGNAL、生物指数
	植被	河岸带可以成为河流与周边集水区之间的缓冲地带。健康的河岸带有助于形成健康的河流，有助于过滤营养物、限制泥沙径流，维持陆生和水生环境之间的食物网和其他重要纽带。河岸带本身也是重要的生态环境系统，为各种各样的植物和动物提供了栖息地	Werren 和 Arthington（2002）对河岸植被的已量化方法进行了评估，他们认为大多数方法只是测量了植被的结构，并未考虑生物活动（新陈代谢或初级生产力），以及适应性。因此他们提出了一个快速评估方案，试图解决现有问题	• 河岸屏障带的宽度和连续性。 • （河岸及河道）植被多样性和自然性

续表

河流生态系统要素	指标类别	用于河流健康评估的原因	注意事项或存在问题	指标示例
生物多样性	藻类（硅藻）	• 大多数河流拥有大量藻类植物，能够对河流状态的改变迅速作出反应。 • 它们容易取样，且由于分布广泛，对环境的耐受能力强。 • 通过藻类丰度（如测量叶绿素浓度）和同位素特征，可以探测营养物富集程度和来源	需要专业技术人员的实验分析	• 生物硅藻指数。 • 特定污染敏感度指数
	鱼类	鱼类对水质、水文变化和栖息地恶化的敏感度差异很大 • 在野外，鱼类容易取样和识别。 • 鱼类在食物链中的位置意味着它们可总体反映较低层营养级生物状态，并且可以反映环境综合健康水平。 • 鱼类迁移能力和寿命意味着通过它们可以评估宏观生态环境和区域差异，以及河流健康发生长期改变所产生的影响。 • 鱼类的社会价值和经济价值较高。	• 需制定统一取样方法 • 较难获得鱼类多样性的历史数据，很难确定适宜指标	相关指标涉及物种丰度、充裕度、鱼类尺寸或状态、本地物种百分比
其他	社会经济指标	河流生态系统服务信息	社会经济指标历史数据尚未纳入河流健康评估。许多指标与上述其他指标关联紧密	洪灾风险〔与物理形态（栖息地）相关〕 • 供水，包括可靠性（质量）。 • 人类健康指标，如水传染病发病率和健康新生儿比例

8.5　河流健康评估的参考值

参考值是河流健康指标的基准，定义了指标为"好"（即健康河流状况满足预期）和"差"（不可接受的河流健康状况）的状态。

确定基准有很多方法。用于确定健康状态为"好"的参考值包括：

（1）自然条件，即未受干扰的河流系统的状态。此方法被美国《清洁水法》、《欧盟水框架指令》、澳大利亚多项河流健康评估计划所采用。

（2）最小干扰状态。没有明显人为干扰的河流状态。

（3）最少干扰状态。当前条件下河流可达到的最佳状态。

（4）历史状态，即在某个历史时间点的状态。例如，某个重大开发项目（如修建水库）之前的河流状态。

（5）可以实现的最佳状态，即采用最佳管理实践时，受干扰最小的观测点的预期生态状态。

如果不使用绝对值，也可采用趋势，即特定指标得分是否随时间上升或下降。如果是进行持续监测，随时间的趋势通常比偶尔根据参考值评估健康状况更重要。例如，《欧盟水框架指令》要求成员国保证水体生态不恶化，因此需要对河流健康趋势进行监测。

使用参考值时，必须认识到指标在自然条件下会变动，包括季节性的变动。由于气候或其他原因，很多指标会定期浮动，导致数值迅速而短暂的变化。在对结果进行分析时，需考虑这一原因。

确定参考值的方法有很多，可参照：国际或国家标准和经验（如水质标准、生物指数）、历史数据、流域内的统计数据和专业判断（特别在数据缺乏时）。

需要指出的是，类型不同、河段不同，则参考值不同。因此，需要针对不同河流确定参考值。中国执行的水质标准见专栏 36。

专栏 36

中 国 水 质 标 准

在中国，《地表水环境质量标准》（GB 3838—2002）依据地表水水域环境功能和保护目标，将水域按功能高低依次划分为五类，并对应不同水资源用途。本标准包括多种水质参数，且每个参数对应每一水质等级均有一数值范围。河流健康状态报告依据本标准。表 8.2 列出了五个水域功能类别和用途。COD_{Mn}、NH_3—N 和 DO 即高锰酸盐指数、氨态氮和溶解氧，水质浓度单位为 mg/L。

表 8.2   地表水水域分类及水质标准

水域功能类别	水用途描述	COD$_{Mn}$	NH$_3$—N	DO
I	国家自然保护区、水源保护区	≤2	≤0.15	≥7.5
II	一级饮用水、敏感水生物种和稀有水生物种自然栖息地、鱼类和甲壳动物产卵、鱼类养殖	≤4	≤0.5	≥6
III	二级饮用水（要求处理）、普通水生物种栖息地、鱼类越冬、鱼类洄游、水产养殖、亲水娱乐	≤6	≤1	≥5
IV	工业用途、非直接接触的娱乐用水	≤10	≤1.5	≥3
V	工业冷却用水、农业灌溉、一般（低保护价值）景观灌溉、无须用水的娱乐项目	≤15	≤2	≥2

8.6 河流健康监测的运营和管理

　　河流健康评估需要有河流健康监测数据的支持，以不断获取河流状态和趋势的信息。河流健康监测需要解决一系列运营和管理问题。在设计方案时，应考虑人力和财力是否可以支撑需要测量的指标类型和数量。观测点的数量和位置以及取样和报告的频率也很重要，数据的有效性和后勤问题也需要考虑。

8.6.1 观测点的选择和采样

　　应确保观测点和测量数据充分，以便对目标的完成情况进行统计学分析。例如，生物采样需要借助对个体物种进行的大量观测，采用统计方法，对整个种群进行预测，但需要考虑不同的采样地点可对结果产生重大影响。

　　在用统计学方法评估和监测河流健康时最好进行随机取样，这样将结果外推到尚未取样的观测点时更加准确。然而，由于受到现场和资源的限制，完全随机化取样通常难以实现。

　　另外，可以考虑选择特定观测点进行观测，例如，当地保护价值较高的区域。河流健康监测的目的是为了评估某干预措施的效果或特定威胁产生的影响（如矿山或工厂）。

　　最后，观测点的选择还需结合当地情况以及需要达到的目标。如果河流健康评估计划旨在评估管理措施（如河流生态修复干预措施）的效果，那么观测点的选择应能有效支持此目标（表 8.3）。

表 8.3 如何根据方案目标选择观测点

方 案 目 标	具 体 目 标	观 测 点 的 选 择
测试和改善管理措施效果	测试特定管理措施效果，并对管理措施进行适应性管理	根据是否已开展措施分类
	测试管理措施在观测点的应用效果，并对此管理应用进行适当管理	根据措施所在地点
	根据极限值检查合规情况	合规点
收集数据为政策的制定服务	观察与问题有关的变量的空间分布和趋势	了解问题产生的位置
	提供数据，针对具体措施类型确定政策优先顺序	随机选择措施实施所在地
	提供数据，针对具体区域的措施确定政策优先顺序（如流域内的关注点或地带）	随机选择具体区域
交流沟通	提高公众对河流健康问题的意识，支持政策执行	随机选择关注区域，或受公众关注的河流
	提供比较数据，激发河流管理方和利益相关方的积极性，开展相关措施，改善河流健康	随机选择关注区域，涵盖主要河流
	作为问责机制的一部分，向公众通报河流健康状态	随机选择关注区域，或受公众关注的河流

8.6.2 质量保证和控制

大型长期监测计划需要制定一项严格的、在整个监测期限内能够持续实施的质量保证方案。

应根据质量保证和质量控制计划进行河流健康的监测和评估。该计划的核心要素包括以下几点：

（1）数据质量目标。根据这些目标，确立现场测量和实验室测量绩效和验收标准，并确定测量的合理误差水平。通常针对五个数据质量因素确定目标：代表性、完整性、可比性、准确性和精确性。

（2）数据的生成和采集。这是质量控制要素，如现场和实验室采用的标准化步骤。

（3）数据验证和可用性。审核数据质量，并进行必要纠正。

（4）数据管理。包括监管链的管理、数据流路径的建立、现场标准数据表和试验报告的使用，以及信息管理（数据库）系统。除确保数据质量外，数据管理系统还为提高数据效用和可达性创造了条件。

（5）审计。现场、实验室和数据管理操作应符合质量保证和质量控制要求。

8.6.3　后勤保障

还需考虑后勤方面的问题，如项目管理、日程安排、安全、培训和数据采集，以及运营评估等相关问题（表8.4）。

表 8.4　　　　　　　　　河流健康监测计划的关键要素

后勤组成部分	规定要素
项目管理	• 后勤活动概述。 • 人员配备和人员要求。 • 沟通。 • 汇报
日程安排	• 取样日程。 • 到达现场。 • 勘测
安全	• 安全计划。 • 废物处理计划
培训和数据采集	• 培训方案。 • 现场运营情况。 • 实验室运营情况。 • 质量保证。 • 信息管理
运营评估	• 现场工作人员职责。 • 后勤审核和建议

第9章

河流生态修复的实践

本章要点

　　本章介绍了在开展河流生态修复项目时可能会遇到的实际情况以及解决办法。本章首先讨论了典型修复措施，并讨论了每项措施希望达到的目标、执行每项措施涉及的问题、需要考虑的重要因素以及相关案例。接着介绍了对生态修复的措施和实施地点进行优先性排序的方法和考虑因素。这些方法适合于当有多种问题需要解决时，如何抓住重点，解决最为迫切的问题。本章最后介绍了城市河流这一类与人类最为密切且受影响最大的河流的修复措施。由于这一类河流所牵涉的社会利益最为巨大且直接，其开展生态修复所面临的问题最为复杂，但妥善处理相关矛盾，将取得巨大社会效益。

9.1　河流生态修复的常用措施

　　本书第3章介绍了河流生态修复框架，提出了一系列修复措施，并参照美国实施的修复措施，将不同措施分为：流域及河岸管理、水流调节、河道内栖息地改善、土地征用、大坝拆除（改造）、河漫滩重新连通、河道内物种管理、鱼类通道、稳固河岸、河道重构、水质管理、审美（休闲、教育）及洪水管理（图9.1）。

　　河流生态修复措施有很多种分类方法。上述分类法可将很多类别关联起来，但有些类别存在重叠现象。例如，洪水管理可影响流量（而流量应属于"水流调节"的对象），但也可用于管理流入水体的水质。而很多类别的措施都会影响水质，包括河岸治理和流域治理的相关措施。"水质"这个类别主要关注输入河流系统水质的管理措施，尤其是来自点源污染的输入。河岸治理，如在河岸带栽培

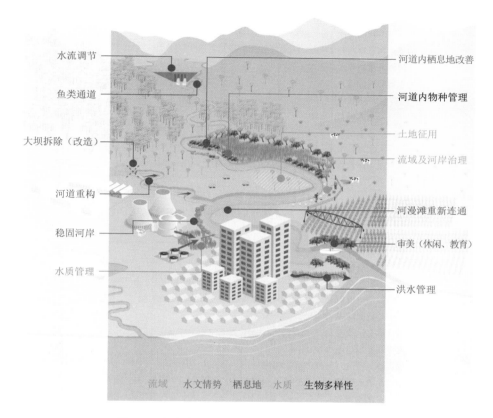

水流调节

鱼类通道

大坝拆除（改造）

河道重构

稳固河岸

水质管理

河道内栖息地改善

河道内物种管理

土地征用

流域及河岸治理

河漫滩重新连通

审美（休闲、教育）

洪水管理

流域　水文情势　栖息地　水质　**生物多样性**

图 9.1　包含多种河流生态修复措施的流域概念图

植被，通常也可提高河岸稳定性，因此这两个类别也存在重叠现象。同样，河岸治理与范畴更广的流域治理之间也存在重叠。

　　河流生态修复项目的数据表明，全球主要河流生态修复项目所采用的修复措施的数量有限（图 9.2～图 9.4），大多数常用措施与水质管理、河道栖息地改善、稳固河岸以及河岸及流域修复相关。

　　本节将详细介绍这些措施。相关小节会介绍各类措施的目的、采取这些措施涉及的因素、关键考虑因素以及相关案例。

　　每个类别都可能包括以下措施：

　　（1）被动修复。主要是基于政策的方法，旨在改变民众的行为（如通过教育或监管），减少人为影响或改变人为影响的性质。

　　（2）主动修复。直接（物理）干预，改变河流生态系统及其周边环境。

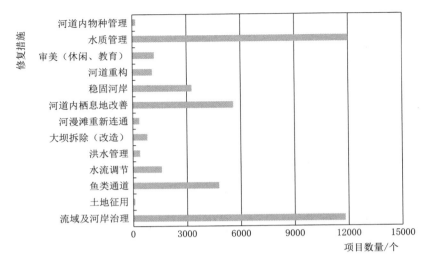

图 9.2 按修复措施类型划分的美国河流生态修复项目数量

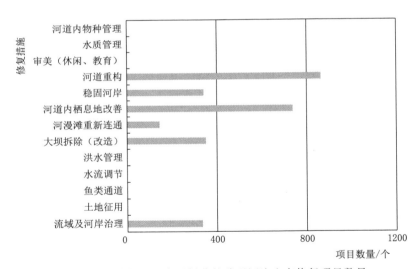

图 9.3 按修复措施类型划分的欧盟河流生态修复项目数量

本书介绍了这些措施，但无意重复河流生态修复项目的相关技术指南和手册。专栏 37 列出了许多现有的指南和手册。

专栏 37

河流生态修复现有指南和手册

《河流廊道修复：原则、过程和实践》，主要根据美国国内经验，详细介绍了

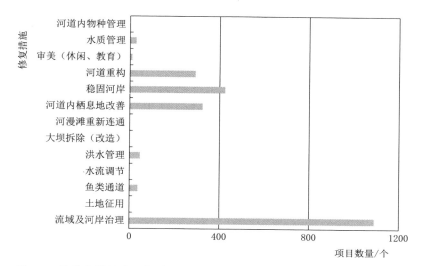

图 9.4　按修复措施类型划分的澳大利亚维多利亚州河流生态修复项目数量

与河流廊道相关的河流生态修复技术。

《澳大利亚河流生态修复手册》，详细介绍了河流生态修复项目的步骤。该手册重点关注小型河道，并强调河流物理修复，特别是河流稳定性及栖息地。

《亚洲河流流域生态兼容法修复参考指南》，为亚洲河流生态修复确定了基本原则、政策和措施。该指南还援引了很多中国、韩国和日本案例。

《河流生态修复技术手册》，详细介绍了大量河流生态修复方法的应用，主要涉及英国河流物理修复。

《河流湖泊水生生态系统管理和修复手册》，是水生生态系统修复方法的宏观指南。

《活力、美观、洁净水设计指南》，为城市水资源管理方法，包括地表水排放和洪水水质管理，提出了规划和设计的考虑因素。

《水敏感城市设计指南》，详细介绍了实施城市最佳水资源管理实践的指南，包括由澳大利亚昆士兰州东南部健康水道管理委员会和墨尔本水务局制定的指南。

9.1.1　流域管理

流域管理提出的措施旨在通过提高河流流域管理水平，改善河流健康状态，包括水质和水文情势。流域管理包括调整流域状态的直接干预（如恢复植被）措施，以及政策途径（如对土地利用进行监管控制）。

（1）流域管理目的。地表水径流以及进入江河的水流的特点和构成可能会存在差异,这是由地形、地质和土地覆盖的情况不同所造成,也包括水流在河流网络中的地位以及对气候做出的反应的不同。显然,流域退化会影响水资源的供给。大多数河流退化直接源于流域层面的土地利用或水文条件的改变。河流流域管理和修复旨在解决导致进入河流系统的水、泥沙和其他物质的量、成分和时序发生变化的因素。由于流域退化是河流健康状态恶化的重要因素,流域修复有可能从根本上改善河流健康及相关生态系统服务。

(2)流域管理的内容。

1)直接干预,改善现有土地状况,包括土地和水资源保护战略,如流域的植被恢复以及集水沟和易受侵蚀区的修复。

2)政策和规划措施,限制土地用途,如对清除植被、将土地转为集约农业用地或城市和工业开发等行为加以控制。

3)将耕地转为永久性草地,减少向下游水体输送泥沙和养分。

4)流域内高海拔区和中间地带采取洪水风险管理措施,减少快速流入江河的径流量。

5)建立湿地栖息地,对洪水进行临时储备和保留。

6)通过对牧场管理的改进,保护绿色植被,减少进入流域的细泥沙。

很多流域修复方法需要直接在农田采取措施,减少养分径流和泥沙流失。例如:①沟渠过滤和石灰石-砂过滤器,减少养分径流;②固定或重新修建农田围栏,让农田与溪流协调,以便适应泄洪通道的需要;③在田野与河流之间构建屏障带;④被侵蚀河岸进行围栏和重建,控制沟渠以及溪流沿岸的侵蚀现象;⑤采用最佳管理实践,对灌溉用水以及肥料、杀虫剂和除草剂的使用进行管理。

在农田层面进行流域修复,需要农民改变他们的农业生产方式。生态修复项目可以通过相关的规定、教育或行业规则促使生产方式发生改变(示例参见专栏38)。

专栏 38

案例研究——澳大利亚大堡礁水质改善与南非外来入侵野草治理

糟糕的水质,尤其是高养分和高泥沙含量的影响以及河流系统排入大堡礁的农药,对大堡礁健康构成了严重的威胁。因此,澳大利亚制定了《大堡礁水质保护计划》(澳大利亚昆士兰州政府,2013)以保护其水质,目标是在 2020 年之前,使进入大堡礁的水质恶化趋势得以减缓或逆转。该计划还预计在 2018 年之前,大堡礁流域终点处的营养物质总量(总氮和总磷)及农药总量分别减少50%和 60%,干燥的热带牧场植被覆盖率至少达到 70%。此外,该计划建议到2018 年,将泥沙量减少 20%。

该计划由澳大利亚联邦、各州和当地政府部门负责实施。关键措施包括与土地所有方合作，解决污染物主要来源问题，研究农业实践的改进方案，减少杀虫剂和化肥输入总量，并在大堡礁各流域推广和采用农业最佳实践方案。行业自愿实施规程，例如，棉花、食糖和牛肉生产行业自愿实施规程，也是解决流域退化和相关水质问题的重点。规程旨在改善农业实践方法，减少农业对河流及其他资源的影响。澳大利亚联邦政府和州政府承诺五年内为《大堡礁水质保护计划》的执行投入 3.75 亿澳元。

1995 年，南非政府发起"致力于保护水资源"计划，旨在解决外来入侵植物问题，这些物种对地表水资源构成了严重威胁。此项计划还希望在修复过程中，为失业人员创造工作机会。该计划的目标是提高南非水资源安全，改善生态完整性，实施土地修复，同时还为南非弱势群体创造就业机会。"致力于保护水资源"计划采用了机械法（如清除、砍伐、焚烧）、化学法（如除草剂）和生物控制法（已经释放了 76 种生物控制剂）。该计划自立项以来，已在全国开展了300 个项目，被称为非洲最大的保护项目之一。

"致力于保护水资源"计划的最初目标是在 20 年内，使外来入侵物种得到有效控制，但是这个目标现在看来不太现实。截至 2004 年，通过实施该计划，大约 200 万 hm^2 受到外来物种入侵的土地已经清除了外来物种。随着项目的推进，后续跟进活动比新的清除活动占用了更多的资源。

（3）流域管理的考虑因素。很多流域的空间范围很广，因此如何确定和应对导致河流健康状况不佳的原因是十分困难的。此外，尽管有很多政策驱动因素，然而目前全球几乎还没有国家或组织制定出合适的框架和策略，对流域尺度的综合状况进行优化。

由于存在多种自然和社会经济因素，在流域或农田尺度采取措施并取得效果较有难度，原因包括以下几点：

1）很多流域的地理尺度很大，因此不易确定修复优先区域。

2）流域范围内通常都是私有土地，这完全不同于河流，因为河流通常属于国有或公有。进入私有土地，并在私有土地开展河流生态修复，面临很大的挑战。同时，限制私有土地用途在成本和法律上都有许多困难需要面对。

3）发生极端旱涝灾害的空间范围很广，能够大幅改变河流与其流域之间的相互作用。这些灾害可以改变栖息地可用性，并显著改变生物多样性。

4）从减少流域中进入河流、湖泊和近海水域的点源污染，到显著改善水质，可能需要几十年时间。

5）农田的土地所有者可能会觉得得到的补偿不能覆盖损失，相关措施无法达到预期目标。

6）修复工作超出河流廊道范围，因此需要更多政府部门介入，并涉及更多司法权限。这两种因素增加了协调难度，而河流生态修复负责单位（通常为水资源相关管理部门）却未必获得法律授权。

7）面源污染扩散（如过度使用化肥或土壤侵蚀）和偶然事件（如偶然的地表径流的截留）对河流系统的影响加大了管理难度。

更好地理解各因素对流域的影响（自然影响：如地质、水文以及流域对降水产生的反应；人文影响：土地利用、蓄水构筑物等），能够提高河流生态修复的成功概率。

9.1.2　水流调节

通过水流调节，可以恢复河流水文情势。这个措施主要通过政策和监管措施改变河流的流量、频率、持续时间和时序。其他类型的措施也可影响水文情势，例如，洪水管理可以减少通过城市区域的洪水峰值，拆除或改造大坝可以改变或消除河道内基础设施对水文情势产生的影响，重新连接河漫滩可以改变洪水水力特征。

（1）水流调节的目的。水文情势是河流健康的最重要的驱动因素。河流流量十分重要，因为：①流量是河流内栖息地的重要决定因素；②流量变化规律决定了河流物种在进化过程中形成的生命周期；③流量维持着河流纵向（即上游—下游）和横向（如河流—河漫滩）的自然形态；④水文情势的改变加剧了有害物种的扩散。

水文情势各要素发挥着不同的生态功能（图 9.5）。流量调节（如修建大坝）和河水改道（如抽水灌溉），导致河流的水流条件发生变化，因而可能改变河流发挥上述功能的能力。一般而言，改变水文情势的修复措施主要是为了恢复对生态有重要意义的水文变量。

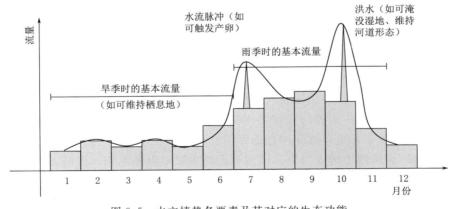

图 9.5　水文情势各要素及其对应的生态功能

（2）水流调节的内容。恢复水文情势一般需要引入、保护和管理环境流量。环境流量描述了维持河流与河口生态系统以及人类依靠河流与河口生态系统维持生计所需要的水量、水质及时序，可以通过以下方式恢复环境流量：

1）有效管理水坝与其他河流基础设施的运行，增强重要环境流量，例如：①维持必须释放的最低流量，如基流；②为了提高泥沙输送量，或触发鱼类产卵或洄游，在每年的关键时间释放脉冲流；③控制最大涨落幅度，减小流量迅速变化导致河岸垮塌的风险；④要求运营方管理水流的其他环境特征，如温度、泥沙和养分。

2）水量分配情势变化可能会限制已获得取水许可证的水资源用户的取水量及取水时间。例如，减少被允许的取水总量，或者在发生关键流量过程时减少或禁止取水。

3）办理水资源许可证有助于保留河道的水资源，从而满足河流生态修复需要。例如，非政府环境组织、社会团体或政府机关可以通过购买水资源许可证，来回收用户的许可证，以减少河流取水量；或者有效使用水资源，实现特定生态目标（专栏39）。这些措施取决于合理成熟的水资源分配机制。

专栏 39

案例研究——墨累-达令河流域回购方案

《2012 年墨累-达令河流域管理计划》确定了在维持环境长久健康以及流域恢复能力的前提下，河流分流及地下水和地表水取水量的合理水平。当前水资源分配已超过该计划确定的取水量，因此要求在 2019 年之前，将河流分流与取水量降至可持续发展水平。为了弥补这个差距，澳大利亚政府承诺保证环境用水量的需要，确定地表水的恢复目标是 27500 亿 L。通过水权购买、基础设施投资建设，以及联邦和所在州采取的其他恢复措施，其中 2/3 以上的目标已经得到恢复。该计划中，减少地表水分流分为两个部分："本地"部分，满足各流域内的环境需求；"下游"共享部分，确保北部的巴旺达令河系统以及南部的墨累河系统总体健康。政府购买的取水权属于联邦环境水务部，并由该机构负责管理。

可以将这些措施引入流域整体规划，以便对水资源分配机制进行评估；或者通过调整监管或其他措施，改变水文情势，为河流生态修复服务。

（3）水流调节的考虑因素。不同流域的特点复杂多样且没有定论，这使得环境流量的确定更加复杂。改变水文情势以改善生态，需要改变现有的权利，如农田灌溉方基于水资源许可证的权利，或者水电运营方基于特许协议的权利。做出上述改变可能需要投入大量资金（因为损失了经济效益或需要补偿权利所有方），并且在法律和政治上也面临较大困难。如果缺少稳健的取水权机制，且不按规定执行和监管，就会导致环境流量很难保证。大型水资源基础设施寿命长，建设成本高，因此政府很难撤销先前的水资源分配决定，将水资源归还给环境。如果现有基础设施难以支撑环境流量，就很难引入新的水文情势。

要克服河流生态修复措施中的困难，需要：

1）用科学案例证明提案的合理性。

2）用经济学案例证明改变水文情势后可以实现的效益。

3）提出战略方法，既能最大化河流改善后的效益，又可将对现有水资源用户的影响降到最低。

4）提出维持目标流量的法律法规。

9.1.3　拆除或改造大坝

拆除或改造大坝即拆除水坝或河流内其他基础设施，或者改造或调整现有基础设施，以降低对生态系统产生的不良影响，其中包括采取措施拆除妨碍鱼类在上游或下游洄游的屏障，建设替代通道。

（1）拆除或改造大坝的目的。大坝及其他河流基础设施对河流健康产生明显影响，包括：

1）水文情势变化。大坝蓄水及水电站调峰操作可扰乱水文情势，因而出现季节性和日常性大幅波动，并且与自然流量存在很大差异。

2）截留水坝后面的泥沙和养分。减少进入下游的泥沙量可能导致河道、河漫滩及沿海三角洲退化，从而丧失重要生态栖息地。

3）截断水生生物迁移通道。维持纵向和横向的自然连通性对确保河流内包括植物、无脊椎动物和鱼类等物种的生存至关重要。大坝是导致栖息地碎片化的主要原因，大坝妨碍了物种沿河流廊道的纵向迁移。

改造或拆除大坝就是为了应对大坝产生的上述影响。对于已经老化的大坝，对其进行拆除也是为了消除安全隐患。对大坝进行拆除，也可能是因为大坝已不产生任何效益，或者大坝维护成本超过大坝产生的效益。随着社会的发展，大坝经济效益或相关价值发生了变化，人们对大坝带来影响的认识更为深入，也可成为拆除大坝的原因。

通过以下方式拆除大坝，水生生物尤其是鱼类将会因此受益：①消除妨碍上下游迁徙的屏障；②恢复自然的季节性水流变化；③消除繁殖和觅食栖息地集中在大坝上游的现象；④确保碎屑、小石块和营养物质流入大坝下方；⑤消除大坝下方非自然的温度变化；⑥拆除对鱼类致命的涡轮机。

（2）拆除或改造大坝。拆除或改造大坝包括：

1）拆除基础设施。让河流临时改道，或者通过抽水，在"干燥"状态下整体拆除大坝，或者分阶段拆除大坝，在几年内慢慢降低大坝高度，逐步恢复到以前蓄水状态。

2）改造现有基础设施，提高生态效益。经过改造可以：①允许不同下泄流量，如从不同深度泄水，避免出现冷水污染现象；②提高控制环境流量的能力；

③可以引入鱼类通道或其他类似设施。

（3）大坝拆除或改造的考虑因素。拆除或改造大坝需要投入大量资金，包括直接成本和机会成本。由于大坝规模和位置差异巨大，拆除大坝的成本从几万美元到几亿美元不等，因此需要寻找适当时机对无法带来充分效益或已经成为一种负债的大坝进行拆除。一旦大坝的维护费用超过其产生的效益，或者已经变得不安全，就有必要进行拆除。

从长远来看，拆除大坝可以节省很多成本。拆除大坝后，就不会产生维护和维修费用，以及保护鱼类和野生动物所需要的直接和间接费用（如鱼梯以及降低鱼类死亡率的费用）。此外，拆除大坝可带来新的休闲娱乐商机，如垂钓或漂流，也可增加收入。

大坝截流的泥沙可存续数百年，并可能含有诸如多氯联苯、二噁英和重金属之类的毒素。清除这些有毒物质需要投入大量资金，并且在大坝拆除过程中，这些有毒泥沙会再次悬浮，这可能会降低下游水质、威胁鱼类、野生动物和水资源用户的健康。可采取适当拆除技术，将这些影响降至最低水平。拆除大坝也可能会彻底改变当地环境。通过大坝产生的浅水栖息地将会丧失，并且在水库周边形成的湿地可能会干涸。拆除改造大坝的相关案例见专栏40。

专栏 40

案例研究——美国缅因州佩诺布斯科特河下游和美国华盛顿州艾尔华河

《佩诺布斯科特河下游各方和解协议》为拆除大坝和修复鱼类栖息地提供了依据。2004年，由 PPL 公司（大坝和水电设施所有方及运营方），美国联邦、州和当地政府机构，以及各环境保护组织，签署了该协议，为修复和管理美国缅因州最大流域——佩诺布斯科特河，勾画了蓝图。

该协议授权佩诺布斯科特河修复信托机构购买属于 PPL 公司的三座大坝，交易于2010年11月完成，交易额为2400万美元。其中两座大坝"Great Works 大坝"和"维齐大坝"现在已经停用，第三座大坝将使用最先进技术修建鱼类洄游旁道。另有四座大坝的鱼类通道也将进行改造。作为回报，PPL 公司可增加现有六座水库的发电量。虽然该协议的各项条款仍然需要政府审批才可执行，但是该协议向各方明确了流域未来的规划和目标。这些修复工程的目标是通过恢复河流与海洋之间的通道，让洄游鱼类能够回到大坝所截断的传统繁殖区域，进而恢复溯河产卵的鱼类栖息地。一旦竣工，预计通过该项目增加的鱼类栖息地范围可达 1600km 长。

艾尔华河流经美国西北部华盛顿州，在该州境内的长度为45英里。历史上，艾尔华河因鲑鱼而闻名。但是由于当地木材行业所建的锯木厂的用电需求，20 世纪早期修建了两座水电站大坝：1914 年修建的艾尔华河大坝以及 1927 年修建的格莱因斯卡因大坝。1992 年，由于受到原住民担心鲑鱼产量下降的巨大压力，美国国会授权联邦政府回购两座大坝，并要求就拆除大坝事宜进行调研。调研和可行性研究工作于 2011 年完成，两座大坝于同期开始拆除。拆除大坝促使人们研究大坝对生态系统功能尤其是泥沙情势的影响，以及对生态服务尤其是渔业的影响。最初监测数据表明：泥沙输送和沉积过程恢复后，修建大坝而消失的河道地貌特征也得到了恢复，如河道侧边的沙洲。此外，河道在拆除大坝两年后开始复杂化，一些生态指标，如栖息地结构、底栖动物、鲑鱼产卵和繁殖潜力以及河岸植被，均得到了改善。

9.1.4　洪水管理

洪水管理主要是通过修建和管理在城市不透水区域内的相关设施（如池塘、湿地和水流调节设施），调节进入河道的雨水径流。同时也包括采取相关措施，提高从城市区域流入河道的雨水水质。

（1）洪水管理的目的。由于增加了不透水表面，如道路、屋顶和雨水排水系统，城市区域的水文特征会发生变化。不透水表面导致雨水难以渗入土壤，因此显著增加了地表径流，有时会产生骤洪现象，增加了河流的侵蚀风险。洪水也会携带大量污染物。来自不透水表面的雨水径流是城市河流最大胁迫因素。

采取洪水修复和治理措施通常可以改善影响河流健康的因素，包括：

1）水文情势。使城市化对流域水文特征的影响降到最低。

2）水质。使流入雨水收集系统的污染降到最低，并有效清除残余污染。

3）生物群。使河岸、河漫滩和前滩的原生植被的价值最大化。

4）栖息地。使物理栖息地对水生动物的价值最大化。

洪水管理采用的修复方法通常属于水敏感城市设计或城市可持续排水系统管理的范畴。这些方法可以应用于城市发展的规划、设计、建设和改造，以减小城市对河流健康的影响，特别是通过减小峰值流量，延长汇水时间，减少进入水道的污染量，来达到上述目的。

（2）洪水管理的措施。洪水管理的措施可包括修复现有雨水系统，以及尽量减小新开发项目的洪水径流对环境产生的影响。措施可分为下列两类：

1）结构性措施。工程和建筑系统，旨在提高径流水质或控制径流流量，如沉砂池、滞留池、人工湿地、沼泽地、屏障、绿色屋顶和屋顶花园。

2）非结构性措施。减少径流污染物总量的制度、教育，或污染防治实践方案。

（3）应用洪水管理的考虑因素。在细泥沙、营养物和小颗粒污染物进入雨水收集系统之前，生物滞留系统（如沼泽地和盆地）的植被可用于过滤细泥沙，并处理营养物和小颗粒污染物。生物滞留系统产生的效益包括：减少径流流量，改变径流时序，并通过清除悬浮固体、营养物、碳氢化合物和重金属，改善径流理化特征。

沉砂池可以清除大中粒径泥沙、调节流量、降低区域内流速，从而让大颗粒泥沙沉淀下来。沉砂池常常用作第一道雨水处理工序，并且可以用作人工湿地或生物滞留区进水池。沉砂池安装费用不高，但需要持续维护和定期疏浚。

人工湿地采用边缘、挺水、沉水和漂浮类水生植物带作为生物过滤器，可以过滤和处理细颗粒物和胶质颗粒物。通过物理、生物和污染物转化机制，人工湿地可以改善雨水水质。建设人工湿地需要投入大量资金，并且需要合理的设计，以保证充足的水力停留时间和高流量的承受能力。人工湿地需要持续维护，以清除进水口处的泥沙和垃圾，并且还需对其进行科学有效的管理，以防止有害动植物（如蚊子、槐叶苹）在毗邻区域或水道内繁殖和扩散。人工湿地虽是一种被动处理方式，但具有娱乐和观赏价值，可提供其他生态系统服务，并为水生物种和水禽提供栖息地。

缓冲带、砂滤器和沼泽地可应用于街道景观，可以对来自小型集水区的雨水径流进行过滤。在更小尺度，缓冲带、砂滤器和沼泽地更经济，影响更小，更适用于现有城区的改造（示例见专栏41）。

专栏 41

案例研究——新加坡 Bishan–Ang Mo Kio 公园

新加坡 ABC 水计划旨在改善新加坡的水质、景观、娱乐价值和生物多样性。ABC 水计划在关注水道和水库的同时，解决城市化产生的雨水径流问题（详细内容，可参阅第 2.4.6 节新加坡案例研究）。

该计划的标志项目就是 Bishan–Ang Mo Kio 公园，它是新加坡最大（62hm²）、最受欢迎的公园之一。该项目于 2009 年 10 月启动，2012 年 3 月正式对外开放。它将加冷河 2.7km 长混凝土河道改造成 3km 长自然型河道，并与周围绿地融为一体。这个公园所在区域其实是河流的洪泛区，具备多种功能：河流水位较低时，人们可以在河道休闲；一旦洪水水位上升时，整个公园就成为输水渠，让雨水流入下游，防止周边居民区积水。这种自然化河道与河漫滩共同发挥作用，可以抵御 25 年一遇洪水。另外，该流域内任何新开发项目必须遵循排水设计规范，禁止另外产生雨水径流，雨水应留在原地，降雨结束之前不能排入河流。

　　该项目采用生物工程技术，重新修建了河道。虽然在发达国家已普遍采用生物工程技术，但在新加坡却是第一次尝试。在确定加冷河采用何种生物工程技术之前，设计团队在公园沿排水沟 60m 长度内，对 10 种采用本地植物的技术方法进行了试验。最终选择了其中的 7 种，用于河道的自然化，包括柴捆、带切口乱石、用土工织物包裹的土壤载体、柴排带柴捆、芦苇卷、篾筐以及土工织物配合植物栽培。此外，建立了用于模仿流体动力学的水力模型，方便河道设计。例如，如果水力模型认为某区域的流速较高，则会选用更可靠的植物控制河道侵蚀。

　　自然化河道是这个公园的亮点，河道弯曲度增加，河道宽度多样，河床铺以岩石，河岸栽培植物，确保水流形态富于变化。多样化的河道地貌不但更加美观，而且还可以为野生生物提供栖息地。在对该公园进行重新设计时，雨水处理要素也包含其中，包括用于净化水质的群落生境，这在新加坡还是第一次。具有净化功能的群落单元位于公园上游地区，可以提供清洁水源，满足公园各种设施（如水上乐园）的需要，从而避免了化学物质的使用。

　　涉及城市流域修复的问题同样适用洪水管理。由于城区土地十分昂贵，城市修复项目产生的成本往往高于农村地区，且很难购买或保护河漫滩栖息地，而这些河漫滩栖息地可以用于滞留或延迟洪水径流。城市基础设施、财产所有权、政治压力，以及从污水和雨水管道泄漏而引发的化学污染，也会限制修复方案的选择。

9.1.5　河漫滩的重新连通

　　重新连通河漫滩，可以提高河漫滩区域淹没频率，加快生物体和物质在河岸与河漫滩之间的移动速度。

　　（1）河漫滩重新连通的目的。河漫滩是世界上生产能力和经济价值最高的生态系统之一，在维护河流健康过程中发挥着积极作用。河漫滩泛滥能够提高初级生产和次级生产水平，增加陆生动物数量，这是因为洪水可输入营养物质，并且河漫滩可释放碳元素和养分。当水文连通性维持较好时，洪水可以让动物在河道与河漫滩之间迁移，从而将河漫滩产生的生物质带入河流系统，确保食物网络的动态过程。例如，发生洪水时，鱼类迁徙到河漫滩，进入繁殖区，河漫滩为它们提供庇护和食物。洪水可以将养分和碳元素从河漫滩输入河道。河漫滩还可临时蓄滞洪水，推迟洪峰时间，减少洪峰流量，并且成为地下水的重要补给来源。

　　如果河道与河漫滩没有水文联系，则可采取措施连通河漫滩。没有水文联系的原因包括：

1）泥沙状态发生变化，或疏浚河道改善航运条件等因素导致河道被切割。

2）流量变化，因为修建大坝，导致峰值流量消失。

3）物理屏障，如为防洪修建的河岸堤坝。

4）河漫滩沉积。

重新连接河流及其河漫滩的驱动因素以及产生的效益包括：

1）降低洪灾风险。

2）改善地下水补给。

3）改善水质。

4）洪灾期间通过消能，提高河道稳定性（减少）侵蚀。

5）向水生、河岸和陆生植物以及无脊椎动物、鸟类和动物提供栖息地。

6）修复河流自然过程，包括侵蚀、沉积，并增加养分通量。

7）提高娱乐和观赏价值。

（2）河漫滩重新连通的方法。修复横向连通性的方法包括：

1）直接将河流与河漫滩湿地连通，例如，通过开挖新的泄洪渠道。

2）改造堤坝。将河道边缘的堤坝后撤，提高河道泄洪能力，增加河道曲流空间，形成河漫滩栖息地，如湿地和森林。这样不仅可以提高防洪能力，还可让野生动物受益。改造堤坝被形容为"增加河流空间"或"建立功能灵活的廊道"。这种方法已应用于莱茵河和多瑙河修复工程。

3）拆除堤坝。采取这种措施可以提高洪泛频率，激活河漫滩自然动态能力。拆除堤坝也可结合深耕措施，从而提高土壤渗透性，提高地下水补给能力。

4）地貌重建。这种方法包括重新改造河岸，修建缓坡使河岸逐渐倾斜到水边；在高处开挖新河道，减小河床深度；或者建立人工控制点，减少洪泛发生所需要的水流量。另外，也可对河漫滩进行开挖。

5）水文情势变化。这种方法包括增加洪水次数、流量、频率和持续时间。

（3）河漫滩重新连通的考虑因素。即使能够解决物理和水文方面的问题，开发河漫滩通常也不会恢复洪水自然溢岸情势。由于面临社会和经济方面的压力，洪泛现象肯定不会比关注栖息地以及维持河流和河漫滩自然动态更重要。减少开支有助于赢得土地所有者的支持，确保项目取得成功。

不动产交易可用于维持河漫滩连通状态，如征地、地役权或政府投资。为了维持河漫滩洪泛潜力，比较有效的方式就是与有意愿的土地所有者共同收购河漫滩土地或质押河漫滩土地地役权，确保土地利用强度处于较低水平。除收购土地和地役权外，提供生态系统服务的新兴市场，包括碳和养分固定、洪水蓄积和娱乐，能够为保持河漫滩与河流连通状态的土地所有者带来收入。

河流与河漫滩连通性的恢复能够让本地物种和非本地物种同时受益。因此，如何确保修复后本地鱼类比非本地鱼类更受益，会面临挑战。长江流域河漫滩湿地的修复见专栏42。

案例研究——长江流域河漫滩湿地的修复

近年来，中国政府和利益相关方已经采取重大措施修复长江中游河漫滩湿地。几十年来，这些湿地被排干用于农业或城市开发，或者修建防洪堤坝，将河漫滩湿地与河流干流截断。1998 年发生的特大洪灾促使中国政府对发展和水资源管理战略重新进行了评估。通过这次评估，中国政府发布了"三十二字方针"，针对洪水治理提出了四项主要措施，包括拆除堤坝、将低洼农业用地恢复为湿地、修复河漫滩以及提高蓄洪能力。其后，世界自然基金会与湖北省、湖南省和安徽省以及国家部委展开合作，采用重新连通法，在丰水时段重新打开水闸，提高先前被截断的河漫滩湖泊蓄洪能力，改善湖泊水质，恢复生物多样性。并采取相关措施，与当地社区合作，使民众生活更可持续发展，且收益更大，其中包括有机农业以及收益更高、但强度更低的渔业。这些举措的成果非常显著。Pittock 和 Xu（2010）认为，2900km² 河漫滩得到了恢复，增加的蓄洪能力达到 130 亿 m³，并降低了下游河段的洪水峰值。世界自然基金会（2003）报告指出，在西半山洲，一个农业生产基层的收入通过该计划的实施增加了 40%。Yu 等（2009）进一步指出，河流湖泊重新连通后的第一年，野生鱼类捕获量就增加了 15%。目前在河漫滩建立了很多自然保护区，迁徙水鸟的数量也有所上升。

9.1.6　河岸治理

河岸治理包括对河岸带植被进行恢复的相关措施，并包括控制或清除外来物种的措施，如野草或牲畜。

（1）河岸治理的目的。河岸治理旨在通过改善河岸带提高河流健康水平。河岸带是介于河流与周边区域的缓冲带。河岸带可以拦截泥沙径流，帮助过滤养分，并维持陆生与水生环境之间的食物网和其他重要环节。河岸带本身也是重要的环境组成部分，通常是动植物（如鸟类）多样性的庇护所，可以起到遮蔽阳光的作用，因此可以影响水温，对小河流的影响尤其显著。

清除河岸缓冲带会对河流健康产生不良影响，其中包括：

1）河岸稳定性降低，因此增加了河流泥沙负荷和浊度。

2）径流污染物与养分拦截和清除能力下降。

3）水温和透光度提升，因此提高了初级生产能力。

4）落叶层和陆生无脊椎动物输入量减少，因而降低了生产能力。

5）河流变窄，水生栖息地缩小。

河岸治理，包括恢复河岸带植被，其目的是修复河岸植被群落的功能和过程。河岸治理的共同目标包括控制侵蚀、提高生物多样性、控制杂草，并提高观赏和娱乐价值。

（2）河岸治理的性质。河岸治理可包括以下内容：

1）采用主动（即栽培植物）或被动（消除干扰，允许自我修复）方式，让河岸带恢复植被。

2）河岸植被管理，包括土地利用和规划控制，对清除河岸植被的行为加以限制以及主动干预，让河岸植被维持健康状态。

3）牲畜管理，如通过搭建围栏或设立过道和饮水点，降低牲畜接触河道和河岸带的需求。

4）外来入侵杂草治理。

（3）河岸治理的考虑因素。尽管应该优先从根本上消除河流健康的阻碍因素，但对河流退化进行直接干预仍然会受到争议，可能无法获得充足的财政、社会和政治意愿的支持，以解决造成系统退化的根本原因。

有时河岸带需要进行主动修复（而不是通过消除危险过程所进行的被动修复），这是由于本地植物种子的传播受到时间和空间的限制，靠河岸自然修复不太现实。

通过总结国际文献，英国林业委员会在一份报告中认为：

1）影响河岸带功能的关键因素包括缓冲带宽度、植被结构和组成以及管理安排。但是，河流尺度不一样、地区不一样，要求也会存在显著差异。例如，这份报告认为如果缓冲带宽度在5～30m范围内，它对保护未受干扰河流功能的贡献率可达到至少50%，通常会超过75%。根据以上数据，这份报告建议（英国河流）：如果河流宽度小于1m，那么河道每侧缓冲带最小宽度应为5m；如果河流宽度在1～2m之间，那么河道每侧缓冲带最小宽度应为10m；如果河流宽度超过2m，那么河道每侧缓冲带最小宽度应为20m。但是这些参数不宜普遍运用，河流类型不同，要求也有差异。

2）应根据原生河岸林地确定河岸缓冲带的构成和结构。

3）本地树种能够有效支持陆生无脊椎动物达到最高丰度和多样性，并为水产区提供高质量的落叶层。

河岸治理的其他考虑因素包括：①应根据景观轮廓调整缓冲带宽度。例如，径流进入河道区域（如沟渠与水道汇流区域）的缓冲带应更宽；②宽阔的河岸缓冲带在城市河流中十分重要，可提供物理保护，防止未来的干扰和侵占；③由于河岸缓冲带可能延伸进入私有土地，因此缓冲带范围需要通过法律和政策保证，而不能依靠生态因素来界定。

河岸治理项目示例见专栏43。

案例研究——美国俄勒冈州威拉米特河河岸植被的恢复

威拉米特（Williamette）河流域位于美国西北部。据估测，为有效保护水质，该流域需要修复接近 4 万 hm² 土地。河岸修复采用的方法为"河岸快速恢复植被法"，依靠建立多元且生存能力强的河岸森林进行河岸植被的恢复。这种方法通过提高实施效率，以较低单位成本，快速建立多元化和功能化水平较高的森林，从而扩大河岸修复范围和尺度，提高河岸修复效果。该方法的建立避免了传统方法的弊端。传统方法主要依靠景观措施，而非林业与生态学措施。景观措施需要在开阔区域植树，需要刈草、使用除草剂和灌溉，直到植被形成，却不能形成多元化植被层，倒是为外来入侵物种提供了理想条件。而河岸快速恢复植被法依据的是生态原则，旨在解决限制河岸修复效果的普遍制约因素。表 9.1 介绍了限制河岸修复效果的制约因素和应对策略。

表 9.1　　　　　　　　限制河岸修复效果的制约因素和应对策略

项目要素	限　制　因　素	河岸快速恢复植被法
现场不确定性	对干扰因素和生态状况的重视不够。高流量可以冲垮幼苗、植物保护设施和灌溉系统	对现场条件详细评估。选择耐涝植物，避免使用植物保护设施和灌溉系统
参考现场数据	现场植树和治理脱离实际情况，植被难以达到稳定而不退化的状态	采用现场数据作为参考，确定现场条件和周围土地利用状况
地面植被的建立	裸露地面有利于阔叶草的生长；而草株太高为田鼠提供了栖息地，并与栽培的植物形成竞争关系	种植小株本地草，建立地面植被覆盖层，但不应影响其余植物的种植
物种多样性	物种清单通常与当地植物群落分离	编制有充分依据的物种清单，确保多样性
被野生动物占用	野生动物可以破坏大部分的栽培树木和灌木	在选择和布局物种时，应考虑野生动物过去、现在和预期对植物的消耗情况；套种"不美味"的植物
植物死亡率	植物间隔稀疏，一旦死亡就会形成较大缺口；如果大型苗木死亡，将会产生巨大损失	按标准密度栽培植物，充分考虑死亡率；套种植物，调整植物构成和密度
植被监测	监测通常根据缺乏生态基础的目标，对项目进展作出评价	根据生态学指标评估植被恢复的效果，生态学指标根据参考现场的情况建立

9.1.7　改善河道内栖息地

改善河道内栖息地是为了改变河流生态系统的结构，从而改善目标生物体的栖息地的可用性和多样性，并提供生物繁殖所需栖息地和生物免受干扰和捕食所需的保护区。

（1）改善河道内栖息地的目的。在自然环境中，复杂的河流水文情势是地貌过程的驱动因素，形成了河道和河道内栖息地的特征。然而，人为改造河道的情况目前已经非常普遍，如截弯取直、改变位置、隔离封闭和清淤疏浚。这种改造常常导致河道内栖息地丧失，河流与河漫滩分开。

人类活动导致栖息地丧失或退化，因此需要采取措施，通过水流、形态或过程的复杂化，改善或重建水生物种的河道内栖息地。虽然有时河道内建立的"结构"似乎不怎么"自然"，但其目的就是为了模仿自然特征（通常是枯枝及河床物质特征）。

（2）改善河道内栖息地的方法。河流生态修复可能需要使用河道内结构，建立流速多样性，模拟自然河流形态，引导河床及河岸物质进行局部冲刷、侵蚀和沉积，从而建立多元化的河道内栖息地。直接改善河道内栖息地的修复方法包括以下几种：

1）重新引入大型木质残体，以改善物理栖息地，抵消河流切割作用。此项措施可与河岸栽培快速生长型树种一样简单，可随河岸侵蚀进程逐步开展；也可能与人工设计的木材堵塞构筑物一样复杂，该工程通常需要将大型树木固定在河床或河岸。

2）建造河床控制结构（如石槽），以稳定河床，并在上游形成回水池，在下游形成稳定的冲刷坑。

3）建造防波堤、减速带和木制台阶，以降低流速，减少外岸侵蚀现象，并有助于泥沙在外岸沉淀，帮助形成栖息地。

4）重新引入巨石，以减少河床局部冲刷现象，但成本较高，效果往往也不显著。

表 9.2 具体介绍了改善鱼类栖息地的相关方法。

表 9.2　　　　　　　改善鱼类栖息地的常用河道构筑物

方　　法	措施性质	目　　　的
原木结构（如堰、台阶、导流板、原木、翼板）	将原木结构放入流水河道	为鱼类建池塘及覆盖物，拦截碎石，限制河道，或构建产卵栖息地
浮木堵塞结构（组合式原木堵塞结构、工程建造式原木堵塞结构）	将原木放入流水河道，构建碎石坝，拦截砾石	为鱼类构建池塘及保存区和繁殖区，拦截泥沙，防止河道移动，恢复河漫滩和侧槽

续表

方　法	措施性质	目　的
覆盖结构（大型结构、岩石或原木防护结构）	将该结构嵌入河岸	为鱼类提供掩体，防止侵蚀
石质结构（堰、石簇、导流板）	将尺寸较大的卵石放入潮湿河道	为鱼类构建池塘及覆盖物，拦截碎石，限制河道，或构建产卵栖息地
篾筐	丝网篮内填充砾石和鹅卵石	拦截碎石，构建水池或产卵栖息地
灌木捆（根叠）	将木质材料放入池塘或流速缓慢水域	为幼鱼和成鱼构建掩蔽体，避免受到洪水影响，为大型无脊椎动物构建底层栖息地
碎石层和产卵垫	添加碎石或构建浅滩	为鱼类提供产卵栖息地
橡胶垫或卵石，形成浅滩	添加圆石和鹅卵石，形成浅滩	增加浅滩多样性（提高流速、增加深度）；构建浅水栖息地
泥沙沉积区	开挖流水河道内的洼地或池塘，拦截细泥沙	改善河道状况和形态，增加颗粒尺寸

（3）改善河道内栖息地的考虑因素。以上讨论的措施已经被证明可改善生物栖息地的状况，但是鉴于不同物种和结构类型的多样性、统计数据的局限性、不同物种或生命状态的不同反应，以及河道改造项目的成本，项目需要在认真考虑尺度、流域状态和过程，并结合严谨的监测计划后再实施。河道内栖息地修复项目示例见专栏 44。

专栏 44

案例研究——澳大利亚墨累-达令河流域林木栖息地修复项目

自从欧洲定居者来到澳大利亚以来，墨累-达令河流域的数百万棵树木遭到砍伐，这是本地鱼类种群急剧萎缩的重要原因。为此，墨累-达令河流域委员会于 2003 年正式启动修复墨累河结构性林木栖息地的项目。在该项目重点关注的墨累河 194km 范围内，结构性林木栖息地数量在过去 30 年减少了大约 80％。同时，在干扰程度较低的河道中，本地鱼类丰度也有所下降。2003—2009 年期间，在该河河道中新建了 4500 多个障碍物，为本地鱼类构建栖息地。早期分析发现，关键鱼类物种数量在重新引入林木栖息地后有所增加。该项目的主要经验包括：

▶ 河岸的加固减少了天然林木的作用，因此治理方案需要考虑构建障碍物。

▶ 鱼类种群的反应会有延迟，因此需要长时间的监测，并提供充足资金。

▶ 恢复河道内栖息地需要投入大量资金，并且只有当栖息地是鱼类种群唯一限制因素时，才应该实施这种措施。

在很多情况下，改善河道内栖息地的措施不能解决河流退化的根本原因，并且如果无法充分解决流域尺度问题，如水文、水质和流域退化的相关问题，恢复栖息地的措施效果就有可能被削弱，项目潜在的效益周期也会缩短（小于 10 年）。

物种不同、生命阶段不同，各种措施的效果也会存在显著差异。为了满足这种需要，就必须对修复措施进行适当调整。

如果能够对物理栖息地进行较大改变以模拟自然过程，那么修复项目往往可取得更显著的效果。然而在高水能河道，许多修复技术的效果并不好。

在河道内修建构筑物的成本取决于修复的尺度，以及天然材料是否可以在紧邻区域内获得，如岩石和倒下的树木。人造浅滩和石槽的设计和安装都很简单，事实证明了该方法对鲑鱼产卵地的修复效果显著。

9.1.8　稳固河岸

稳固河岸即通过采取相应措施，减少或消除河岸物质受到侵蚀或坠入河道的现象。但是河岸也需要一定程度的侵蚀，这是河流系统自然干扰机制及河流系统长期地貌演变的重要组成部分。

（1）稳固河岸的目的。河岸保持稳固对保持河流健康十分重要，因为：

1）生物群更倾向于相对稳定的物理表面，而非高度不稳定物理表面。

2）河床与河岸物质受到侵蚀提高了浑浊度，并让泥沙在下游沉积，这两种情况都不利于生物群落❶。

河岸稳固措施可解决河岸快速侵蚀的过程，这一过程是由于水的作用力超过河岸物质阻力引起的。如果河流生态系统变化，如水文情势变化、土地开发或河岸植被损失，导致侵蚀加速，就需要采取稳固措施。有时，侵蚀程度并未超过自然状态下的水平，但是为了保护河流廊道内及周边的基础设施免于受到侵蚀的影响，也需要对河岸加固。

从河流生态修复的角度（而非河流工程的角度）来看，稳固河岸可以做到：①减少进入河道的泥沙量，降低浑浊度；②有助于维持河道容量，例如，输送洪水；③沿河岸改善休闲娱乐条件，例如，新建娱乐区；④防止河岸植被损失，改善鱼类和其他生物群栖息地（虽然植被损失可能是由于河岸带的演化导致的）。

（2）稳固河岸的方法。稳固河岸一般可以采取三种方法：

1）栽培植物。在河岸高处及河漫滩种植盆栽植物，以此方式构建植被（示例见专栏45）。

---

❶　有些生物群，包括特定鱼类（如鲶鱼）和无脊椎动物能够很好地适应泥沙和高浊度。

2）生物工程。将结构组件和植物组合在一起，形成茂密植被。植物在生长过程中，结构组件（如椰纤维卷）可以提供临时保护。生物工程也可以塑造河岸，从而降低河岸坡度。

3）硬质护面。包括多种方法，如抛石（沿河岸或岸线斜坡摆放大块石头）和篾筐（沿河岸或岸线摆放装满石头的铁丝笼）。用硬质护面进行河流生态修复一般需要较为平缓的河岸坡度。

专栏 45

案例研究——柳条架在英国河道稳固中的采用示例

过去 27 年，英国至少 47km 的河岸通过采用柳条架得到了有效保护，这种方法成为英国控制河流侵蚀所采用的最广泛的方法。人们将长柳条围绕柳树杆进行编织，一般使用三种柳树：爆竹柳、白柳和蒿柳。因为柳条是活的，这些柳条架的抗侵蚀能力会随时间而增强。柳条架与相关河岸稳固措施为河流生态系统带来了生态效益。20 世纪 90 年代中期，在贝德福德郡艾夫河的一座水堰下游的 100m 处的湍流区域，成功地安装了一层 2m 高的柳条架护坡。目前柳树已经成材，直径达到 20cm，高度超过 10m。沿着整个护坡的长度方向，已经出现了很多更粗的树干和柳条，保证河岸稳固化机制在局部能够自行更新。

（3）稳固河岸的考虑因素。工程师和行政人员大多偏爱基于基础设施的方案（如硬质护面）。但是河流侵蚀是一个自然过程，它会向河道输送大量泥沙，以更新河漫滩。因此，只有在侵蚀率远远高于历史自然水平的情况下，才应考虑河岸稳固措施。

选择何种河岸稳固方法需要根据具体情况来确定，考虑因素包括河流规模和位置以及侵蚀原因和严重性。在很多情况下，需要综合多种技术形成最佳方案。

为了确保河岸加固的效果在不同流量情况下都满足预期要求，河岸加固措施可能需要与河岸植被恢复同时进行。将河岸改造得更加稳定，通常还需要使用比河岸本体更坚固的材料加固河岸坡脚。

栽培植物和生物工程面临的一个挑战就是，在植被建立起来之前的几年时间里，需要保护河岸免遭侵蚀。这需要投入大量成本，涉及土方工程和一些可靠材料（如大石头和根叠）的使用，而且大型机械进入河岸会让问题更加复杂。

硬质护面可以很好地保护河岸，可以在生物工程不能发挥作用时发挥作用。但硬质护面也存在负面影响，可造成栖息地的损失，毕竟河岸硬化是栖息地退化的主要原因。硬质护面也会导致洪水流量的大小和变化幅度发生改变，导致下游侵蚀更加严重。

如果河岸稳固措施妨碍河道自然移动（如硬质护面会产生此类后果），就无法支持河道修复工作，甚至还会阻碍河道修复。

为改善栖息地采取的河岸稳固措施（如栽培植物和生物工程）与为保护财产和基础设施采取的硬质护面措施之间可能会存在冲突。

9.1.9 河道重构

河道重构可以改变河道平面或纵向形状，或者将涵洞和管道变成明渠。它也包括修复河流弯曲度，以及通过建立河道内构筑物改变河流深泓线。

（1）河道重构的目的。基于河道或"水文地貌形态"的修复项目在全世界极为普遍，该方法目的是为了修复物理栖息地的多样性。人为干扰或以往管理措施导致河道形态简单化，例如，河道被截弯取直或被渠道化，或因为采矿或疏浚导致河道内栖息地丧失。

如果人为干扰太严重，即使消除现有压力和胁迫因素以及改变水文情势，也不可能在可以接受的期限内将河道恢复到理想状态。在这种情况下，需进行河道重构，通过构建更"自然"的物理条件，恢复河流生态系统功能。

河道设计方案可以基于单一物种恢复法或生态系统修复法。若采用单一物种恢复法，河道重构必须满足特定物种在特定生命周期内对栖息地的要求。而生态系统修复法则关注河流化学、水文和地貌功能，并假设（但尚未得到证明）一旦河道能够适应常规流量和泥沙通量，物种就会聚集，初级生产、分解、营养物质处理和其他生态系统过程就会恢复。

进行河道重构的常见原因包括以下几点：

1）通过降低洪水流速，削减洪峰，提高洪水频发区域输水能力。

2）减少不稳定河床及河岸。

3）增加泥沙输送量。

4）改善河岸栖息地。

5）提高娱乐价值。

（2）河道重构的性质。河道重构是通过采用直接干预措施对河道进行重建。这就需要确定河道尺寸（如宽度、深度、坡度和横截面形状），以及河床泥沙粒径，并开展工程项目，改变现有河道，满足设计要求。

有大量资料论述了河道重构设计中的方法和风险。

（3）河道重构的考虑因素。支持河道重构的假设尚未得到证实，即人们尚不清楚一旦重建了栖息地所需条件，是否就会有适合的生物在这里生存，以此实现生态修复的目的。然而，河道重构项目可能无法解决修复过程中连带的一些问题，例如，如何进行水量分配或提高流域渗透能力。

在设计河道重构项目过程中，需要着重考虑目标河流的自然地貌过程。这与直接通过硬体结构（岩石、混凝土）对河道进行重构形成鲜明的对比。这两类方法将使河流沿不同方向发展。

有时，改造河道最经济的方法可能是通过局部介入，辅助河流自然修复的过程。在这种情况下，河流在进行缓慢且不确定的自我修复过程，而河流修复活动可以加快这一过程的进行。如果采用修复方法给予支持，并为项目设立合适的目标和日程，那么利用河流的自然能力构建河道内多元栖息地以及更加稳定的平面形态，将使修复措施达到最理想的效果。

如果由于土地用途改变或其他因素，导致河流水文特征和含沙量发生变化，那么河道重构不应关注河道历史状态，而是应针对当前状态，为河道制定新的修复方案。

河道改造可能会受到公众欢迎，因为可产生直接的效果，但成本却很高。重构项目的规划过程可能持续很长时间，需要很多利益相关团体参与。这些团体可能会受到河道变化的影响，也可能需要回购毗邻河流的土地。另外，由于需要开展重建工程，河道重构可能产生短期负面影响（如失去河道及河岸栖息地、侵蚀加剧等）。河道重构的示例见专栏 46。

专栏 46

案例研究——德国伊萨尔河河道重构项目

伊萨尔河是多瑙河的支流，流经德国慕尼黑市中心。修复伊萨尔河的主要动力来自于现有的防洪措施无法满足当前的要求，而且人们需要更多的休闲空间。由于水质的恶化和生物群落的丧失，伊萨尔河的健康状况也很差。因此，本项目需要建立一个更加自然和更具休闲娱乐功能的河流，同时满足防洪要求。

新的防洪措施旨在抵御 100 年一遇的特大洪水。为实现这一目标，人们将河道加宽了 30%，同时降低了河岸和防洪廊道的高度，以便更好地排水。同时，现有堤坝也做了改进。人们将挡土墙建于堤坝之中，并将其加宽，以增加其强度和稳定性。这些改进带来了很多好处。例如，加宽河床改善了砾石的沉积，使得砾石河岸得到恢复。重建河道和河漫滩并用草地覆盖，使得公众可以利用它们作为休闲娱乐之地。采用自然岩石坡道代替人工堰，改善了鱼类通道。

河流生态修复工程除了可以显著降低洪灾风险外，还可以带来其他效益，包括：

▶ 改善生态状况。迁移堤坝可以改善栖息地的结构多样性；去除围堰可以使河流重新连接起来，实现沉积物的输移，为鱼类和无脊椎动物的产卵提供重要栖息地；建立具有开花植物的草地和砾石河岸，为蝴蝶和其他生物群提供新的栖息地。

▶ 提供休闲娱乐机会。这些措施使得公众更容易获得和使用河流和河漫滩资源，为城市的 100 多万居民和游客提供了更好的休闲娱乐场所。由于慕尼黑的人们被吸引到伊萨尔河的特定河段休闲娱乐，该河流的其他河段中受威胁的物种和栖息地得到了更好的保护。

▶ 改善水质。此外，慕尼黑市还实施了其他措施来减少流入伊萨尔河的雨水径流，正常径流期的河流水质目前已非常好。

9.1.10　水质管理

本节介绍的措施旨在保护现有的水质，改变水中的化学成分或悬浮颗粒物的含量，以便改善整个河流的水质。

（1）水质管理的目的。水质下降是河流健康面临的一项重大威胁，因此改善水质成为河流生态修复的主要目标。

水质管理措施可用来改善水质参数，包括温度、浊度、电导率、酸碱度、营养水平和重金属含量等。管理措施通常要符合与水体指定用途有关的标准，包括与饮用水或休闲娱乐用水有关的标准。

本章的其他措施也可用来解决水质问题，包括流域管理、水流调节、洪水管理和河岸治理等。这些管理措施可以对水质参数产生不同的影响（表9.3）。

表9.3　　　　　　　　　　　不同修复措施对水质的潜在影响

项　　目	细粒沉积物	水温	盐度	酸碱度	溶解氧	养分	有毒物质
减少陆地干扰活动	↓	↓	↓	↑↓	↑	↓	↓
限制流域中的不透水表面	↓	↓		↑	↑	↓	↓
恢复河岸带植被	↓	↓	↓	↓	↑	↓	↓
恢复湿地	↓	↑↓	↑↓	↑↓	↓	↑	↑
稳固河道和河岸	↓	↓	↓	↓	↑	↓	
重建浅滩基质				↑↓	↑		

注　↑代表的是因为河流管理措施导致水质参数值的增加；↓代表的是因为河流管理措施导致水质参数值的下降；↑↓代表的是参数值可能增加或者下降。没有箭头代表影响微乎其微，可忽略不计。

本节主要介绍旨在达到下列目标的措施：①消除或缓解河流系统中现有污染物的影响；②降低点源污染源中的污染物含量。

（2）水质管理的性质。降低点源污染物负荷的方法可包括：①改善运营流程（如不同的生产流程或操作），减少产生的污染物的量和类型；②改善废弃物的过滤或处理，减少进入河流生态系统中的废弃物的量和类型。

通过以下方式可以降低污水带来的影响，包括污水处理厂实施更为严苛的排放标准，污水深度处理和过滤，利用生物滞留池进一步处理工业废水，对处理后的工业废水进行回收利用以减少排放，最大限度减少或回用污水处理厂的污染残留物和生物废料。

在采矿业中，减小可能的水污染、最大限度降低需要处理的污水量的方法包括地表水的截留和分流，将用于矿石加工的水进行回收利用，收集废水并存储于尾矿坝和蒸发池中，在废弃岩石和矿石堆中安装衬垫和遮盖物。主动式水处理方法包括利用沉淀池和絮凝剂去除水中的污染物、离子交换、膜过滤和反渗透。经过处理的水可循环用于采矿工艺之中，以便减少总体用水量，降低排入河流的废水量。被动式水处理方法包括利用受控细菌进行金属沉淀，利用植物吸收污染物（生物修复），通过土壤和人工湿地过滤污染物等。

在处理工业污染物时，人们通常利用与污水处理厂类似的在线过滤系统。不过，采用生物滞留池和人工湿地的生物过滤系统，往往是处理废水的比较经济的方法。这些方法通常适用于规模相对较小、处理的废弃物无害、并且处理能力不受丰水径流严重影响的工业活动。对处理后的废水进行再利用以及将生物废料转化为可再生能源，也是控制这些工业污染物负荷量的有效途径。

可采取多种政策和法规措施鼓励或要求生产企业做出必要的调整，以减少点源污染。这些政策和措施包括：①水处理厂、工业、采矿和其他污染企业在产生废弃物和处理废弃物时所需要达到的最低标准；②利用排放许可证，限制进入河流生态系统中的污染物含量；同时在规划中确定在不损害水质目标的前提下可排放的污染物总量；③与潜在污染事件相关的风险管理职责；④建立水管理措施，鼓励自愿行为。

有时，河流生态系统中的污染物浓度已经达到了即使降低污染物排放也不足以在合理时间范畴内达到河流健康预期效果的程度。在此类情况下，可能必须采取更为直接的干预措施。这些干预措施包括：①物理方法。例如，疏浚河道，去除污染沉淀物；隔离和覆盖，利用细砂或泥浆层覆盖被污染的河床，隔离污染部分；曝气，人工增加氧气含量，促进有机污染物的降解；改善水流状况，稀释污染物。②化学方法。例如，利用除藻剂来应对藻华现象。③生物方法。例如，引入微生物或利用植物来吸收和去除环境中的污染物。

（3）水质管理的考虑因素。改善水质是确保河流健康的一个关键要素。如果河流水质很差，河流生态修复的许多其他目标也无法实现。而要改善水质，必须考虑到流域的变化情况，因为这些变化情况可能会影响水质指标。在确定不同的措施时，必须考虑到河流生态系统中的哪些要素将受到影响以及通过何种途径受到影响。

主动处理方法需要花费大量资金，用于处理厂设备的能源消耗和维修保养上（如过滤单元、膜设备）。不过，对处理厂进行升级，以达到更为严苛的排放标准，可在较短时间内显著改善水质和水生生态系统的健康状况（专栏47）。生活污水处理厂可适用于所有城镇化地区，该城镇的地方机构常常会参与实施。同时，政策和法规机制在推动工业企业加大对污水处理的投资力度方面也很重要。工业企业需要处理的污水类型和规模取决于污水的特点；更加有毒有害的污水通常需要更加深度的处理，才能满足相关法规的标准。

新的（或改进的）污水处理和排放标准会在基建和运营方面带来新的成本，必须考虑谁应该支付该成本（如是污染者还是受益者）。

专栏 47

英国默西河案例研究

为了帮助默西河河口摆脱欧洲污染最严重河口的"污名"，英国西北水务管理局（当时默西河地区的公共水务机构）在 1981 年启动了一项河口治理计划，以解决多年以来对该河口的滥用和忽视问题。通过对河流面临的主要问题的分析可以看出，由于大量污水排放到河道中，导致主要河道和河口的含氧量较低，成为改善水质的一个主要阻碍因素。因此，首先需要处理直接排放到该地区河道中的污水。例如，通过默西河河口污染缓解方案（Mersey Estuary Pollution Alleviation Scheme），在桑登码头（Sandon Dock）新建了初级污水处理厂，将原来 28 处直接排放到默西河河口的污水引入到新建的污水处理厂进行处理。该项工程是西北水务管理局及其继承的私营公司——联合水务局（United Utilities）在污水处理方面的大量投资中的一项。

目前，污水处理措施得到了进一步改进，包括对污水进行三级处理，以去除污水中的氨氮。鲑鱼对氨氮十分敏感，即便短期暴露于含氨的污水中也会死亡。大曼彻斯特地区的 Davyhulme 污水处理厂采用了一种自然净化工艺，利用曝气生物滤池工艺去除水中的氨氮，以减少其排放到曼彻斯特运河的量。水质的改善，使得默西河成为许多鱼类的栖息地，包括鲑鱼等洄游鱼类以及鳟鱼、七鳃鳗和鲹鱼等其他鱼类。河流中鱼类数量的增多，吸引了大量其他动物重返默西河河口，包括鼠海豚、灰海豹，甚至章鱼等。

9.1.11　河道内的物种管理

这类管理措施通过管制、增加（储备）或迁移动植物种类和（或）消除外来物种，直接改变本地水生物种的分布和丰度。

（1）河道内物种管理的目的。河道内物种管理，是对水生物种进行直接管理，以实现既定的河流健康目标。这些措施包括保护、增加或恢复重要水生物种的种群数量。这些物种大多具有高生物多样性价值或商业价值（如用于垂钓），或者可提供其他重要生态系统服务。另外，物种管理措施也可包括去除威胁河流健康状况的有害物种的措施。

（2）河道内物种管理的措施。

1）管制水生物种的捕捞，即禁止或限制可捕捞的水生物种（如鱼类、贝类）

的类型和数量。

2）增殖放流，即将鱼类或其他物种释放到已含有该物种种群的生态系统之中。

3）物种迁移，旨在扭转具有重要自然保护意义的物种的下降趋势。物种的保护迁移指物种在原产地范围内得到增强和重新引入。而保护引入是指帮助物种在原产地以外地区繁殖并获得生态位。

这些措施还包括清除入侵动植物。这些入侵物种对其他（通常是本地）物种构成威胁（例如通过捕食或竞争），或者对生态系统服务造成影响（如入侵植物堵塞水道、减少水流量、阻碍航行）。

（3）河道内物种管理的考虑因素。物种迁移的风险很高，迁移物种可能对原产地和迁移目的地的本地物种和其他物种及其相关群落和生态系统功能造成影响。在计划开展物种迁移之前，必须开展与具体现状相适应的全面风险评估。鉴于物种迁移的潜在负面影响，将生物体迁出其本地范围被认为是一件风险很高的事情。

在开展物种迁移可行性分析和设计时，必须同时考虑相关的社会、经济和政治因素，这些因素会影响物种迁移计划的实施。同时，实施物种迁移需要一个具有相关技术和社会专业知识、能代表各方面利益的由多学科组成的专业团队。相关示例见专栏 48。

专栏 48

案例研究——河狸（苏格兰）和溯河性鱼类（纽约市）的再引入

河狸（Castor fiber）于大约 400 年前在英国灭绝。《欧盟栖息地指令》要求欧盟各成员国评估重新引入包括河狸在内的一些物种的可能性。2008 年 5 月，苏格兰政府向靠近苏格兰西海岸的 Knapdale 森林签发了试点重新引入河狸的许可证。该许可证授予了由苏格兰野生动植物信托基金（Scottish Wildlife Trust）和苏格兰皇家动物学会（Royal Zoological Society of Scotland，RZSS）牵头的，并由多家非政府组织和研究机构组成的一个合作伙伴联盟。苏格兰自然遗产署（Scottish Natural Heritage）按要求负责协调试点项目的独立科学监测活动，包括评估项目对公众健康及其他社会经济造成的影响，以及河狸对森林中的其他水生物种、栖息地和生态系统功能造成的影响。首批用于该项目的河狸于 2008 年在挪威捕捉到，经过六个月的隔离后，于 2009 年春放归野外。该试点项目于 2014 年 5 月结束。2015 年 6 月，在苏格兰政府最终决定是否继续进行该项目前，苏格兰自然遗产署在监测活动的基础上，结合其他文献和河狸再引入的案例研究，向苏格兰政府提交了一份综合报告。报告中指出，尽管河狸在该森林生态系统中的出现可能对部分具有重要自然保护价值的物种带来不利影响，但总体而言，河狸再引入可增强当地生物多样性。河狸再引入对生态系统服务的影响有好有坏，并取决于具体地点。报告提出了苏格兰河狸管理的四种未来情景，包括将河狸全部从苏格兰迁出或者扩大再引入计划。试点项目引起了公众的广泛争论，对河狸再引入计划持赞成和反对的意见针锋相对。在本书编写之际，苏格兰政府仍未对是否继续开展再引入计划作出最终决定。

自 1600 年美国建成首个水坝以来，纽约海洋系统和布朗克斯河（Bronx River）河流系统之间的连通性就被中断。灰西鲱（Alewife）的重新引入，成为加强该地区栖息地可用性和本地物种多样性的一个重要举措。一直以来，受多种因素（包括污染、渔业管理不善和洄游受阻等）的影响，美国整个东北部地区的灰西鲱和蓝背西鲱种群数量不断下降。在布朗克斯河进行灰西鲱的增殖放流，可为该物种提供新的栖息地。灰西鲱在该地区的重新繁殖还可增加河流系统的养分输入，并增加养分的降解速率。通过增殖放流措施，灰西鲱和其他溯河性鱼类得以再度往返于河流和海洋之间。

9. 2 河流生态修复方案的优先性排序

9. 2. 1 排序的原则

河流生态修复花费较高，但资金有限，因此需要确定优先考虑的方案和干预措施。这通常依据的是专业意见以及专家或项目支持者的偏好，而最为便利或实施阻力最小的方案通常最容易被选择。随着越来越多的公共资金投入到河流生态修复项目中，越来越需要证明投入的资金是否最大限度地实现了其社会经济价值和生物多样性保护价值。因此，需要建立更稳健、更透明、更有说服力的机制来评估和选择生态修复项目。

有时对多种生态修复方案进行优先性排序比较简单，例如，当修复目标涉及的地理区域有限或者需要处理特定的威胁因素时，可供选择的合适的修复措施和地点比较有限。然而，在规模更大的流域，或者在问题、目标或威胁因素更加复杂的地方，排序会更加复杂。

对修复措施和项目进行排序时，必须清楚在哪里开展工作、应该解决哪些问题以及该做什么。这就需要考虑项目涉及的众多因素（图 9.6）：

（1）效果。在实现既定修复目标过程中，河流生态系统如何对不同干预措施作出反应，哪些干预措施最有可能获得成功？需要采取哪些干预措施应对河流健康的制约因素？被动修复充分吗？是否需要采取更积极的干预措施。

（2）效率。哪种干预措施的投资回报率最高？各种干预措施的成本和效益如

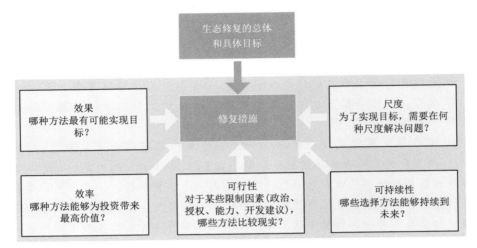

图 9.6　河流生态修复涉及的因素

何，包括前期和后期成本，以及直接和间接效益。

（3）可行性。制定总体和具体目标时，干预措施的确定需要考虑潜在限制因素，以保证方案的可行性。这包括技术可行性（如工作人员的技术水平，流域及其运行方式的相关数据和信息的可用性，法律法规）、政治可行性（如政治意愿、利益相关方的支持、制度的支持）和承受能力（即预算限制）。

（4）可持续性。哪些干预措施更有可能持久？在流域内的其他活动是否可能破坏这些措施？哪些方法更能适应未来的变化？

（5）尺度。需要在何种尺度（流域、河段、局地）、哪些地方解决问题？

在对不同修复措施排序时，需要考虑上述因素，并评估哪些措施最合适（如改善河流流动性或连通性、河岸稳定性等）。因此，在对项目措施排序的过程中，需要清楚这些措施的性质和范围，包括具体在某一地点开展的工作，如河岸带重新绿化或河道重构，以及约束流域内居民和企业行为的政策或法规。

排序过程可分为四个步骤（图 9.7），适用于第 4 章所描述的宏观修复规划。

第一步，确定总体目标和具体目标。总体目标和具体目标定义是否清晰对于干预措施的排序至关重要，必须确定需要达到的效果，以便评估达到这种效果的最佳机制。总体目标和具体目标也可以为选择应开展的修复措施确立标准。

第二步，确定标准和排序方法。应根据生态修复的总体目标和具体目标确定选择标准，并同时考虑前述因素（效率、效果、可行性、可持续性、尺度）。修复措施排序有很多种方法，哪种方法最恰当取决于多种因素，包括生态修复的总体目标和具体目标、流域的可用数据和其他信息，以及排序过程可用的时间和资源。最理想的排序方法是不存在的，排序方法随选择标准的变化而变化。

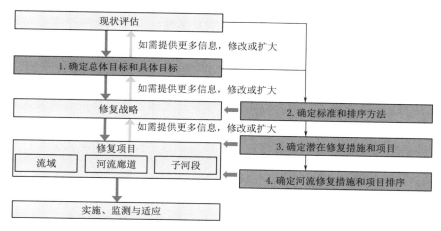

图 9.7　确定河流生态修复措施并进行排序的四个步骤

第三步，确定潜在修复措施和项目。通常根据具体情况或河流健康评估提供的信息，确定合适的措施和项目。河流健康评估既可提供河流生态系统功能及相关服务功能的信息，确定修复的总体和具体目标，也可记录与特定功能相关的潜在威胁和驱动因素，从而为确定具体修复措施提供依据（表 9.4）。

表 9.4　　　　　　　　　确定备选修复项目清单所需要的信息

生态系统功能	威胁或驱动因素	与确定备选项目的关联性
输送泥沙	森林道路目录；农业泥沙来源地图	确定可以减少泥沙径流的修复点
环境流量	导流、水坝和取水目录	通过改变水坝运营方式或取水方式，确定变更水文情势的可选方案
栖息地连通性	障碍及相关栖息地目录	确定消除或改造鱼类通道的潜在障碍
废弃物同化	土地开发和农业耕作目录；杀虫剂使用情况	确定可推广新技术的农业生产地点

此外，利益相关方可以参与确定修复项目。例如，可以通过联邦政府发起邀请，征求地方政府或社会团体的建议，确定修复计划。然后根据选择标准对这些提议进行评估，并向优选方案提供资金。

第四步，确定河流修复措施和项目排序。选择的排序方法不同，该步骤需要的时间和资源也会存在明显差异，并且评估过程中可能需要运用河流生态系统方面的专业知识。最终结果一般以对各种修复项目的打分或评级来呈现，或者将修复项目分为不同类型，如按优先顺序分为高、中、低三组。

如果仅为了决定需要开展哪些项目，则该步骤提供的评级或评分不必太精确。排序工具只是为决策提供参考，而修复项目最终的决定可能会受到评估标准中未确定或未完全反映的因素的影响，例如，政治命令。排序工具也可用于确定修复项目的顺序，而不仅仅决定哪些项目需要实施。总之，排序过程可对每种修复项目进行客观评估，并提高决策过程的透明度。

最后需要重申的是，制定目标与战略并确定修复措施和相关项目是一个迭代过程。而排序过程也是如此。当我们充分了解干预措施后，可评估之前设定的生态修复目标（包括成本）是否可以实现，并在此基础上确定是否需要对这些目标进行修改。另外，如果排序过程需要现状评估中收集的信息，那么采用不同的排序法有可能需要不同的信息。对河流生态修复项目进行排序的示例见专栏 49。

专栏 49

案例研究：多瑙河修复项目排序的考虑因素

根据《1999 年多瑙河污染减排计划》进行的评估是对多瑙河修复潜力第一次也是最重要的一次评估。这项评估重点关注主河道和五大支流的横向连通性和形态特征，并确定可进行湿地和河漫滩修复的优先区域。河漫滩修复已被确定为解决洪水和水质问题的关键干预措施。

该项目首先根据河漫滩类型、宽度和土地利用情况，对河漫滩区域进行分类。然后评估河流生态修复可减少养分污染和提高防洪防汛的潜力。最后根据生态重要性、养分去除能力以及在防洪防汛中的作用，确定了该流域 17 个湿地或河漫滩修复点。

河漫滩分类主要包括：通过分析 GIS 数据和经济数据建立清单，评估河流生态修复点，对其优先性进行排序。多瑙河流域被分为两种区域：早期河漫滩（后冰川时期形成的阶地）及活跃河漫滩（在现有护堤内）。而大多数可修复区域都在护堤外的早期河漫滩区域。确定修复点时，需要对天然河漫滩与活跃河漫滩进行比较。

为了确定最佳修复点，首先需制定"理想的"选择标准。但也需考虑数据收集费用，并根据实际情况对标准进行修订。

对修复点进行排序的依据标准包括毗邻河段水文形态完整性、河漫滩功能类型、土地利用、保护状态和覆盖范围以及面积大小（表 9.5）。另外，还补充了经济学分析，以增强对生态修复提议的支持，并赢得利益相关方的支持。接下来又对多瑙河河漫滩经济价值进行了简单估测，包括以下方面：渔业、造林、草场种植、娱乐、养分保留和分解以及防洪防汛。此项经济分析结果表明，所涉及的多瑙河流域沿岸 12 个主要国家的社会经济发展水平各异，因此建议根据具体情况开展修复项目。其后，还对湿地进行了大量分析，结果也是千差万别。

表 9.5　　　多瑙河流域选择修复点时采用的理想选择标准和实际选择标准

理想标准	可获得的有用数据
防洪	土地利用和栖息地（定居点属于禁区）
地下水补给	空间构造
泥沙和养分保留	水文形态的完整性
水净化	保护区的重叠性
发生事故后河流生态系统的恢复能力	河漫滩功能及用途
河流与河漫滩产品（木材、鱼类、芦苇）	土地所有权
文化价值	（特定区域）使用概念
娱乐旅游	项目可行性（成本、法律框架、管理）
对气候变化的缓冲能力	

通过本次调研发现，数据采集和分析是规划过程的一个重要组成部分。强大的科学数据和分析可为决策提供充分的信息，转而有助于项目的高效实施。本项目的特点是，项目尺度巨大，涉及沿整个多瑙河下游约 1000km 的大范围区域，以及跨越国境线的区域。在该项目的推动下，《多瑙河下游绿色走廊协定》得以签署和实施。

9.2.2　排序的时空尺度

时间尺度和空间尺度对于了解生态系统功能以及确定河流生态修复的有效干预措施非常重要。需要在适当空间框架内决定修复地点，并考虑干预措施的时间尺度。显然，在考虑项目并对其排序时应按正确尺度（包括空间尺度和时间尺度），这对于修复措施的成本控制和实施效果十分重要（专栏 50）。下面将深入讨论排序过程中的时空尺度。

专栏 50

尺度因素对美国五大湖流域修复项目的排序和成本效益的影响

五大湖流域为生活在那里的 3350 万美国居民提供了十分重要的生态系统服务，其中包括价值 70 亿美元的休闲渔业产业。目前该地区已开展了多尺度的计划和项目，以降低或消除众多水坝和道路涵洞对鱼类洄游产生的影响。

该项研究评估了改善水生生态系统连通性的潜在成本和效益，以及在不同空间尺度（包括县级、支流、州级和整个流域尺度）和时间尺度上规划清除屏障可产生的不同收益，并且比较了两种资金分配方式（一次性投资，或在若干年内平均分配资金）的效果。评估结果表明在流域尺度内优化干预措施可产生较大效益。例如，用 1 亿美元的投资，在流域尺度内对清除屏障进行优化，可增加119％的栖息地面积，而在支流尺度进行优化增加的栖息地面积却只有 14％。若将鱼类洄游可到达的支流长度增加一倍，则在支流上开展项目所需的资金是在全流域上开展项目的 10 倍（6.9 亿美元对比 7000 万美元）。

有时融资时间也十分重要。如果将资金分配给更小的空间尺度（如县级或支流），那么一次性支付的效果远远优于按年分配资金。例如，在县级层面上一次性支付 1 亿美元资金可使鱼类可到达的栖息地面积增加 52％，而在十年期内平摊这笔资金只能增加 5％。这种低效率主要存在于本地尺度的规划，原因在于预算太少，难以拆除关键的水坝（需要大量资金），因此只能局限于低成本、低回报项目。

图 9.8 所示为 5000 万美元或 1 亿美元投资可增加的栖息地面积比例，展示了在不同空间尺度（流域、州级或县级）上对干预措施进行排序对栖息地增加比例的影响。该图还显示了在县级层面上将资金分配在 1 年内，与分配在 2 年、5 年或 10 年内的差异。

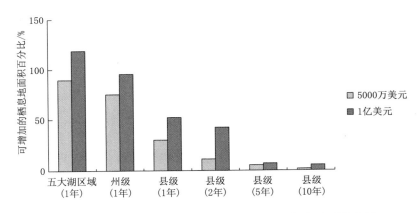

图 9.8　5000 万美元或 1 亿美元投资可增加的栖息地面积比例

（1）空间尺度。确定最佳干预地点需要对不同空间尺度排序。河流生态修复干预措施可以按照国家、州、地区、流域、子流域或河段确定等级。如果是大型修复项目（如国家层面或大型河流流域），通常首先根据修复项目创造效益的潜力，对各流域或子流域进行评估和排序。这里面临的挑战主要是如何确保大尺度目标（如国家、流域或区域层面）和小尺度目标（河段或子流域）的一致。可采用分层规划法解决这一问题。

确定具体地点的河流生态修复干预措施的优先顺序，通常在确定项目的优先顺序之前或作为其中的一部分（示例见专栏 51）。在对空间排序时需要考虑：

1）生态修复的总体和具体目标。总体和具体目标可以明确界定尺度和地点（如需要在某特定湿地开展生态修复）。修复目标的性质也很重要：需要按照关注物种、栖息地类型或生态系统服务，以及不同尺度对生态系统功能的影响，确定修复计划。

2）修复措施整体空间范围。例如，全国大规模修复计划需考虑景观和流域层面问题，而局部修复计划会关注周边区域。

3）威胁类型。例如，当对水质进行修复时以下两种情况的应对策略有所不同：主要污染源属于面源污染，如规模化农业；主要污染源来自点源污染，如污水处理厂。

（2）时间尺度。对修复项目排序时，时序问题也很重要。时间的重要性可体现在融资上：资金不可避免地受到时间限制，资金要在固定期限内使用。对项目排序时，必须考虑物流、审批和执行的时间尺度，从而确保项目在融资窗口期内完成。

资金的时限可限制项目类型的开展：例如，如果在若干年内分配资金，而每年可用资金有限，这样就会使需要一次性投入大量资金的项目被排除在外。

项目执行需要时间，项目效益显现也需要时间，因此项目的时间尺度也受到政治因素的影响。尤其是当项目的执行或成果要延伸到下一届任期，此种因素的影响更为凸显。

专栏 51

案例研究：南非湿地保护计划空间排序

南非在 2002 年制定了湿地保护计划，其目的是修复全国范围内的湿地。该计划在 14 年内大约投入了 7900 万美元，用于修复 906 块湿地，并改善或保护 70000hm² 湿地。

该项目的规划工作分层进行，重点关注生态系统服务的改善。湿地修复计划的空间排序基于一个包含 6 个空间尺度的嵌套框架，分别为：

（1）三级流域。

（2）四级流域。在三级流域范围内。

（3）湿地综合体。四级流域内的连续湿地区域。

（4）水文地形单元。湿地综合体内次级单元，根据水文和地形过程分类，可以为单元内可预期的生态影响和修复响应类型提供指导。

（5）栖息地类型。湿地内具备相同生长环境条件的区域。

（6）植被类型。栖息地类型可能由一个或几个植被类型构成。

按分层框架排序，识别需要修复的湿地，首先从国家或省级层面对水资源紧

张或者水资源保障水平正在下降的三级流域进行排序，然后根据相关的全国及
（或）省级优先顺序以及本地目标（如休闲渔业、生态旅游）确定次级流域。然
后在湿地综合体和水文地形单元层面上进行详细评估，包括对湿地健康进行的评
估，从而为成本效益以及资金利用效率的评估服务（图 9.9）。

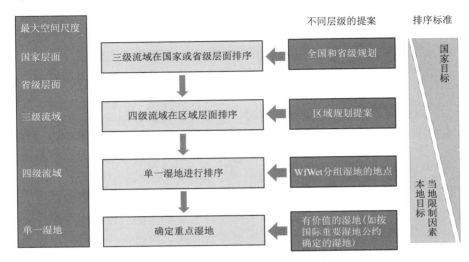

图 9.9　根据不同空间尺度对湿地排序

　　使用这个框架，对西开普省伯格河流域上游需要修复的湿地进行了排序。该
流域是重要水源地，在国家层面上被列为优先修复流域。该流域的修复目标可通
过在伯格河新建水坝以及维持旱季基本径流来实现。而基本径流可通过修复湿地
得以实现。因此，修复湿地的排序即按其可维持基本径流的能力来确定。优先选
择的湿地为不依赖河流干流洪水（即水源来自流域内其他地方），却能提高保水
性，且因此有潜力改善基本径流的湿地。评估考虑了该流域的 4 个四级流域。评
估首先确定了符合这些标准的湿地，然后根据一系列标准，包括本地因素（如当
地农民支持力度），对这些湿地排序。最终选定了 8 块适合修复的湿地，并按优
先顺序进行了排序。

9.2.3　排序的方法

　　在较高层面上对河流生态修复措施和项目排序时，应以下列三个要素为根据：

（1）流域过程的原则（要认识到修复要遵循自然）。

（2）保护现有优质栖息地及（或）关键生态系统服务。

（3）对某项技术的效果的认识。

　　虽然排序法的方式很多，但大致可分为两大类。第一类为使用简单"逻辑"
工具对项目排序。此类方法对流域如何起作用、各种驱动因素和压力如何影响河

流健康的相关数据要求不高，主要依据简单原则进行确定，并假定某修复措施为最佳修复措施。第二类为分析法，根据流域内栖息地如何消失和变化，以及单一或多个目标物种或生态服务的重要性进行排序。这类方法需要更加充分地了解河流生态功能。

下面将介绍六种修复措施和项目排序法。前两种（项目类型和残遗物种保护区）被视为逻辑法。接下来的三种（个别物种和栖息地需求、成本效率和成本收益、优化和保护规划工具）是分析法。多级决策标准分析（最后一种方法）可同时包含逻辑和分析法的形式。

（1）项目类型。这种方法主要根据修复措施或措施的层级进行排序。例如，高价值栖息地保护项目可以排在首位，接下来是为未受损栖息地清除河道屏障，然后是流域过程（如环境流量或泥沙输送）修复项目。对措施进行分层，主要是根据修复的总体和具体目标，以及分析哪些修复措施最可能有效。本方法使用简单，无须考虑流域或地方的特殊问题，但也无法确定最佳修复地点。

（2）残遗物种保护区。这种方法优先选择未受损的河流栖息地，以保护高优先级的生物群落；其次选择修复接近未受损的栖息地，以提高生物数量。

（3）个别物种和栖息地需求。这个类型关注优先生物群及其对栖息地的要求，根据优先生物群的数量（如特定鱼类物种），或需修复的栖息地的长度和面积，对项目进行排序。更为复杂的方法则是关注优先物种发展受到限制的栖息地，并使用生命周期模型对该栖息地进行优先考虑。此类方法比较容易运用于某些修复措施。例如，如果项目需要重建河道内栖息地或重构河道，用此方法比较容易确定修复面积。但是对于其他措施（如流域修复、环境流量的引入）则不易转换为与种群数量或栖息地范围相关的信息。更为复杂的方法需要运用生命周期评估，可以提供更稳健、更有说服力的建议，但需要深入了解优先物种。

（4）成本效率和成本收益。修复计划和项目越来越需要证明它们的价值，因此对项目排序需要考虑干预措施的成本效率。一般需要根据修复目标，对每个项目的修复成果进行量化，以便对每个"修复单元"成本进行评估。例如，增加单位鱼类数量的成本，或者修复每千米栖息地的成本。或者可通过分析成本效益，对经济净效益进行评估。成本效益分析建立在经济成本和效益量化评估基础上，有大量文献可以参考。成本效益分析的缺点是该方法基于经济的量化评估，但很难全面考虑与干预措施相关的环境、社会和政治因素。

（5）优化和保护规划工具。可使用很多软件辅助制定保护和修复规划。大部分软件重点关注陆地生态系统，但也有很多可用于河流系统。诸如 Marxan（应用最广泛的保护规划软件）之类的工具可以根据确定的目标（如栖息地面积、连通性、生态系统服务），对成本和效益进行平衡，并对保护或修复成果进行优化。模型也可用于确定实施某特定修复措施的最佳途径。例如，如何通过改变水文情势支持河流生态修复的水量（再）分配，或如何通过清除屏障提高连通性。这些工具更适合针对特定修复措施对项目排序，或者对某一修复项目涉及的流域或子流域排序。使用复杂模型的缺点是降低了透明度，且由于排序过程产生于复杂系统，其成果不能很好地被利益相关方理解和支持。

这五种类型既不全面，也不具独特性，但却体现了措施的连续性。如上所述，这些方法仅适用于某些方面的修复过程的排序，而对其他方面却未必适用。对项目类型排序，可有效确定优先修复措施，但却难以确定开展地点；而残遗物种保护区法有助于确定优先修复点（即靠近未受损栖息地，以及有生存能力的关键物种的种群），但却难以确定哪些措施更适合这些修复点。更为重要的是，很多方法重点关注对生物多样性的修复，但却无法评估不同修复措施对生态系统服务的影响。

（6）多级决策标准分析。顾名思义，这种方法涉及一系列的评估标准，并可包括上述的一种或几种方法。多级决策标准分析具有悠久的应用历史和许多应用指南。总体来说，这种方法依据的是：①确定评估的标准（如鱼类数量或栖息地增加情况，成本效率或成本收益，项目类型）；②对标准进行加权，以便比较每种方案的加权分数（如需要进行的项目）；③判断各项标准的优先顺序，减少低效标准；④确定标准阈值，排除无法达到最低要求的选择方案，或者形成利于理解的报告，以便利益相关方对优先顺序达成共识（示例见专栏 52、专栏 53 和专栏 54）。

专栏 52

案例研究：美国哥伦比亚河修复点排序

美国哥伦比亚河修复工程由 58 项子流域整治方案组成，这些方案为栖息地及鱼类和野生动物种群确定了优先修复和保护战略。哥伦比亚河下游河口合作机构为栖息地修复项目的排序设计一个框架。

该框架采用概念模型评估了每种方案对生态系统功能产生的影响。概念模型假设物理控制因素（如光照、温度、水文）可以构建并维持栖息地及其生态系统功能，而控制因素又受到胁迫因素的影响。这个框架在以下空间尺度上对修复干预措施进行了评估：

（1）管理区域尺度，对具备相似景观的地点分组，组成不同管理区域。这种分组主要基于水文边界（大型支流）。

（2）现场尺度，根据地形、水文因素和人类学因素，确定不同现场。每个管理区域平均有 35 个现场。

这个框架包含两级（图 9.10）。在第一级中，需要对整个系统进行筛选，并使用 GIS 对人类"胁迫因素"（如农业、河流屏障）进行评估。对管理区域和观测点给出优先性分数，并在空间上进行关联，以使得所有信息都可以在同一地理空间范围内进行分析和查询。通过该框架还可评估排序过程中需要考虑的水文连通性和功能。在第二级中，根据成本、功能的预期变化、现场规模和预计成功概率，对特定修复项目的提议进行评估。其最终的结果是建立一个框架，按照生态学标准对修复区域和项目进行排序和评估。

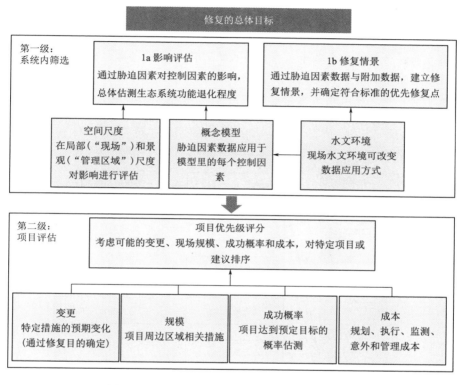

图 9.10　哥伦比亚河下游项目排序框架示意图

专栏 53

案例研究：美国切萨皮克湾多级目标排序

切萨皮克湾位于美国西北部。美国环境保护局在这里为污染物设定了"日负荷总量最大值"目标，其中包括切萨皮克湾主要支流的养分和泥沙负荷分配量。上述目标要求到 2025 年实现，并需要大量的河流生态修复活动。

为了支持这个修复项目，美国环境保护局设计了一个分析框架，旨在评估：①可花费最低成本而实现水质目标的污染防治项目组合；②对项目产生的附加生态系统服务（即超过污染防治目标的辅助社会效益）如何影响备选项目组合。本评估需要采取七个步骤，包括：

第 1 步：确定减少养分和泥沙负荷的指标。

第 2 步：确定流域内的主要点源和面源污染的空间分布目录，并确定可减少这些负荷的控制项目（灰色或绿色基础设施）。

第 3 步：估算每个污染防治项目的年度成本和效果。

第 4 步：估测与每个污染防治项目相关的生态系统附加服务。

第 5 步：应用优化模型，确定每个流域内处理灰水和绿水的项目组合，从而以最低总成本实现养分和泥沙负荷的削减目标。

第 6 步：估算清单内每个项目的净成本，即该项目成本扣除该项目产生的生态系统附加效益的折现值。

第 7 步：再次使用优化模型，确定每个流域内处理灰水和绿水的项目组合，从而以最低净成本实现养分和泥沙负荷的削减目标（图 9.11）。

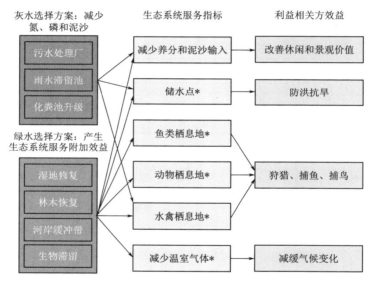

图 9.11　灰水和绿水选择方案可产生的不同生态效益
（＊指生态系统附加服务）

评估结果显示：

（1）选择绿色基础设施所创造的生态系统价值，可以大幅抵消实现每日最大污染负荷（TDML）目标的成本，而选择灰色基础设施对生态系统服务没有效益。

（2）计算生态系统服务的货币价值，有助于开展对面源污染源的修复工作，特别是退耕还林工作。

（3）为减少污染负荷所使用的农业或雨水最佳管理实践方案的成本受其效果的影响很大。对绩效风险的了解不同可能带来分析结果以及排序方案的不同。

（4）如果使用整个切萨皮克湾的总负荷目标替代特定流域负荷目标，尽管改变了流域负荷减少量的空间分布形式，但达到某特定水质目标所产生的成本会更少，从而提高响应灵活性。这也反映了空间框架与目标设定和项目排序的关联性。

专栏54

案例研究：澳大利亚昆士兰州东南部流域修复优化

澳大利亚昆士兰州东南部的生态修复目标在健康水道战略中提出。这项战略确定了一系列"资源状况目标"（主要涉及水质和其他河流健康指标），以及实现资源状况目标所需要的五种"管理措施成果"，其中包括在重要流域内，通过河岸修复、河道复原和最佳管理实践，将污染负荷减少50%。

确定干预措施的成本和效益时，需要识别关键污染物（如泥沙、养分）的来源、污染造成的成本（如增加了饮用水处理成本），以及减少污染物负荷的可选方案。泥沙源研究结果表明，农村污染物的扩散是引发昆士兰州东南部水道健康问题的主要原因，同时也发现来自不足30%的流域面积的污染物却占总污染负荷的70%。

这些数据表明，将战略投资用于改进那些可输出大量污染物区域的管理措施可明显减少污染物负荷。其他研究结果表明，重要区域内的泥沙主要来自河岸及冲沟侵蚀过程。泥沙和养分的来源，以及在流域内的迁移过程目前已十分清晰。在退化区域恢复河岸植被能够有效降低侵蚀率，并减弱这些污染物的迁移。最近的研究通过使用模型预测、河流健康监测数据，以及过去8年收集的降雨数据的分析结果，阐述了植被覆盖对流域内泥沙及养分迁移的影响。

研究表明：无植被流域每单位面积产沙量相当于植被完全覆盖河道的50～200倍，总磷为25～60倍，总氮为1.6～4.1倍。如果水生生态系统健康状况需达到优良水平，则靠近河道的水文活跃区域内的河岸森林覆盖率至少应为80%。

基于此项研究成果，搞清了在流域尺度上河流生态修复的成本和效益，并在空间上优化了为减少河道和莫瑞顿湾泥沙流入量的投资。而早期河流生态修复规划很少考虑生态过程所在尺度的驱动因素。由于这一问题，以及对社会经济因素的考虑不足，以往河流生态修复的生态效果不明显。而此次评估采用了系统的方法，通过模型对一系列替代方案进行了预测和评估。该模型运用了成本效益分析法，考虑了当地生态系统过程以及社会经济因素。因此，该模型不但包括河流生态修复成本，还包括河流生态修复对当地经济产生的影响（即机会成本）。

该模型不但呈现了不同情况下的结果，而且还应用了优化功能，对各种修复措施的大量组合进行了评估，并归纳总结成数量较少的优化方案供利益相关方考慮。之后又根据优化模型的成果以及利益相关方的反馈，确定了河流生态修复工作的先后顺序（图 9.12）。

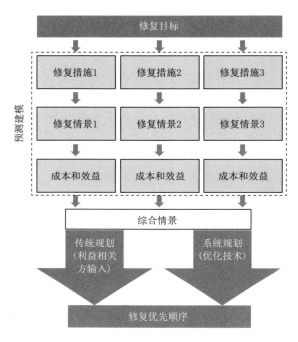

图 9.12　昆士兰州东南部河流生态修复项目排序

9.2.4　生态系统服务的排序

河流生态修复在早期重点关注如何实现生物多样性，目前越来越重视对河流生态系统服务的保护和强化。虽然生物多样性也能在一定程度上反映生态系统服务，但是仍然需要专门对不同干预措施可改变生态系统服务的能力进行分析和排序。例如，修复湿地时，某一湿地的修复可以促进生物多样化，但如果项目的目标还涉及蓄洪、民生、文化效益或改善水质等方面，则其他湿地或片区可能会优先考虑（表 9.6）。

表 9.6　　　　根据湿地所提供的生态系统服务对其进行排序

修复后可达到的生态系统服务目标	可能优先考虑的湿地
栖息地保护	拥有目标物种栖息地的湿地；自然保护区内或毗邻自然保护区的湿地
减少土壤流失	次级流域内有陡坡、存在易受侵蚀土壤或硬化表面比例较大的湿地

续表

修复后可达到的生态系统服务目标	可能优先考虑的湿地
水质	能够改善水质并处于主要污染源下游的湿地类型
维持基本流量（保水）	位于大型水坝下游的湿地，最好是储存大量水资源的湿地（大多数属于永久性湿地）
蓄洪	容易受到洪水破坏的主要聚居区上游湿地
民生	靠近以湿地生物、放牧或其他商品或服务为生的贫困区的湿地
文化（风景）	靠近国道或主要旅游线路沿线的湿地，或者拥有很高文化价值的湿地

　　有多种排序方法可根据生态系统服务标准对项目进行排序。专栏 55 和专栏 56 介绍两个典型事例。

专栏 55

案例研究：地中海半干旱流域修复项目排序

　　马丁河子流域位于西班牙东北埃布罗河流域。这里以前是大型煤矿，目前的产业主要为雨水灌溉农业和畜牧业。本区域由于自然和人为因素，景观退化严重，并且极易荒漠化。

　　本项目评估并识别了生态系统服务以及生态功能与服务之间的关系，以支持河流生态修复措施，并用作措施排序的依据。在确定优先修复区域时，需要综合考虑生态系统服务和环境风险（图 9.13）。

　　针对五种服务绘制了生态系统服务示意图：侵蚀防治、维持土壤肥力、地表水供应、水量调节和木本植被储碳。这些不可或缺的服务很容易受到土壤侵蚀的威胁。此项研究还考虑了娱乐（生态旅游）服务。

图 9.13　确定优先修复区域所依据的生态系统服务和环境风险综合因素

　　根据不同地区对每种服务的重要性，从空间层面上将该流域分为由低至高的五个等级。例如，针对流域内不同地区对地表水供应的重要性绘制地图时，使用总净流量数据替代地表水供应量。

　　在确定 67 个子流域的优先顺序时，首先评估了每个流域可提供生态系统服务的种类；并根据侵蚀情况，评估了不同子流域受到环境退化影响的程度；最终将生态系统服务的产出和环境侵蚀风险的情况进行综合，确定了子流域的优先顺序。

专栏 56

案例研究：红树林修复项目排序

红树林生态系统能够提供诸多生态系统服务，例如，改善小溪及邻近河流水质、固定碳，以及保护海岸带不受风浪和洪水影响。

Marxan 是一个保护规划模型，可根据生物多样性和生态系统服务目标，确定比较经济的红树林修复区域。该地区红树林目前面临的胁迫因素包括水污染、水文变化和侵蚀。

通过初步评估，确定相关指标，以评价生态系统服务得以改善的潜力。例如，当水质差但林木生物量高时，水净化潜力大。但是，如果养分含量高，则本地林木生产率低、死亡率高，从而降低了生态系统修复的成功概率。因此优先修复点最终选择在林木生物量高，而养分含量又适中的区域。

该模型可用于确定提供某些生态系统服务（水质、碳固定及海岸防护）的优先修复区域，也可用于评价通过改善水质，而改善的海岸生态系统服务。因此某一特定项目往往可实现多种收益。

9.3　城市河流生态修复

城市河流是自然景观和文化景观的重要组成部分，它是很多城市的名片。河岸带也是促进城市发展和提升城市品位的理想区域。局部生态系统服务对都市生活品质产生了重大影响。城市河流生态系统包括湿地、河流、湖泊，可提供多种生态系统服务功能，包括空气过滤、微气候调节、噪声消减、雨水排放、污水处理、娱乐和文化价值等。当然还应包括一般河流都能提供的（潜在）服务，如供水、防洪、运输和发电。城市河流、小溪和湖泊也构成了水生生态系统，这是大多数城市居民经常能看到的景观，与他们的日常生活联系紧密。

城市发展是河流生态系统的一个重要影响因素，事实证明流域城镇化与河流健康之间存在密切关系。目前全世界城镇人口占总人口百分比已超过 50%，预计到 2050 年还会有 25 亿人涌入城市，因此河流生态系统受城镇化影响的比例还会增加。与此同时，虽然城镇化导致河流生态系统退化，但全世界依赖河流生态系统生存的人口数量却超过以往。城镇化已经让很多河流水文情势发生了变化（专栏 57），如洪灾风险加剧，生物多样性丧失，进而导致水质下降，不再适合休闲娱乐标准。实际上，很多城市河流已经严重退化，无法提供人类最初沿河岸定居所需要的服务。

专栏 57

城镇化流域不透水面与河流健康的关系

总不透水面即流域面积被不透水表面（如屋顶和马路）覆盖的比例，可根据总不透水面与河流健康之间的关系测量城市密度。研究表明，当总不透水面超过某一比例（如 10％）时，生态环境退化就不可避免。因此，一些评论家已将城市河流定义为流域内不透水表面覆盖率超过 10％ 的河流。

有效不透水面可更好地表征河流状况。有效不透水面即通过管道或密封排水管网直接与河流相连的不透水表面。研究表明有效不透水面与河流健康的关联度超过总不透水面。其他指标，如流域内城市土地利用百分比等，在表征河流健康状态时，均不如总不透水面和有效不透水面理想。

河流生态修复已经成为解决上述问题的普遍方法，而城市河流生态修复所需要的资源比其他河流更多。这说明城市河流退化更严重，修复成本更高，当然政治意愿也更强烈。

本书其他章节讨论的河流生态修复原则、方法和措施同样适用于城市环境。但是，需要对河流生态修复规划和实施过程进行调整，以应对城市河流目前面临的特殊挑战和机会。

9.3.1　城市水资源管理的演变

虽然城市河流的重要性毋庸置疑，但是在人类历史的长河里，城市河流健康几乎没有得到应有的关注。在欧洲，城市河流传统管理方法不过是"……将其填埋，改造成运河，使用混凝土加固河岸，并在河漫滩（现在受到保护）上修建房屋"。实际上，过去城市开发大多将河流改造成排水渠或下水道。20 世纪的城市河流管理增加了对洪水和疾病的防范。虽然这些至今仍然是重要目标，但是现代城市设计及河流管理方法有能力在实现这些目标的同时，改善城市河流的社会康乐功能和河流的健康状态，从而实现两者平衡。

Brown 等（2009a）建立了城市水资源可持续管理的发展进程框架（图 9.14），以反映过去和现在的水和社会之间的关系，以及城市发展日趋成熟和水资源日趋紧张的演化过程。水和社会之间的关系描述了"水的普遍价值，以及社区、政府和企业就如何管理水资源达成的隐含协议"。

这个框架通过对澳大利亚城市进行的评估，总结了六种城市状态，即：

（1）供水型城市。水资源管理重点关注通过建立集中供水系统，保证日益增长的城市人口的供水需求。

（2）污水排放型城市。这类城市需要建设城市排水管网系统，方便废水排放。19 世纪 80 年代中晚期，污水排放型城市首次出现在澳大利亚。

（3）雨洪排放型城市。这类城市提高了水资源管理水平，重点关注快速高效排放雨水。第二次世界大战后，澳大利亚出现了雨洪排放型城市。

（4）水道型城市。解决点源污染问题在水资源管理中被重视，城市规划开始认可水道的休闲娱乐价值。其主要出现于 20 世纪 60—70 年代，伴随着环境保护主义的兴起。

（5）水循环城市。将综合或整体水循环法应用于城市管理之中，在适当范围内实行水资源保护和多元化供水策略（用以匹配最恰当的用途），而该范围应同样对能源和养分循环敏感。水循环法的最终目的是保护水道健康。

（6）水敏感型城市。这是一种理想状态，城市和水资源管理必须考虑环境保护和修复、供水安全、防洪防汛、公共健康、社会康乐、宜居和经济可持续性，并推动社会在自然资源和生态环境完整性方面的保护，实现代际公平，还需要保证其对气候变化的适应能力。

这个框架阐述了城市在逐步实现水资源可持续发展过程中所处的背景。上述每个城市状态均涉及一系列社会政治驱动因素，同时还与人们希望城市及其水道可提供的功能相关联。

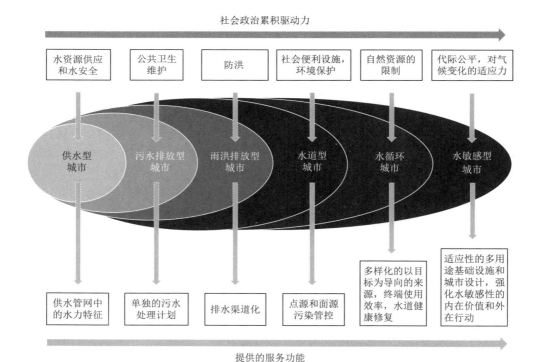

图 9.14　城市水资源可持续管理的发展进程框架

设定这个框架是为了说明不同阶段的城市水资源管理的目标和发展进度。然而，虽然付出了很多努力，但是澳大利亚还没有一个城市符合水循环型城市要求，全世界也没有一个水敏感型样板城市出现。并且，我们仍然没有一个清晰的愿景或目标来定义什么样的城市是水资源可持续性城市。

城市水资源管理和河流生态修复之间有联系，但并不相同。导致城市河流退化的一个重要原因是城市水资源管理实践上的欠缺。而对城市水资源管理最佳方法的实施，包括改造现有市区，可有效减轻导致城市河流健康状态不佳因素的影响。

9.3.2　城镇化与河流健康

城镇化可对河流生态系统的多种因素产生直接或间接影响。了解这些影响的性质和结果对城市河流的有效修复至关重要。城镇化对河流水循环系统的影响见图 9.15。下面将介绍一些最重要的影响。

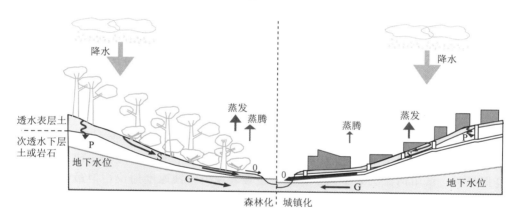

图 9.15　城镇化对河流水循环系统的影响

（箭头大小表示在澳大利亚东南部典型沿海流域中每年通过不同路径交换的水量的相对差异）

（1）流域过程。城镇化深刻的改变了很多关键的流域过程，因此是河流生态系统的重要输入方式。在这些变化中，首先是流域内出现大面积不透水表面（如道路和屋顶）。现在，人们广泛认为由不透水表面产生的雨水径流是城市河流的主要胁迫因素，与河流健康及流域不透水性存在密切联系。不透水表面也降低了泥沙移动性，因而改变了城市河流泥沙来源，使得采矿、道路沉积物、工业点源污染和污水成为泥沙主要来源。因此，污染物通常在城市河流泥沙中浓度较高。此外，流域不透水性会减少地下水补给，影响基流，并导致伏流减少。

（2）水文情势。城市流域的水文情势反映了城镇化对河流系统的总体影响，而水文情势的变化又会影响河流水质、形态及栖息地。城市流域的不透水性增加了径流量，缩短了径流进入河道的时间，从而导致了更为显著的水文情势的变化，其流量的变化幅度更大更快。例如，这种水文情势可能导致洪水 5 年一遇提高到 2 年一遇，从而提高了洪水泛滥风险。城镇化也会增加干旱风险，减少地下水补给和基流。

（3）水质。城市河流中污染物负荷容易增加。一般而言，市区点源污染水平会更高。即使有污水处理厂，这些设施在暴雨天气也很可能无法满足要求，导致未处理的来水溢出进入河流系统；这些设施也可能无法处理某些非传统污染物，如激素或抗生素。这会导致河流水质的恶化，如耗氧量、电导率、悬浮固体、铵、碳氢化合物、养分和金属含量的增加，其中最重要的城市污染物包括油、多环芳烃、有毒金属、营养物和粪便指标生物以及悬浮物。除点源污染外，城市通常也会产生大量垃圾，而街道和停车场会产生主要来自汽车的大量重金属物质。由于雨水会吸收来自屋顶和路面的热量，再加上植被的丧失和宽、深比的增加，城市河流的水温也会随之上升。且有证据表明，由于底栖细微有机物减少、河道复杂度降低以及初级生产力下降，城镇化可导致河道内养分吸收量减少。

（4）栖息地。城镇化对河流地貌及河道栖息地产生了多种影响。城镇化可以通过疏浚河道、建设基础设施（如道路和桥梁）或者防洪工程等方式直接改变河道。城市发展通常会导致河岸带丧失，从而使得城市河流廊道变得很窄。

土地的开发利用，会改变水文和泥沙情势，导致河道扩大或者变窄。由于流域存在不透水表面，进入河流系统的泥沙会减少；河流缺少泥沙，会侵蚀河床、切削河道，增加河道不稳定性。但是，河流地貌对城市的反应并非一成不变。有证据显示，城市河流会处于调整状态，通常表现为侵蚀速度加快，但最终会进入一种新的平衡状态。

其他影响包括：

1）河道植被减少，包括为改善输水能力主动清除植被造成的结果。

2）栖息地丧失，主要由于疏浚河道和清除木屑导致的河道的简化。

3）河漫滩连通性下降，且更为封闭，主要由于基础设施的建设，如涵洞、桥梁和水坝，改变了水力特征，导致河流更加碎片化，蓄水和稀释能力下降。

（5）水生及河岸生物多样性。以上因素导致了水生与河岸生态系统的深刻变化，并显著改变了其对极端事件的适应能力。城镇化可能导致鱼类、无脊椎动物和大型植物的丰度和多样性下降；也可能会提高外来陆生和水生入侵植物入侵和扩散的概率，导致物种整体丰度和多样性上升。

（6）城市河流综合征。在上述河流生态系统发生变化的作用下，产生了所谓的"城市河流综合征"，即城市河流的生态状况出现明显且持续的退化。图 9.16 所示为城镇化导致的河流生态系统关键要素的变化。

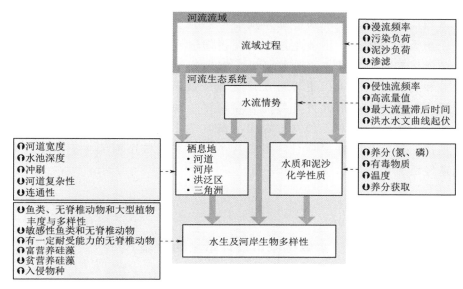

图 9.16　城镇化导致的河流生态系统关键要素的变化

（图中显示由于城镇化导致上升（❶）或下降（❶）的因素）

9.3.3　城市河流生态修复的特别考虑因素

（1）挑战与机会。城市河流生态修复具有很大挑战性。

1）城市环境加剧了水资源管理与河流生态修复之间的冲突。城市流域内的人口数量和企业规模都很庞大，这意味着城市河流必然是一个竞争激烈的环境，且城市河流的管理需要解决社会、文化、经济和环境因素的许多冲突。

2）城市流域（在社会经济方面）比农村流域更具动态性。由于城市河流变化速度更快，因此未来压力和状态更不稳定。

3）出于经济、实践或政治的原因，城市河流生态修复可能会受到限制。市中心对土地和水资源的需求提高了河流生态修复的成本，城市为改善河流健康购买土地或水资源权利，或者改变土地用途的成本可能比农村更高，实施也可能会受到现有发展水平的限制。例如，若城市发展已经蔓延到了河漫滩，则在实施过程中（或者在政治层面上），将河流与河漫滩重新连接起来可能已经不可实现，居民房屋被洪水淹没远比农业用地被淹没严重。

4）城市河流流域居住的人口更多。虽然有时河流被城市消耗过度，甚至人们完全没有意识到河流的存在，但城市河流与公众有更广泛的联系。城市河流生态修复能够影响和牵涉更多人，因此在政治层面上更受重视。受众面扩大意味着利益相关方范围更广，因此需要更加全面的协商和参与机制。

城市河流对社会提出了严峻的挑战，但是也创造了机会。城市河流与人息息相关，意味着城市河流创造的效益，如提高人类健康水平和社会康乐价值，也相应超过了农村河流。城市河流生态修复可以提高河岸土地价值，例如，在澳大利亚珀斯，河流生态修复使得周边地块的价值增加了17％，仅此类收益就可超过修复成本（专栏58）。如果能够明确界定城市河流生态修复的效益和受益方，就可以更容易获得资金开展该项目。例如，在中国，中央政府规定如果地方政府允许开发商开发河岸地块，并通过这种方式筹资，那么必须从中为农村水利工程（如农田灌溉）拨出专项资金。虽然这些资金不直接划拨给河流生态修复项目，但是这个事例表明城市河流生态修复工程可以创造经济效益。

专栏 58

水敏感城市设计带来的效益

水敏感城市设计是一种规划和设计方法，目的是保护水源、减少废水、管理河流水质和流量，并确保城市开发不会影响水文和生态循环的自然状态。分析水敏感城市设计方法的成本和效益表明，在昆士兰州典型住房、商业和工业开发中开展的最佳雨水管理实践带来的效益超过其成本：

▶ 减少总氮产生的效益估计超过了水敏感城市设计的生命周期的成本。

▶ 未来可避免的河流生态修复的成本估计大约为水敏感城市设计生命周期成本的70％。

▶ 河岸地块潜在溢价估计约为水敏感城市设计基建投资额的90％。

有证据表明，公众已认识到修复城市河流创造的效益超过其他河流。娱乐和教育效益越来越被用于证明对城市河流进行生态修复的正确性。生态修复后的城市河流对儿童更加安全，并受到当地民众的重视和维护。城市河流生态修复也是体现社会公正的一种方式，有些人认为这是对美国失败的清除贫民窟美化城市政策提出的补救方案。

后面还会继续讨论城市河流生态修复及其重要性。

（2）了解系统、驱动因素和胁迫因素。河流生态修复需要充分了解河流系统功能、河流健康的驱动因素和胁迫因素，以及河流生态系统如何对各种干预措施作出反应，而流域的城镇化让本来就复杂的河流系统变得更加复杂。城镇对水生生态系统产生的复杂影响并没有搞清，科学界直到最近才在城市河流主要胁迫因素这一问题上达成了共识。河流生态修复需要采取科学管理战略，而城市河流环境科学还是一门新学科，相关研究虽有进展，但仍有欠缺。专栏59展示了美国一个城市河流的总体保护措施。

专栏 59

城市河流整体保护法：以美国埃托瓦河为例

埃托瓦河属于莫比尔河流域，位于美国东南部佐治亚州，它因拥有特有鱼类物种而闻名，包括美国《濒危物种法》列出的三个梭镖鱼物种。为了保护这些物种，2002 年由当地政府牵头，通过实施土地利用和监管政策，提出了《栖息地保护计划》，用于有效管理城市对这三种鱼类产生的影响。开发商和土地所有者必须严格执行这些政策。在规划过程中，建立了科研基地，针对这些濒危物种识别了具体胁迫因素及其源头，然后针对每种源头制定了管理政策。通常，仅一项管理政策，例如雨水管理，即可应对多种胁迫因素（如泥沙、水文变化、污染物）。表 9.7 简要介绍了《栖息地保护计划》中的一些胁迫因素及其源头和相关管理政策。经过科学评估，发现如果没有《栖息地保护计划》提议的雨水管理规定，三种梭镖鱼的种群数量会减少 43%～84%，且其中两个物种能否存续尚不确定。

表 9.7　《栖息地保护计划》中的胁迫因素及其源头和相关管理政策示例

胁迫因素	源　头	管理政策
沉积物	施工现场； 河槽冲蚀； 公用设施和十字路口	冲蚀和泥沙控制； 雨水管理政策； 公用设施和十字路口管理政策
水文变化	雨水径流； 水库； 取水	雨水管理政策； 供水规划
河岸屏障带损失的扩大	农业、高尔夫球场、其他建筑	河岸屏障管理条例
污染物（重金属、杀虫剂等）	点源、雨水、农业、林业	雨水管理政策
运动屏障	天然屏障、道路十字路口、水库和某些特定地点	道路十字路口管理政策 供水规划协议
温度变化	河岸屏障损失； 雨水径流； 水库、取水； 点源	雨水管理政策； 供水规划协议； 河岸屏障管理条例

由于城市河流的复杂性和对其认识的局限性，对城市河流生态修复进行适应性管理更为重要。当对城市河流系统动态特征的了解更加深入后，需要通过适应性管理对修复措施进行适当调整。这就需要持续投入资金，以及科学界和政策制定者的持续参与。

城市河流已成为一种新的生态系统。非本地物种、硬质工程、化学污染，以及城市和工业废料组成了有别于自然的生态系统。城市河流中的生物和非生物系统的特殊状态，使得城市河流生态系统的运行方式不容易被了解。

（3）确定可实现的目标。很多河流生态修复计划不再将把河流恢复到开发前状态作为目标，城市河流尤其如此。Eden 等（2000）认为恢复到"自然"状态是一个"不易察觉、不相关"的范畴。

通常城市河流已受到彻底改造，如果需要维持河流系统预期社会功能，则基本不可能将城市河流恢复到类似天然状态。因此，城市河流生态修复项目主要关注社会效益，而非生态改善。

有些人则认为，城市河流健康状态不佳的很多驱动因素具有不可逆特征，这意味着保护措施需要重点关注受干扰程度较低的区域。但是，有很多城镇化适度开发区域内的河流处于良好状态，这表明"适度或轻度城镇化区域可以保护生态系统的结构和功能"。此外，以英国默西河流域为例，城市河流生态修复可以带来更为广泛的社会经济效益，并促进城市再生。

虽然设定河流生态修复总体和具体目标所考虑的因素对城市河流及非城市河流基本相同，但是，城镇化对每个因素有不同的要求。例如：

1）城市河流随时间更有可能发生剧烈的物理和生态变化（河流生态系统的历史轨迹）。

2）城市河流更有可能退化（较当前状态）。

3）由于城镇化产生了快速的变化，因此经历城镇化的流域未来的状态更加不确定（未来状态）。

然而，对于城市河流而言，更为重要的是政府和社会确定的优先措施以及河流生态修复的限制因素。如果需要对发展和保护进行权衡，那么城市区域更有可能将发展放在首位。在制定目标时需要认识到城市现有的土地利用和发展计划，也需要适当考虑未来发展对水文情势、水质以及河流健康等方面产生的影响。

高昂的土地成本在财务上限制了修复目标。人类高密度的开发及相关基础设施的建设可能会限制修复方案的空间范围。雨水及泥沙和污染物限制了河流生态修复对河流健康的改善潜力。河流管理方需要确保河流（及河流生态修复）不会破坏如桥梁等基础设施。因此既要考虑河流自然功能（如洪水泛滥）的发挥，又要尽可能将生态修复对人口和资产的影响降到最低，而达到这两方面的平衡是有难度的。其中的一个示例即对城市河流进行连通性（横向连通、纵向连通或伏流连通）恢复，而它需要将大量土地退还给河流，因此代价不菲；且如果还需考虑其他目标（如防洪防汛），则此种连通性恢复方案更加难以实施。

最后，这些因素要求生态修复的目标设定必须切合实际，重点需关注可实施的项目，而非理想状态。

（4）吸引利益相关方的参与。城市河流流域的人口密度通常显著高于农村地区，而人口是修复和保护城市河流的关键因素。人类在导致河流健康退化、确定河流使用目标，以及实施解决方案过程中发挥了重要作用。确保城市河流得到有效管理，还需要在河流生态基础上有一个包括社会、经济和政治维度的更开阔的视野。

修复城市河流的一大优势就是随着人口规模的扩大，资源（包括人力资源和资金来源）也会相应增加，并且有可能带来更多政治利益。同时，由于可获得更多的科研资源，城市河流生态修复也可从中受益。

城市河流生态修复一般需要众多机构和利益相关方的参与，包括河岸土地所有者、环境监管部门、规划部门和社会团体。协商时，既需要邀请具备不同背景和视角的个人与团体参与，也需要综合河流环境方面的不同治理经验和专业知识。此外，在修复过程中可邀请民众参与，这样可以改变民众对河流的理解，促使人们对城市河流管理作出贡献。

事实证明，在人口稠密的城市区域，如果得不到公众的大力支持，就不可能开展生态修复。这是因为对私有土地采取的措施很有可能受到土地所有者的反对，因此得到他们的支持就变得十分重要。

在选择具体修复地点时，社会参与尤其重要。虽然技术评估能够（从技术角度）确定最有效的修复地点，但是社会因素也应该是重点考虑对象。例如，若公众无法到达、不知道或者不能使用修复点，那么修复项目很难赋予公共利益并获得社会支持。在制定英国泰晤士河（尤其是伯明翰市内河段）修复计划时，规划结论认为如果仅通过技术评估选择修复点，则修复计划既不适合更为广泛的环境管理背景，也不符合当地公众期望的优先修复顺序。

当地居民重视公共协商，希望有人就修复工程向他们征求意见。Tunstall 等（2000）总结了相关的经验和教训：

1）应在多种层面，利用多种机制进行协商，确保公众广泛参与这个过程。

2）公众可能会对修复影响产生误解。例如，公众或许将"软工程"修复理解为增加洪灾风险，而实际情况是减少风险。

3）公众希望产生的效益，如美化环境、方便进出、提高安全，或许与修复的科学目标毫无关系。

4）应通过公共协商管理人们的预期，确保公众面对现实，认识到修复过程可能产生的结果。

9.3.4 城市河流生态修复措施

本节将讨论在城市环境中采取修复措施存在的问题。关于城市河流生态修复技术，已经有很多详细的技术手册和指南可供参考。本节无意替代这些文件，而是强调了在决定采取何种方法的过程中需要考虑的关键因素。

（1）改善栖息地。栖息地改善措施在不同的城市河流生态修复中基本相同，一些改善河流栖息地的工程措施见表9.8。研究人员对1979—1999年间，英国泰晤士河流域的 65 个修复项目进行了调研。研究结果表明，其中 90％ 以上项目的驱动因素是改善栖息地多样性，包括重新改造河道、引入碎石、构建河床形态和栽培植被。在美国，重新栽培河岸植被是修复城市河流及非城市河流最常用的一种方法。城市河流内栖息地修复日益注重美学价值的提高或提供教育和娱乐服务。此外，修复措施也可能是为了稳定下切水流，保护财产和基础设施。

表 9.8 改善河流栖息地的工程措施和目的示例

工 程 措 施	目 的
在钢撑架河堤上修建挡板（英国戴普福德溪）	阻拦泥沙和种子，为植物生根和无脊椎动物定居构建栖息地
在废弃港口内的支板里安装木板（德国额勒伯格河）	在金属墙和木板之间建立缝隙
让河岸带变浅，在板材后栽种植被	为大型植物和其他物种建立浅水区，并采取保护措施免受水流冲击（德国施普雷河）
河道内放置大木块（美国普吉特海湾）	使地貌变得复杂，为无脊椎动物和鱼类提供栖息地
泰晤士河城市码头安装浮岛或木筏（英国）	为鸟类提供栖息筑巢区，为植物生根提供基质
安装浮岛（德国易北河）	为多种类群提供栖息地，为鱼类产卵提供庇护区

虽然改善局部栖息地状态这一措施很受欢迎，但是基本没有证据表明其对于恢复生物多样性或改善河流健康有什么帮助，这是由于流域尺度的干扰对水文和水质产生了更有决定性的影响。反倒是只有当流域尺度问题得以解决，才能保证河道内的局部改造可以自我维持。

但是有证据表明，直接提高河道内栖息地复杂性可以产生生态效益：

1）河岸未受损植被可增进城市河流大型无脊椎动物的丰度。虽然在城市环境里，河岸屏障自身不足以维持健康的鱼类种群（可能因为屏障无法阻止雨水径流汇入），但是河岸植被能够维持河岸稳定，并且屏障是保护河流生态系统的一个重要组成部分。

2）改善河道栖息地可以在高流量时形成残遗物种保护区，从而保护生物类群。

3）建立和维护拦砂坝或者对河岸重建，可以减少下切并增加表层土壤的水流量，从而改善含氮物质的去除能力。但是这些方法需要与高效的雨水管理方法相结合，从而降低雨水对河道中的残骸物质或河道重塑过程的影响。

（2）保护和增强生物多样性。通常难以在城市河流的范畴内仅通过保护措施对濒危物种实施保护，除非该物种自然分布区很小，或者为此投入大量资金。而要想使水生物种管理计划获得成功，就需要制定相关条款，降低城市私有土地对该物种的影响，对污水进行处理，以及解决其他相关问题。

此外，人为干扰和外来入侵物种的影响使得城市河流常常缺少最敏感最稀有的物种。仅在城市河流内为关键物种创建有利条件可能还不够，还需要重新引进该物种，或者重新建立与该物种所处河段的连接，以便促进该物种重新定居。

（3）改善水质和水文情势。污水和残留污染物管理是改善城市河流综合问题的一项基本要求。在发展中国家，这些问题是导致河流对人类健康产生不利影响的主要因素。

在污染点源受到有效控制的城市区域，很多污染物通过城市雨水进入河流。为了减少雨水对水质及河流水文的影响，人们制定了最佳管理实践措施，可大幅改善城市河流生态状态。最佳管理实践通常被纳入城市低影响设计方案、可持续排水系统或水敏感城市设计方案（专栏60）。不同地区有不同的命名，但措施与实践一致。

专栏 60

城市雨水最佳管理实践

最佳管理实践用于应对不透水表面对城市河流状态的影响，它需要使用新型排水系统替代雨水排水管道，提高雨水滞留和渗透效率。

实施雨水最佳管理实践可以控制流量、清除污染物，减少污染源。最佳管理实践的形式包括：

▶ 结构性。工程和建筑系统，旨在提高径流水质及（或）控制径流量，例如，修建沉沙池、滞留池、人造湿地、沼泽地和屏障、绿色屋顶和屋顶花园。

▶ 非结构性。制度、教育或污染防治行动，旨在减少径流所含污染物的量。例如，可针对养分积累或不透水表面采取预防措施，如清扫街道和马路，以及通过对草坪和公园的管理，防止肥料、土壤和碎屑进入水道。

选择和实施最佳管理实践需要考虑具体情况。研究表明，几乎全部金属污染物都可以在生物滞留区内被清除，而渗透区则能阻拦重金属和其他污染物，从而保护地下水不受威胁。但是，渗透区清除营养物的效果并不理想。人工湿地能够将粪便指示细菌减少80％，但洪水期间的效果很不理想，因此还需要采取其他措施处理。

人工湿地改善水质的程度也存在差异。湿地可有效减少悬浮颗粒物、总磷和总氮，但在洪水期间，反而会降低基流质量。例如，有些污染物可能暂时保存在湿地内，而不是被清除，并且有毒物质可能更容易被生物获取。

最佳管理实践通过滞留水量或提高渗透率，可降低城市流域对河流水文产生的影响。由于小雨通常是水文变化的主要原因，因此最佳管理实践趋向于重点关注小雨天气。

　　不同的土地利用类型需要采用不同的最佳管理实践。例如，下列不同类型的土地可能需要不同的措施：

　　1）低密度住宅地块。

　　2）中高密度住宅区。

　　3）商业和工业地块。

　　4）小块土地。

　　对于新开发项目，或改造现有城市景观，上述措施的实用性和成本效益也会存在一定差异。已有学者总结了不同措施对不同情况的适宜程度。

参 考 文 献*

[1] ACREMAN M C, FISHER J, STRATFORD C J, et al. Hydrological science and wetland restoration: some case studies from Europe [J]. Hydrology and Earth System Sciences, 2007, 11 (1): 158 – 169.

[2] ACUÑA V, DÍEZ J R, FLORES L, et al. Does it make economic sense to restore rivers for their ecosystem services? [J]. Journal of Applied Ecology, 2013, 50: 988 – 997.

[3] ADAME M F, HERMOSO V, PERHANS K, et al. Selecting cost – effective areas for restoration of ecosystem services [J]. Conservation Biology, 2015, 29 (2): 493 – 502.

[4] ADAMS W M, PERROW M R. Scientific and institutional constraints on floodplain restoration [M] //MARRIOT S, ALEXANDER J, HEY R. Floodplains: Interdisciplinary Approaches. Geological Society London Special Publications, 1999: 89 – 97.

[5] AERIP (Axe and Exe River Improvement Project) [EB/OL]. 2012 [2015 – 03 – 11]. http: //www. riverexereta. co. uk/files/AERIP%20Project%20Plan. pdf.

[6] ALEXANDER G G, ALLAN J D. Ecological success in stream restoration: case studies from the Midwestern United States [J]. Environmental Management, 2007, 40: 245 – 255.

[7] ALEXANDER R B, SMITH R A. Trends in the nutrient enrichment of US rivers during the late 20th century and their relation to changes in probable stream trophic conditions [J]. Limnology and Oceanography, 2006, 51: 639 – 654.

[8] ALLEN C R, FONTAINE J J, POPE K L, et al. Adaptive management for a turbulent future [J]. Journal of Environmental Management, 2011, 92: 1339 – 1345.

[9] Alluvium Consulting. Framework for the assessment of river and wetland health: findings from the trials and options for uptake, Waterlines report [R]. Canberra: National Water Commission, 2011.

[10] ALT S, JENKINS A, LINES – KELLY R. Saving Soil: A Landholder's Guide to Preventing and Repairing Soil Erosion [R]. Northern Rivers Catchment Management Authority, 2009.

[11] American Rivers and Trout Unlimited. Exploring Dam Removal: A decision – Making Guide [EB/OL]. 2002 [2015 – 12 – 20]. http: //www. americanrivers. org/assets/pdfs/dam – re-

---

* 需要指出的是，本书中所参考的中国案例材料中的绝大部分来源于中国水利部水利水电规划设计总院（GIWP）团队成员，他们参考的许多文献并未公开出版。因此，这些材料的来源统一为"GIWP"。

moval – docs/Exploring _ Dam _ Removal – A _ Decision – Making _ Guide6fdc. pdf? 477ed5.

[12] American Society of Civil Engineers. Guidelines for Retirement of Dams and Hydroelectric Facilities [R]. New York, 1997.

[13] ANSTEAD L, BOAR R R. Willow spiling: review of streambank stabilisation projects in the UK [J]. Freshwater Reviews, 2010, 3 (1): 33 – 47.

[14] ARDÓN M, BERNHARDT E S. Restoring Rivers and Streams [R/OL] //Encyclopedia of Life Sciences. Chichester: John Wiley & Sons, Ltd. 2009 [2015 – 07 – 15]. http: //www. els. net.

[15] ARMCANZ (Agriculture and Resources Management Council of Australia and New Zealand), ANZECC (Australian and New Zealand Environment and Conservation Council). Australian Guidelines for Urban Stormwater Management [R]. Canberra: National Water Quality Management Strategy. Commonwealth of Australia, 2000.

[16] ARONSON J, FLORET C, LE FLOC'H E, et al. Restoration and rehabilitation of degraded ecosystems in arid and semi – arid lands. View from the South [J]. Restoration Ecology, 1993, 1: 8 – 17.

[17] ARRN (Asian River Restoration Network) . Reference Guideline for Restoration by Eco – Compatible Approach in River Basin of Asia, Version 2 [R/OL]. 2012 [2015 – 07 – 15]. http: //www. a – rr. net.

[18] ASHENDORFF A, PRINCIPE M, SEELEY A, et al. Watershed protection for New York City's supply [J]. Journal of the American Water Works Association, 1997, 89: 75 – 88.

[19] ASKEY – DORAN M, BUNN S, HAIRSINE P, et al. Managing Riparian Lands. Riparian Management Fact Sheet 1 [R]. Land & Water Resources Research & Development Corporation, 1996.

[20] AYRES A, GERDES H, GOELLER B, et al. Inventory of river restoration measures: effects, costs and benefits [R]. REFORM, European Commission, 2014.

[21] BAIN M B. Structured decision – making in fisheries management [J]. North American Journal of Fisheries Management, 1987, 7: 475 – 481.

[22] BAKER J P, HULSE D W, GREGORY S V, et al. Alternative futures for the Willamette River Basin, Oregon [J]. Ecological Applications, 2004, 14: 313 – 324.

[23] BALIAN E V, LÉVÊQUE C, SEGERS H, et al. The freshwater animal diversity assessment: an overview of the results [J]. Hydrobiologia, 2008, 595: 627 – 637.

[24] BALL I R, POSSINGHAM H P, WATTS M. Marxan and relatives: software for spatial conservation prioritization [M] //MOILANEN A, WILSON K A, POSSINGHAM H P. Spatial Conservation Prioritisation: Quantitative Methods and Computational Tools. Oxford: Oxford University Press, 2009: 185 – 195.

[25] BANNERMAN R, OWENS D, DODDS R, et al. Sources of pollutants in Wisconsinstorm water [J]. Water Science and Technology, 1993, 28: 241 – 259.

[26] BARBIER E B, STRAND I. Valuing Mangrove – Fishery Linkages – A Case Study of

Campeche, Mexico [J]. Environmental and Resource Economics, 1998, 12 (2): 151 – 166.

[27] BARLING R D, MOORE I D. Role of buffer strips in management of waterway pollution: A review [J]. Environmental Management, 1994, 18 (4): 543 – 558.

[28] BARRAUD S, DECHESNE M, BARDIN J, et al. Statistical analysis of pollution in stormwater infiltration basins [J]. Water Science and Technology, 2005, 51: 1 – 9.

[29] BARRON O, DONN M J, POLLOCK D, et al. Determining the effectiveness of best management practices to reduce nutrient flows in urban drains managed by the Water Corporation: Part 1 – Water quality and water regime in Perth urban drains [R]. CSIRO: Water for a Healthy Country National Research Flagship, 2010.

[30] BATES B C, KUNDZEWICZ Z W, WU S, et al. Climate Change and Water. Technical Paper of the Intergovernmental Panel on Climate Change [M]. Geneva: IPCC Secretariat, 2008.

[31] BAUR T, SYARIFFUDIN E, YONG M. Kallang River @ Bishan – Ang Mo Kio Park: integrating river and park in an urban world [J]. City Green, 2012, 5: 98 – 107.

[32] BAXTER C V, FAUSCH K D, SAUNDERS W C. Tangled Webs: Reciprocal Flows of Invertebrate Prey Link Streams and Riparian Zones [J]. Freshwater Biology, 2005, 50: 201 – 220.

[33] BEECHIE T, PESS G, RONI P. Setting River Restoration Priorities: a Review of Approaches and a General Protocol for Identifying and Prioritizing Actions [J]. North American Journal of Fisheries Management, 2008, 28: 891 – 905.

[34] BEECHIE T J, SEAR D A, OLDEN J D, et al. Process – based principles for restoring river ecosystems [J]. BioScience, 2010, 60 (3): 209 – 222.

[35] BEHERA S K, KIM H W, OH J E, et al. Occurrence and removal of antibiotics, hormones and several other pharmaceuticals in wastewater treatment plants of the largest industrial city of Korea [J]. Science of the Total Environment, 2011, 409 (20): 4351 – 4360.

[36] BEHRENDT H. Nutrient Reduction Scenarios for the Danube River Basin District (DRBD) and First Assumptions for the Baseline Scenario for 2015 [R]. Berlin: Institute of Freshwater Ecology and Inland Fisheries, 2008.

[37] BENAYAS J M R, NEWTON A C, DIAZ A, et al. Enhancement of biodiversity and ecosystem services by ecological restoration: a meta – analysis [J]. Science, 2009, 325: 1121 – 1124.

[38] BERNHARDT E S, PALMER M A, ALLAN J D, et al. Synthesizing U. S. river restoration efforts [J]. Science, 2005, 308: 636 – 637.

[39] BERNHARDT E S, PALMER M A. Restoring streams in an urbanizing world [J]. Freshwater Biology, 2007, 52: 738 – 751.

[40] BERNHARDT E S, PALMER M A. River restoration: the fuzzy logic of repairing reaches to reverse catchment scale degradation [J]. Ecological Applications, 2011, 21

(6): 1926 - 1931.

[41] BERNHARDT E S, SUDDUTH E B, PALMER M A, et al. Restoring rivers one reach at a time: Results from a survey of US river restoration practitioners [J]. Restoration Ecology, 2007, 15: 482 - 493.

[42] BIELLO D. Pick your poison [J]. Scientific American, 2014, 310 (1): 21 - 21.

[43] BIGGS H C, ROGERS K H. An adaptive system to link science, monitoring, and management in practice [M] //DU TOIT J T, ROGERS K H, BIGGS H C. The Kruger Experience. Ecology and Management of Savanna Heterogeneity. Washington DC: Island Press, 2003: 59 - 80.

[44] BISSON P A, RIEMAN B E, LUCE C, et al. Fire and aquatic ecosystems of the western USA: current knowledge and key questions [J]. Forest Ecology and Management, 2003, 178: 213 - 229.

[45] BLACKSTOCK K, MARTIN - ORTEGA J, SPRAY C. Implementation of the European Water Framework Directive: What does taking an ecosystem services - based approach add [M] //MARTIN - ORTEGA R, FERRIER J, GORDON I, et al. Water Ecosystem Services: A Global Perspective, Cambridge University Press, 2015: 57 - 64.

[46] BMT WMB. Evaluating Options for Water Sensitive Urban Design - a National Guide [R/OL]. 2009 [2016 - 02 - 01]. http: //www. environment. gov. au/system/files/resources/1873905a - f5b7 - 4e3c - 8f45 - 0259a32a94b1/files/wsud - guidelines. pdf.

[47] BOLUND P, HUNHAMMAR S. Ecosystem services in urban areas [J]. Ecological Economics, 1999, 29 (2): 293 - 301.

[48] BOND N, BUNN S, CATFORD J, et al. Assessment of River Health in the Pearl River Basin (Gui Sub - Catchment) [R]. Brisbane: International Water Centre, 2012.

[49] BOON P J, CALOW P, PETTS G E. River Conservation and Management [M]. England: John Wiley & Sons Ltd. , 1992.

[50] BOON P J, DAVIES B R, PETTS G E. Global Perspectives on River Conservation: Science, Policy, and Practice [M]. Chichester: John Wiley & Sons Ltd. , 2000.

[51] BOOTH D B, JACKSON C R. Urbanization of aquatic systems—degradation thresholds, stormwater detention, and the limits of mitigation [J]. Journal of the American Water Resources Association, 1997, 33: 1077 - 1090.

[52] BOOTH D B, HENSHAW P C. Rates of channel erosion in small urban streams [C] //WIGMOSTA M, BURGES S. Land use and watersheds: human influence on hydrology and geomorphology in urban and forest areas. Water Science and Application AGU Monograph Series, Washington DC, 2001, 2: 17 - 38.

[53] BOOTH D B. Challenges and prospects for restoring urban streams: a perspective from the Pacific Northwest of North America [J]. Journal of the North American Benthological Society, 2005, 24: 724 - 737.

[54] BOULTON A, FINDLAY S, MARMONIER P, et al. The Functional Significance of the Hyporheic Zone in Streams and Rivers [J]. Annual Review of Ecology and Systematics,

1998，29：59 - 81.

［55］ BRADSHAW A D. Underlying principles of restoration ［J］. Canadian Journal of Fisheries and Aquatic Sciences，1996，53 （S 1）：3 - 9.

［56］ BROADHURST L M，LOWE A，COATES D J，et al. Seed supply for broadscale restoration：Maximizing evolutionary potential ［J］. Evolutionary Applications，2008，1 （4）：587 - 597.

［57］ BROADMEADOW S.，NISBET T. The Effect of Riparian Forest Management on the Freshwater Environment Forest Research ［M］. Edinburgh：Sniffer，2002.

［58］ BROOKS S S，LAKE P S. River Restoration in Victoria，Australia：Change is in the Wind，and None Too Soon ［J］. Restoration Ecology，2007，15 （3）：584 - 591.

［59］ BROOKS A P，GEHRKE P C，JANSEN J D，et al. Experimental reintroduction of woody debris on the Williams River，NSW：Geomorphic and ecological responses ［J］. River Res. Appl.，2004，20 （5）：513 - 536.

［60］ BROUWER R，KUIK O J，SHEREMET O. BROUWER R. Cost - effective restoration measures that promote wider ecosystem and societal benefits ［R/OL］. 2015 ［2016 - 05 - 06］. https：//reformrivers. eu/system/files/5. 2% 20Cost% 20Effective% 20Measures% 20promoting% 20wider% 20benefits. pdf.

［61］ BROWN R，KEATH N，WONG T. Urban water management in cities：historical，current and future regimes ［J］. Water Science and Technology，2009a，59 （5）：847 - 855.

［62］ BROWN L R，CUFFNEY T F，COLES J F，et al. Urban streams across the USA：lessons learned from studies in 9 metropolitan areas ［J］. J N Am Benthol Soc，2009b，28 （4）：1051 - 1069.

［63］ BUCK L E，GEISTER C C，SCHELHAS J，et al. Biological Diversity：Balancing Interests through Adaptive Collaborative Management ［J］. Rural Sociology，2001，68 （1）：132 - 134.

［64］ BUNN S，ABAL E，SMITH M，et al. Integration of science and monitoring of river ecosystem health to guide investments in catchment protection and rehabilitation ［J］. Freshwater Biology，2010，55：223 - 240.

［65］ BUNN S，DAVIES P M，MOSISCH T D. Ecosystem measures of river health and their response to riparian and catchment degradation ［J］. Freshwater Biology，1999，41：333 - 345.

［66］ BUNN S E，ARTHINGTON A H. Basic principles and ecological consequences of altered flow regimes for aquatic biodiversity ［J］. Environmental Management，2002，30 （4）：492 - 507.

［67］ BURROUGHS B A，HAYES D B，KLOMP K D，et al. Effects of Stronach dam removal on fluvial geomorphology in the Pine River，Michigan，United States ［J］. Geomorphology，2009，110 （3）：96 - 107.

［68］ Bureau of Transportation Statistics. National Transportation Statistics Table 2 - 1 - 1 ［R］.

U. S. Department of Transportation，2010.

［69］ CAIRNS J. The status of the theoretical and applied science of restoration ecology ［J］. The Environmental Professional，1991，13：186 – 194.

［70］ CAITCHEON G. et al. Sources of Sediment in Southeast Queensland Final Report ［R］. Brisbane：CSIRO Land and Water，2001.

［71］ CARBIENER R，TREMOLIERE，M. The Rhine Rift Valley groundwater – river interactions：evolution of their susceptibility to pollution ［J］. Regulated Rivers：Research & Management，1990，5：375 – 389.

［72］ CARPENTER S R，STANLEY E H，VANDER ZANDEN M J. State of the World's Freshwater Ecosystems：Physical，Chemical，and Biological Changes ［J］. Annual Review of Environment and Resources，2011，36（1）：75 – 99.

［73］ Catchment Restoration Fund. Environment Agency Summary Report ［R/OL］. Department for Environment Food and Rural Affairs. 2014 ［2015 – 06 – 03］. http：//www. gov. uk/government/uploads/system/uploads/attachment ＿ data/file/330464/ pb14179 – catchment – restoration – fund – report. pdf.

［74］ CCCPC and State Council. Decision from the CPC Central Committee and the State Council on Accelerating Water Conservancy Reform and Development ［Z/OL］. 2010 ［2016 – 05 – 01］. http：//english. agri. gov. cn/hottopics/cpc/201301/t20130115 ＿ 9544. htm.

［75］ Center for Watershed Protection. Impacts of impervious cover on aquatic ecosystems. Center for Watershed Protection：Ellicott City ［R］. Maryland，2003.

［76］ CHADWICK M A，DOBBERFUHL D R，BENKE A C，et al. Urbanization affects stream ecosystem function by altering hydrology，chemistry，and biotic richness ［J］. Ecol Appl. ，2006，16：1796 – 1807.

［77］ CHANG T C，HUANG S. Reclaiming the city：waterfront development in Singapore ［J］. Urban Stud，2011，48：2085 – 2100.

［78］ CHESSMAN B. SIGNAL 2 – A Scoring System for Macro – invertebrate（'Water Bugs'）in Australian Rivers. Monitoring River Heath Initiative Technical Report no. 31 ［R］. Canberra：Commonwealth of Australia，Department of the Environment and Heritage，2003.

［79］ CHIN A. Urban transformation of river landscapes in a global context ［J］. Geomorphology，2006，79：460 – 487.

［80］ CHOU L M. The cleaning of Singapore River and the Kallang Basin：approaches，methods，investments and benefits ［J］. Ocean and Coastal Management，1998，38：133 – 145.

［81］ CLARIDGE，G. Getting the process right：designing and implementing community – based riparian rehabilitation projects in Southeast Queensland ［R］. Brisbane：Moreton Bay Waterways and Catchments Partnership，2005.

［82］ CLIFFORD N J. River restoration：paradigms，paradoxes and the urban dimension ［J］. Water Science & Technology：Water Supply，2007，7（2）：57 – 68.

［83］ COCKEL C P，GURNELL A M. An investigation of the composition of the urban ripari-
an soil propagule bank along the River Brent，Greater London，UK，in comparison with
previous propagule bank studies in rural areas ［J］. Urban Ecosystems，2012，15（2）：
367 – 387.

［84］ Commonwealth of Australia. Water Recovery Strategy for the Murray – Darling Basin，
Commonwealth of Australia ［R/OL］. Commonwealth of Australia，Commonwealth En-
vironmental Water Office. 2014 ［2015 – 05 – 01］. http：//www. environment. gov. au/
water/cewo.

［85］ CONNELL D. Water Politics in the Murray – Darling Basin ［M］. Federation Press，
2007.

［86］ COOK B R，ATKINSON M，CHALMERS H，et al. Interrogating participatory catch-
ment organizations：cases from Canada，New Zealand，Scotland and the Scottish – Eng-
lish Borderlands ［J］. The Geographical Journal，2013，179（3）：234 – 247.

［87］ CORSAIR H J，RUCH J V，ZHENG P Q，et al. Multicriteria Decision analysis of stream
restoration：potential and examples ［J］. Group Decis Negot，2009，18：387 – 417.

［88］ COSENS B A，WILLIAMS M K. Resilience and water governance：adaptive governance
in the Columbia River basin ［J］. Ecology and Society，2012，17（4）：3.

［89］ COSTANZA R，D'ARGE R，DE – GROOT R，et al. The value of the world's ecosystem
services and natural capital ［J］. Ecological Economics，1997，25（1）：3 – 15.

［90］ CSIRO. Snags underpin Murray River restoration plan ［R/OL］. 2012 ［2015 – 07 – 15］.
www. ecosmagazine. com/paper/EC12476. htm.

［91］ CURTIS A，SHINDLER B，WRIGHT A. Sustaining local watershed initiatives：Les-
sons from landcare and watershed councils ［J］. Journal of the American Water Resources
Association，2002，38：1207 – 1216.

［92］ D'ARCY B J，ROSENQVIST T，MITCHELL G，et al. Restoration challenges for urban
rivers ［J］. Water Science & Technology，2000，55（3）：1 – 7.

［93］ DAVIDSON N C. How much wetland has the world lost? Long – term and recent trends in
global wetland area ［J］. Marine and Freshwater Research，2014，65：934 – 941.

［94］ DAVIS A P，SHOKOUHIAN M，SHARMA H，et al. Water quality improvement through
bioretention：lead，copper，and zinc removal ［J］. Water Environment Research，2003，75：
73 – 82.

［95］ DDNI. Ecological and economic rehabilitation of the Lower Danube floodplain in Romania. Re-
search Report No. 7420. 73 ［R］. Commissioned by the Ministry of Environment and Sustain-
able Development，2008.

［96］ DEA（Department of Environmental Affairs，South Africa）. Working for Wetlands ［R/
OL］. ［2015 – 08 – 20］. http：//www. environment. gov. za/projectsprogrammes/work-
ingfowetlands.

［97］ DÉCAMPS H. The renewal of floodplain forests along rivers：a landscape perspective ［J］. In-
ternat. Vereinig. theoretische und angewandte Limnologie，1996，26：35 – 59.

[98] DÉCAMPS H, PINAY G, NAIMAN R J, et al. Riparian Zones: Where Biogeochemistry Meets Biodiversity in Management Practice [J]. Pol. J. Ecol., 2004, 52 (1): 3 – 18.

[99] DEMUZERE M, ORRU K, HEIDRICH O, et al. Mitigating and adapting to climate change: multi – functional and multi – scale assessment of green urban infrastructure [J]. Journal of Environmental Management, 2014, 146: 107 – 115.

[100] Department for Environment, Food and Rural Affairs. Wastewater treatment in the United Kingdom – 2012: Implementation of the European Union Urban Waste Water Treatment Directive 91/271/EEC [R]. London: DEFRA, 2012.

[101] Department of Environment, Water, Heritage and the Arts (DEWHA, Australia). Media release: Rudd Government to invest ＄12. 9 billion in water [R/OL]. Canberra. 2008 [2015 – 05 – 01]. www. environment. gov. au/minister/wong/2008/pubs/mr20080429. pdf.

[102] DIEFENDERFER H L, JOHNSON G E, THOM R M, et al. An Evidence – Based Evaluation of the Cumulative Effects of Tidal Freshwater and Estuarine Ecosystem Restoration on Endangered Juvenile Salmon in the Columbia River. PNNL – 23037. Final report prepared for the U. S. Army Corps of Engineers Portland District, Portland, Oregon, by Pacific Northwest National Laboratory and NOAA Fisheries [R]. Richland, Washington, 2013.

[103] DOBBS S. The Singapore River: A Social History 1819—2002 [R]. Singapore: Singapore University Press, 2003.

[104] DOWNES B J, BARMUTA L A, FAIRWEATHER P G, et al. Monitoring ecological impacts: concepts and practice in flowing waters [M]. Cambridge: Cambridge University Press, 2002.

[105] DOWNS P W, SKINNER K S, KONDOLF C M. 2002. Rivers and streams [M] // PERROW M R, DAVY A J. Handbook of Ecological Restoration. Cambridge: Cambridge University Press, 2002: 267 – 296.

[106] DUDGEON D, ARTHINGTON A H, GESSNER M O, et al. 2005. Freshwater biodiversity: importance, threats, status and conservation challenges [J]. Biological Reviews, 2005, 81 (2): 163 – 182.

[107] DUFOUR S, PIEGAY H. From the myth of a lost paradise to targeted river restoration: Forget natural references and focus on human benefits [J]. River Res. Applic., 2009, 25: 568 – 581.

[108] DUNSTER J., DUNSTER K. Dictionary of Natural Resource Management [R]. Vancouver: University of British Columbia, 1996.

[109] DWAF (Department of Water, Agriculture, and Forestry). Working for Water [R/OL]. [2015 – 03 – 14]. http: //www. dwaf. gov. za/wfw/.

[110] EAST A E, PESS G R, BOUNTRY J A, et al. Large – scale dam removal on the Elwha River, Washington, USA: River channel and floodplain geomorphic change [J].

Geomorphology，2015，228：765－786.

[111] EBERT S，HULEA O，STROBEL D. Floodplain restoration along the lower Danube：A climate change adaptation case study [J]. Climate and Development，2009，1（3）：212－219.

[112] ECRR（European Centre for River Restoration）. Restoring Europe's Rivers. River Wiki [R/OL]. [2015－05－11]. https：//restorerivers. eu/wiki/index. php？title＝Main _ Page.

[113] EDEN S，TUNSTALL S M，TAPSELL S M. Translating nature：river restoration as nature－culture [J]. Environment and Planning D：Society and Space，2000，18：257－273.

[114] EDEN S，TUNSTALL S. Ecological versus social restoration? How urban river restoration challenges but also fails to challenge the science－policy nexus in the United Kingdom [J]. Environ Plann C，2006，24：661－680.

[115] ELLIOTT J G，CAPESIUS J P. Geomorphic changes resulting from floods in reconfigured gravel－bed river channels in Colorado，USA [J]. Geological Society of America Special Papers，2009，451：173－198.

[116] Environment Agency. Water for life and livelihoods：A consultation on the draft update to the river basin management plan for the Thames River Basin District [R]. Bristol，2014.

[117] ESPINOSA－ROMERO M J，CHAN K M A，MCDANIELS T，et al. Structuring decision－making for ecosystem－based management [J]. Marine Policy，2011，35：575－583.

[118] European Environment Agency（EEA）. European Waters－assessment of status and pressures. Goods transport by inland waterways [R/OL]. 2012 [2016－02－01]. http：//epp. eurostat. ec. europa. eu/tgm/table. do？tab＝table&init＝1&language＝en&pcode＝ttr00007&plugin＝1.

[119] EVERARD M，MOGGRIDGE H L. Rediscovering the value of urban rivers [J]. Urban Ecosystems，2012，15（2）：293－314.

[120] EVERARD M，SHUKER L，GURNELL A. The Mayes Brook restoration in Mayesbrook Park，East London：an ecosystem services assessment [R]. Bristol：Environment Agency，2011.

[121] FABER S. On Borrowed Land：Public Policies for Floodplains [M]. Cambridge，Mass. ：Lincoln Institute of Land Policy，1996.

[122] FAILING L，GREGORY R S，HARSTONE M. Integrating science and local knowledge in environmental risk management：a decision－focused approach [J]. Ecological Economics，2007，64：47－60.

[123] FAILING L，HORN G，HIGGINS P. Using expert judgment and stakeholder values to evaluate adaptive management options [J/OR]. Ecology and Society，2004 [2016－05－01]，9（1），http：//www. ecologyandsociety. org/vol9/iss1/art13/.

[124] FAO（Food and Agriculture Organization）. Habitat rehabilitation for inland fisheries：

Global review of effectiveness and guidance for rehabilitation of freshwater ecosystems. FAO Fisheries Technical Paper 484 [R/OL]. Food and Agriculture Organization of the United Nations, Rome: 2005 [2016 – 05 – 01]. http: //www. fao. org/fishery/topic/14752/.

[125] FAO (Food and Agriculture Organization) . The State of World Fisheries and Aquaculture [R/OL]. Food and Agriculture Organization of the United Nations, Rome: 2012a [2016 – 05 – 01]. ftp: //ftp. fao. org/docrep/fao/009/a0699e/a0699e. pdf.

[126] FAO (Food and Agriculture Organization) . World Agriculture Towards 2030/2050: The 2012 revision ESA E Working Paper No. 12 – 03 [R/OL]. Food and Agriculture Organization of the United Nations, Rome: 2012b [2015 – 09 – 15]. www. fao. org/economic/esa/esag/en/.

[127] FAO (Food and Agriculture Organization) . Recreational fisheries. FAO Technical Guidelines for Responsible Fisheries. No. 13 [R]. Food and Agriculture Organization of the United Nations, Rome: 2012c.

[128] FAO (Food and Agriculture Organization) . The state of world Aquaculture and Fisheries 2006 [R]. Food and Agriculture Organization of the United Nations, Rome: 2007.

[129] Food and Agriculture Organization of the United Nations. Yearbooks of fisheries statistics. Summary tables [R]. Food and Agriculture Organization of the United Nations, Rome: 2008.

[130] FAUSCH K D, TORGERSEN C E, BAXTER C V, et al. Landscapes to riverscapes: bridging the gap between research and conservation of stream fishes [J]. BioScience, 2002, 52: 483 – 498.

[131] FELD C K, BIRK S, BRADLEY D C, et al. From natural to degraded rivers and back again: a test of restoration ecology theory and practice [J]. Advances in Ecological Research, 2011, 44: 119 – 209.

[132] FINDLAY S J, TAYLOR M P. Why Rehabilitate Urban River Systems? [J]. Area, 2006, 38 (3): 312 – 325.

[133] FISCHENICH J C. Functional Objectives for Stream Restoration, EMRRP Technical Notes Collection (ERDC TN – EMRRP – SR – 52) [R/OL]. US Army Engineer Research and Development Center, 2006. http: //el. erdc. usace. army. mil/elpubs/pdf/sr52. pdf.

[134] FISHENICH J C, ALLEN H. Stream Management. Report ERDC/ELSR – W – 00 – 1 [R]. United States Army Corps of Engineers, Water Operations Technical Support Program, Texas , 2000.

[135] FLORSHEIM J L, MOUNT J F, Chin A. Bank erosion as a desirable attribute of rivers [J]. BioScience, 2008, 58 (6): 519 – 529.

[136] Forest Trends, The Katoomba Group, and UNEP. Payments for Ecosystem Services: Getting Started, A Primer [R/OL]. 2008. http: //www. unep. org/pdf/PaymentsForEcosystemServices _ en. pdf.

[137] FRANCIS R. Urban rivers: novel ecosystem, new challenges [J]. WIREs Water, 2014, 1:

19 – 29.

[138] FRANCIS R A, HOGGART S P, GURNELL A M. et al. Meeting the challenges of urban river habitat restoration: developing a methodology for the River Thames through central London [J]. Area, 2008, 40 (4): 435 – 445.

[139] FRANKEL N, GAGE A. M&E fundamentals: a self – guided mini – course [R/OL]. 2007 [2016 – 05 – 01]. http://www.cpc.unc.edu/measure/resources/publications/ms – 07 –20 – en.

[140] FU J, HU X, TAO X, et al. Risk and toxicity assessments of heavy metals in sediments and fishes from the Yangtze River and Taihu Lake, China [J]. Chemosphere, 2013, 93 (9): 1887 – 1895.

[141] FULLERTON A H, STEEL E A, LANGE I, et al. Effects of spatial pattern and economic uncertainties on freshwater habitat restoration planning: a simulation exercise [J]. Restoration Ecology, 2010, 18: 354 – 369.

[142] GABR H S. Perception of urban waterfront aesthetics along the Nile in Cairo, Egypt [J]. Coast Manag, 2004, 32: 155 – 171.

[143] GERGEL S E, TURNER M G, MILLER J R, et al. Landscape indicators of human impacts to riverine systems [J]. Aquatic Sci. Res. Across Boundaries, 2002, 64: 118 – 128.

[144] GILVEAR D J, CASAS – MULET R, SPRAY C J. Trends and issues in delivery of integrated catchment scale river restoration: lessons learned from a national river restoration survey within Scotland [J]. River Research and Applications, 2012, 28 (2): 234 – 246.

[145] GILVEAR D J, SPRAY C J, CASAS – MULET R. River rehabilitation for the delivery of multiple ecosystem services at the river network scale [J]. Journal of environmental management, 2013, 126: 30 – 43.

[146] GIPPEL C J, BOND N, james C, et al. An Asset – based, Holistic, Environmental Flows Assessment Approach [J]. International Journal of Water Resources Development, 2009, 25 (2): 301 – 330.

[147] GIPPEL C J, SPEED R. River health assessment framework: including monitoring, assessment and applications. ACEDP Australia – China Environment Development Partnership, River Health and Environmental Flow in China [R]. Brisbane: International WaterCentre, 2010.

[148] GIPPEL C J, CATFORD J, BOND N R, et al. River health assessment in China: development of physical form indicators [R]. ACEDP Australia – China Environment Development Partnership, River Health and Environmental Flow in China. Brisbane: The Chinese Research Academy of Environmental Sciences, the Pearl River Water Resources Commission and the International WaterCentre, 2011.

[149] GIPPEL C J, JIANG X, FU X, et al. Assessment of river health in the Lower Yellow River [R]. Brisbane: International WaterCentre, 2012.

[150] GLENDELL M, BRAZIER R E. Evaluating the benefits of catchment management for

multiple ecosystem services [R/OL]. Environment Agency, UK, 2014 [2015 - 06 - 02]. www. gov. uk/government/uploads/system/uploads/attachment _ data/file/366175/ Evaluating _ the _ water _ quality _ benefits _ of _ land _ management _ change _ - _ report. pdf.

[151] Global Water Partnership (GWP) . The Handbook for Management and Restoration of Aquatic Ecosystems in River and Lake Basins [M], 2015.

[152] GONZÁLEZ DEL TÁNAGO M, GARCÍA DE JALÓN D, ROMÁN M. River Restoration in Spain: Theoretical and Practical Approach in the Context of the European Water Framework Directive [J]. Environmental management, 2012, 50 (1): 123 - 139.

[153] GOOD T P, HARMS T K, RUCKELSHAUS M H. Misuse of checklist assessments in endangered species recovery efforts [J/OL]. Ecology and Society, 2003, 7 (2): 12. [2015 - 08 - 14]. http: //www. consecol. org/vol7/iss2/art12.

[154] GORDON N D, MCMAHON, T A, FINLAYSON B L. Stream Hydrology: An Introduction for Ecologists [M]. Chichester, England: John Wiley & Sons, 2013.

[155] GORE J A. The Restoration of Rivers and Streams: Theories and Experience [M]. Boston: Butterworth Publishers, 1985.

[156] GORE J A, SHIELDS F D. Can large rivers be restored [J]. Biosciences, 1995, 45: 142 - 152.

[157] GRAYMORE M, SCHWARZ I. Catchment restoration: Landholder perceptions of riparian restoration. Pilot study [R/OL]. Horsham: Horsham Campus Research Precinct, University of Ballarat, 2012 [2015 - 05 - 08]. http: //federation. edu. au/data/ assets/pdf _ file/0007/178981/RRLANHOLDERINTERVIEWSPILOTSTUDY _ 111112 - FINAL. pdf (Accessed 8 May 2015).

[158] GREGORY S V, SWANSON F J, MCKEE W A, et al. An Ecosystem Perspective of Riparian Zones [J]. Bioscience, 1991, 41: 540 - 551.

[159] GREY D, SADOFF C W. Sink or Swim? Water security for growth and development [J]. Water Policy, 2007, 9 (6): 545 - 571.

[160] GRIMM N B, FAETH S H, GOLUBIEWSKI N E, et al. Global change and the ecology of cities [J]. Science, 2008, 319: 756 - 760.

[161] GRIMM N B, SHEIBLEY R W, CRENSHAW C L, et al. N retention and transformation in urban streams [J]. Journal of the North American Benthological Society, 2005, 24: 626 - 642.

[162] GROFFMAN P M, BAIN D J, BAND L E, et al. Down by the riverside: urban riparian ecology [J]. Front Ecol Environ, 2003, 1 (6): 315 - 321.

[163] GROFFMAN P M, DORSEY A M, MAYER P M. N processing within geomorphic structures in urban streams [J]. Journal of the North American Benthological Society, 2005, 24: 613 - 625.

[164] GUILLOZET P, SMITH K, GUILLOZET K. The Rapid Riparian Revegetation Approach [J]. Ecological Restoration, 2014, 32 (2): 113 - 124.

[165] GUMIERO B, MANT J, HEIN T, et al. Linking the restoration of rivers and riparian zones/wetlands in Europe: Sharing knowledge through case studies [J]. Ecological Engineering, 2013, 56: 36 - 50.

[166] GURNELL A M, LEE M T, SOUCH C. Urban rivers: hydrology, geomorphology, ecology and opportunities for change [J]. Geog Compass, 2007, 1 (5): 1118 - 1137.

[167] HAESEKER S L, JONES M L, PETERMAN R M, et al. Explicit considerations of uncertainty in Great Lakes fisheries management of sea lamprey (Petromyzon marinus) control in the St. Mary's River [J]. Canadian Journal of Fisheries and Aquatic Sciences, 2007, 64: 1456 - 1468.

[168] HARMAN W, STARR R, CARTER M, et al. A Function - Based Framework for Stream Assessment and Restoration Projects [R/OL]. US Environmental Protection Agency, Office of Wetlands, Oceans, and Watersheds, Washington DC: 2012. http: //water. epa. gov/ lawsregs/guidance/wetlands/upload/A _ Function - Based _ Framework - 2. pdf.

[169] HARMS R S, HIEBERT R D. Vegetation Response Following Invasive Tamarisk (Tamarix spp.) Removal and Implications for Riparian Restoration [J]. Restoration Ecology, 2006, 14 (3): 461 - 472.

[170] HATT B E, FLETCHER T D, WALSH C J, et al. The influence of urban density and drainage infrastructure on the concentrations and loads of pollutants in small streams [J]. Environmental Management, 2004, 34: 112 - 124.

[171] HAVLICK D G, DOYLE M W. Restoration geographies [J]. Ecological Restoration, 2009, 27 (3): 240 - 243.

[172] HELFIELD J M, DIAMOND M L. Use of constructed wetlands for urban stream restoration: a critical analysis [J]. Environmental Management, 1997, 21: 329 - 341.

[173] HERMOSO V, PANTUS F, OLLEY J, et al. Systematic planning for river rehabilitation: integrating multiple ecological and economic objectives in complex decisions [J]. Freshwater Biology, 2012, 57: 1 - 9.

[174] HILBORN R, QUINN T P, SCHINDLER D E, et al. Biocomplexity and fisheries sustainability [C]. USA: Proceedings of the National Academy of Sciences, 2003, 100: 6564 - 6568.

[175] HILDERBRAND R H, WATTS A C, RANDLE A M. The myths of restoration ecology [J/OL]. Ecology and Society, 2005, 10 (1): 19. http: //www. ecologyandsociety. org/vol10/iss1/art19/.

[176] HOEKSTRA A Y, MEKONNEN M M. The water footprint of humanity [C]. Proceedings of the National Academy of Sciences of the United States of America, 2012, 109 (9): 3232 - 3237.

[177] HOLL K D, HOWARTH R B. Paying for Restoration [J]. Restoration Ecology, 2000, 8 (3): 260 - 267.

[178] HOLLING C S. Adaptive Environmental Assessment and Management [M]. London: John Wiley and Sons, 1978.

［179］ HUMPHRIES P，WINEMILLER K O. Historical impacts on river fauna，shifting baselines，and challenges for restoration ［J］. BioScience，2009，59：673 – 684.

［180］ IEA（International Energy Agency）. Renewable Energy Essentials：Hydropower ［M/OL］. 2010 ［2015 – 10 – 15］. http：//www. iea. org/publications/freepublications/publication/hydropower _ essentials. pdf.

［181］ International Lake Environment Committee. Lake Basin Management Initiative. Experience and Lessons Learned. Brief No 1. Aral Sea ［R］. Kusatsu，Japan：International Lake Environment Committee，2004.

［182］ IWC（International WaterCentre）. Report on Requirements for a Routine River Health Monitoring Program ［R］. Brisbane：International WaterCentre，2012.

［183］ IRWIN B J，WILBERG M J，JONES M L，et al. Applying structured decision – making to recreational fisheries management ［J］. Fisheries，2011，36：113 – 122.

［184］ IRWIN E R，FREEMAN M C. Proposal for adaptive management to conserve biotic integrity in a regulated segment of the Tallapoosa River，Alabama，USA ［J］. Conservation Biology，2002，16：1212 – 1222.

［185］ ISAB（Independent Scientific Advisory Board）. Using a comprehensive landscape approach for more effective conservation and restoration ［R］. Portland：Northwest Power and Conservation Council（NPCC），2011.

［186］ ISAB（Independent Scientific Advisory Board）. Review of the 2009 Columbia River Basin Fish and Wildlife Program ［R］. Portland：Northwest Power and Conservation Council（NPCC），2013.

［187］ IUCN/SSC. IUCN Guidelines for the Prevention of Biodiversity Loss caused by Alien Invasive Species ［R/OL］. 2008 ［2015 – 05 – 22］. http：//www. issg. org/pdf/guidelines _ iucn. pdf.

［188］ IUCN/SSC. Guidelines for Reintroductions and Other Conservation Translocations. Version 1. 0 ［R］. Gland，Switzerland：IUCN Species Survival Commission，2013.

［189］ JENSEN M. Colorado River Delta Greener After Engineered Pulse of Water ［R/OL］. 2014 ［2015 – 08 – 19］. http：//uanews. org/story/colorado – river – delta – greener – after – engineered – pulse – of – water.

［190］ JOHNSTON R J，SEGERSON K，SCHULTZ E T，et al. Indices of biotic integrity in stated preference valuation of aquatic ecosystem services ［J］. Ecological Economics，2011，70（11）：1946 – 1956.

［191］ JONES P D. The Mersey Estuary：back from the dead? Solving a 150 – year old problem ［J］. Journal of the Chartered Institute of Water and Environmental Management，2000，14：124 – 130.

［192］ JUNK W J，BAYLEY P B，SPARKS R E. The flood pulse concept in river – floodplain systems ［C］//Dodge D P. Proceedings of the International Large River Symposium. Canadian Special Publication in Fisheries and Aquatic Science，1989，106：110 – 127.

［193］ KOONCE J F，CAIRNS V，CHRISTIE A，et al. A commentary on the role of institutional arrangements in the protection and restoration of habitat in the Great Lakes [J]. Can. J. Fish. Aquat. Sci. , 1996, 53 (Suppl. 1): 458 – 465.

[194] KAREIVA P, MARVIER M. What is conservation science? [J]. BioScience, 2012, 62: 962 – 969.

[195] KAREIVA P, TALLIS H, RICKETTS T H, et al. Natural capital: theory and practice of mapping ecosystem services [M]. Oxford University Press, 2011.

[196] KARR J R, SCHLOSSE I J. Water Resources and the Land – Water Interface [J]. Science, 1978, 201 (4352): 229 – 234.

[197] KARR J R, DUDLEY D R. Ecological perspective on water quality goals [J]. Environmental Management, 1981, 5: 55 – 68.

[198] KEENEY R L. Value – focused thinking: a path to creative decision – making [M]. Cambridge, Massachusetts: Harvard University Press, 1996.

[199] KETTUNEN M, TEN BRINK P. Value of Biodiversity: Documenting EU Examples Where Biodiversity Loss has led to the Loss of Ecosystem Services. Final report for the European Commission [R]. Brussels: IEEP, 2006.

[200] KERSHNER J L. Setting riparian/aquatic restoration objectives within a watershed context [J]. Restoration Ecology, 1997, 45: 15 – 24.

[201] KHOO T C. Singapore water: yesterday, today and tomorrow [C] //BISWAS A K, TORTAJADA C, IZQUIERDO – AVINO R. Water Management in 2020 and Beyond. Springer – Verlang Berlin Heidelberg, 2009.

[202] KIBEL P. Rivertown: rethinking urban rivers. Urban and Industrial Environments [M]. Cambridge, Massachusetts: The MIT Press, 2008.

[203] KIRKKALA T, VENTELÄ A M, TARVAINEN M. Long – term field – scale experiment on using lime filters in an agricultural catchment [J]. Journal of environmental quality, 2012, 41 (2): 410 – 419.

[204] KLEIN R D. Urbanization and stream quality impairment [J]. Water Resour. Bull. , 1979, 15: 948 – 963.

[205] KNIGHTON D. Fluvial Forms and Processes: A New Perspective [M]. London: Hodder Arnold Publication, 1998.

[206] KONDOLF GM, SMELTZER M, KIMBALL L. Freshwater gravel mining and dredging issues [R]. Washington Dept of Fish and Wildlife, Dept of Ecology and Dept of Transportation, 2002: 3 – 4.

[207] Korea Institute of Construction Technology (KICT). An R&D Planning Report on the development of technologies of nature – friendly regeneration and utilization of river environment [R], 2012.

[208] KUHNERT P M, MARTIN T G, GRIFFITHS S P. A guide to eliciting and using expert knowledge in Bayesian ecological models [J]. Ecology Letters, 2010, 13: 900 – 914.

[209] LADSON A R. Optimising Urban Stream Rehabilitation Planning and Execution. CRC for

Catchment Hydrology [R], 2004.

[210] LAMMERT M, ALLAN J D. Environmental Auditing: Assessing Biotic Integrity of Streams: Effects of Scale in Measuring the Influence of Land Use/Cover and Habitat Structure on Fish and Macroinvertebrates [J]. Environmental Management, 1999, 23 (2): 257 – 270.

[211] LANGPAP C L, WU J. Voluntary conservation of endangered species: when does regulatory assurance mean no conservation? [J]. J. Environ. Econ. Manage, 2004, 47: 435 – 457.

[212] LAVERY S, DONOVAN B. Flood risk management in the Thames Estuary looking ahead 100years [J]. Philosophical Transactions of the Royal Society A: Mathematical, Physical and Engineering Sciences, 2005, 363 (1831): 1455 – 1474.

[213] LAZORCHAK J M, HILL B H, AVERILL D K, et al. Environmental Monitoring and Assessment Program – Surface Waters: Field Operations and Methods for Measuring the Ecological Condition of Non – Wadeable Rivers and Streams [M]. Cincinnati: U. S. Environmental Protection Agency, 2000.

[214] LE MAITRE D C, MILTON S J, JARMAIN C. et al. Linking ecosystem services and water resources: landscape – scale hydrology of the Little Karoo [J]. Front Ecol Environ, 2007, 5: 261 – 270.

[215] LEHNER B, LIERMANN C R, REVENGA C. High – resolution mapping of the world's reservoirs and dams for sustainable river – flow management [J]. Frontiers in Ecology and the Environment, 2011, 9 (9): 494 – 502.

[216] LELEK A, KOHLER C. Restoration of fish communities of the Rhine River two years after a heavy pollution wave [J]. Regulated Rivers: Research & Management, 1990, 5: 57 – 66.

[217] LENAT D. A biotic index for the southeastern United States: derivation and list of tolerance values, with criteria for assigning water – quality ratings [J]. Journal of the North American Benthological Society, 1993, 12: 279 – 290.

[218] LENNON M, SCOTT M, O'NEILL E. Urban design and adapting to flood risk: the role of green infrastructure [J]. Journal of Urban Design, 2014, 19 (5): 745 – 758.

[219] LERNER D N. Groundwater recharge in urban areas. Hydrological Processes and Water Management in Urban Areas [C]. Proceedings of the Duisberg Symposium, IAHS Publication, 1990.

[220] LESSARD J. Local scale mitigations for Hinds catchment streams and waterways [R/OL]. 2014. https: //api. ecan. govt. nz/TrimPublicAPI/documents/download/2143094.

[221] LETHBRIDGE M, WESTPHAL M I, POSSINGHAM H P, et al. Optimal restoration of altered habitats [J]. Environmental Modelling & Software, 2010, 25: 737 – 746.

[222] LEWIS R R. Wetlands restoration/creation/enhancement terminology: suggestions for standardization [M] //KUSLER J A, KENTULA M E. Wetland Creation and Restoration: The Status of the Science. Washington DC: Island Press, 1990.

[223] LI G. Keeping the Yellow River healthy [C] //Proceedings of the Ninth International

Symposium on River Sedimentation. Beijing: Tsinghua University Press, 2004: 65 – 70. http: //www. cws. net. cn/ zt/04nisha/baogao/ligy. pdf.

[224] LICHATOWICH J. Salmon without rivers: a history of the Pacific salmon crisis [M]. Washington D. C. : Island Press, 1999.

[225] LIU J, DIAMOND J. China's environment in a globalizing world [J]. Nature, 2005, 435 (7046): 1179 – 1186.

[226] LIUA Y, GUPTAA H, SPRINGER E, et al. Linking science with environmental decision – making: experiences from an integrated modeling approach to supporting sustainable water resources management [J]. Environmental Modelling and Software, 2007, 23 (7): 846 – 858.

[227] LLOYD S D, WONG T H F, PORTER B. The planning and construction of an urban storm – water management scheme [J]. Water Science and Technology, 2002, 45 (7): 1 – 10.

[228] LOOMIS J B. Measuring the economic benefits of removing dams and restoring the Elwha River: results of a contingent valuation survey [J]. Water Resources Research, 1996, 32 (2): 441 – 447.

[229] LOOMIS J, KENT P, STRANGE L, et al. Measuring the total economic value of restoring ecosystem services in an impaired river basin: results from a contingent valuation survey [J]. Ecological economics, 2000, 33 (1): 103 – 117.

[230] LOTTERMOSER B. Mine Wastes: Characterization, Treatment and Environmental Impacts [M]. New York: Springer, 2012.

[231] LOVETT S, EDGAR B. Planning for river restoration, Fact Sheet 9 [R]. Canberra: Land & Water Australia, 2002.

[232] LOWRANCE R, ALTIER L S, NEWBOLD J D, et al. Water Quality Functions of Riparian Forest Buffers in Chesapeake Bay Watersheds [J]. Environmental Management, 1997, 21 (5): 687 – 712.

[233] LUNDQVIST J, TURTON A, NARAIN S. Social, institutional and regulatory issues [R] //MAKSIMOVIC C, TEJADA – GUILBERT J A. Frontiers in Urban Water Management, Deadlock or Hope. Cornwall: IWA Publishing, 2001: 344 – 398.

[234] LUNDY L, WADE R. Integrating sciences to sustain urban ecosystem services [J]. Progress in Physical Geography, 2011, 35 (5): 653 – 669.

[235] MACDONALD L H, SMART A W, WISSMAR R C. Monitoring guidelines to evaluate effects of forestry activities on streams in the Pacific Northwest and Alaska [M]. Seattle: U. S. Environmental Protection Agency, 1991.

[236] MALONE – LEE L C, KUSHWAHA V. Case Study: 'Active, Beautiful and Clean' Waters Programme of Singapore [R]. Eco – efficient and Sustainable Urban Infrastructure Development in Asia and Latin America. Prepared for United nationals Economic and Social Commission for Asian and the Pacific (ESCAP), 2009.

[237] MARKS J C, HADEN G A, O'NEILL M, et al. Effects of flow restoration and exotic

species removal on recovery of native fish: lessons from a dam decommissioning [J]. Restoration Ecology, 2010, 18 (6): 934 – 943.

[238] MASON S J, MCGLYNN B L, POOLE G C. Hydrologic response to channel reconfiguration on Silver Bow Creek, Montana [J]. Journal of Hydrology, 2012, 438: 125 – 136.

[239] MCBRIDE M, BOOTH D B. Urban impacts on physical stream condition: effects of spatial scale, connectivity, and longitudinal trends [J]. J Am Water Resourc Assoc, 2005, 41: 565 – 580.

[240] MCKERGOW L A, WEAVER D M, PROSSER I P, et al. Before and after riparian management: sediment and nutrient exports from a small agricultural catchment, Western Australia [J]. Journal of Hydrology, 2003, 270 (3): 253 – 272.

[241] MDBC (Murray Darling Basin Commission). Barmah Choke Study: Fact Sheet 1 [R/OL]. 2008 [2015 – 09 – 1]. http://www.mdba.gov.au/sites/default/files/archived/mdbc – tlm – reports/2092 _ Barmah _ Choke _ factsheet. pdf.

[242] MEA (Millennium Ecosystem Assessment). Ecosystems and Human Well – Being: Synthesis [M]. Washington DC: Island Press, 2005.

[243] Melbourne Water. Constructed wetlands guidelines [M]. Melbourne: Melbourne Water, 2010.

[244] MILLER J R, KOCHEL R C. Assessment of channel dynamics, instream structures and post – project channel adjustments in North Carolina and its implications to effective stream restoration [J]. Environmental Earth Sciences, 2010, 59 (8): 1681 – 1692.

[245] MITCHELL G. Mapping hazard from urban non – point pollution: a screening model to support sustainable urban drainage planning [J]. J. Environ. Manage, 2005, 74: 1 – 9.

[246] MITSCH W J, DAY J W, GILLIAM J W, et al. Reducing nitrogen loading to the Gulf of Mexico from the Mississippi river basin: strategies to counter a persistent ecological problem [J]. Bioscience, 2001, 51: 373 – 388.

[247] MOORE A M, PALMER M A. Agricultural watersheds in urbanizing landscapes: implications for conservation of biodiversity of stream invertebrates [J]. Ecol. Applications, 2005, 15: 1169 – 1177.

[248] MOORE A L, MICHAEL A. On valuing information in adaptive – management models [J]. Conservation Biology, 2009, 24 (4): 984 – 993.

[249] MORANDII B, PIEGAY H, LAMOUROUX N, et al. How is success or failure in river restoration projects evaluated? Feedback from French restoration projects [J]. J Environ Manage, 2014, 137: 178 – 88.

[250] MORLEY S A, KARR J R. Assessing and restoring the health of urban streams in the Puget Sound Basin [J]. Conservation Biology, 2002, 16: 1498 – 1509.

[251] MOTTN. Fish Live in Trees Too! River Rehabilitation and Large Woody Debris [R/OL]. Stafford, UK: Staffordshire Wildlife Trust, 2010 [2015 – 11 – 15]. http://

www. therrc. co. uk/MOT/References/WT _ Fish _ live _ in _ trees _ too. pdf.

[252] MUHAR S, JUNGWIRTH M, UNFER G, et al. Restoring riverine landscapes at the Drau River: successes and deficits in the context of ecological integrity [J]. Developments in Earth Surface Processes, 2007, 11: 779 – 803.

[253] MYLES H, MENZ M, DIXON K W, et al. Hurdles and Opportunities for Landscape – Scale Restoration [J]. Science, 2013, 339.

[254] NAEEM S, INGRAM J C, VARGA A, et al. 2015. Get the Science Right when Paying for Nature's Services [J]. Science, 347 (6227): 1206 – 1207.

[255] NAIMAN R J, MELILLO J M, LOCK M A, et al. Longitudinal patterns of ecosystem processes and community structure in a subarctic river continuum [J]. Ecology, 1987, 68: 1139 – 1156.

[256] NAIMAN R J. Watershed management: balancing sustainability and environmental change [M]. New York: Springer, 1992.

[257] NAIMAN R J, DÉCAMPS H, POLLOCK M. The Role of Riparian Corridors in Maintaining Regional Biodiversity [J]. Ecol. Applications, 1993, 3 (2): 209 – 212.

[258] NAIMAN R J, MAGNUSON J J, MCKNIGHT D M, et al. Freshwater ecosystems and management: A national initiative [J]. Science, 1995, 270: 584 – 585.

[259] NAIMAN R J, DÉCAMPS H. The ecology of interfaces – riparian zones [J]. Annual Review of Ecology and Systematics, 1997, 28: 621 – 658.

[260] NAIMAN R J, DÉCAMPS H, MCCLAIN M E. Riparia: Ecology, Conservation and Management of Streamside Communities [M]. San Diego: Elsevier/Academic Press, 2005.

[261] NAIMAN R J, DUDGEON D. Global alteration of freshwaters: Influences on human and environmental well – being [J]. Ecological Research, 2011, 26: 865 – 873.

[262] NAIMAN R J, ALLDREDGE J R, BEAUCHAMP D, et al. Developing a broader scientific foundation for river restoration: Columbia River food webs [J]. P Natl Acad Sci USA, 2012, 109 (52): 21201 – 21207.

[263] NAIMAN R J. Socio – ecological complexity and the restoration of river ecosystems [J]. Inland Waters, 2013, 3: 391 – 410.

[264] NAKAMURA K. River and wetland restoration: lessons from Japan [J]. BioScience, 2006, 56 (5): 419 – 429.

[265] NANDY S, MITRA S. Features of Indian Sunderbans mangrove swamps [J]. Environment and Ecology, 2004, 22: 339 – 344.

[266] National Research Council. Mississippi River Water Quality and the Clean Water Act: Progress, Challenges and Opportunities [R/OL]. National Academy of Sciences, 2008. http: //www. nap. edu/catalog/12051. html.

[267] NEESON T M, FERRIS M C, DIEBEL M W, et al. Enhancing ecosystem restoration efficiency through spatial and temporal coordination [J]. PNAS, 2015, 112 (19): 6236 – 6241.

［268］ NELLER R. A comparison of channel erosion in small urban and rural catchments，Armidale ［J］. New South Wales Earth Surface Processes and Landforms，1988，13：1－7.

［269］ NEWBURY R，GABOURY M. Stream analysis and fish habitat design—a field manual ［R］. British Columbia：Newbury Hydraulics Ltd. ，1993.

［270］ NIENHUIS P H，LEUVEN R S E W. River restoration and flood protection：Controversy or synergism? ［J］. Hydrobiologia，2001，444：85－99.

［271］ NIEZGODA S L，JOHNSON P A. Improving the urban stream restoration effort：identifying critical form and processes relationships ［J］. Environmental Management，2005，35（5）：579－592. ·

［272］ NIJHUIS M. World's Largest Dam Removal Unleashes U. S. River After Century of Electric Production ［R］. National Geographic，2014 ［2015－09－14］. http：//news. nationalgeographic. com/news/2014/08/140826－elwha－river－dam－removal－salmon－science－olympic.

［273］ NILSSON C，PIZZUTO J E，MOGLEN J E，et al. Ecological forecasting and the urbanization of stream ecosystems：challenges for economists，hydrologists，geomorphologists，and ecologists ［J］. Ecosystems，2003，6：659－674.

［274］ NPCC（Northwest Power and Conservation Council）. Columbia River Basin Fish and Wildlife Program ［R］. Portland，Oregon：2009.

［275］ NPCC（Northwest Power and Conservation Council）. Columbia River Basin Fish and Wildlife Program ［R］. Portland，Oregon：2014. http：//www. nwcouncil. org/fw/program/2014－12/program.

［276］ NRC（National Research Council）. Restoration of aquatic ecosystems：science，technology，and public policy ［M］. Washington，D. C. ：National Academy Press，1992.

［277］ NWC. Evaluating options for Water Sensitive Urban Design—a National Guide. Joint Steering for Water Sensitive Cities ［M］. Canberra：2009.

［278］ O'HANLEY J，WRIGHT J，DIEBEL M，et al. Restoring stream habitat connectivity：A proposed method for prioritizing the removal of resident fish passage barriers ［J］. Journal of Environmental Management，2013，125：19－27.

［279］ O'KEEFFE J，KAUSHAL N，SMAKHTIN V，et al. Assessment of Environmental Flows for the Upper Ganga Basin ［R］. New Delhi：WWF India，2012.

［280］ OLIVERA F，DEFEE，B B. Urbanization and its effect on runoff in the whiteoak Bayou watershed，Texas ［J］. J Am Water Resour Assoc，2007，43：170－182.

［281］ OLLEY J，BURTON J，HERMOSO V，et al. Remnant riparian vegetation，sediment and nutrient loads，and river rehabilitation in subtropical Australia ［J］. Hydrological Processes，2014，29（10）：2290－2300.

［282］ OLSSON G，ZABBEY N. Water footprint of oil exploration—A case study from the Niger Delta ［R］. Dublin，Ireland：World Water Congress on Water Climate and Energy，2012.

[283] OPPERMAN J J, LUSTER R A, MCKENNEY B A, et al. Ecologically functional flood-plains: connectivity, flow regime, and scale [J]. Journal of the American Water Resources Association, 2010, 46: 211 – 226.

[284] OPPERMAN J J. A Flood of Benefits: Using Green Infrastructure to Reduce Flood Risks [R]. Arlington, Virginia: The Nature Conservancy, 2014.

[285] OSBORNE L L, BAYLEY P B, HIGLER L W. Lowland stream restoration: theory and practice [J]. Freshwater Biology, 1993, 29: 187 – 342.

[286] PALMER M A, BERNHARDT E S, ALLAN J D, et al. Standards for ecologically successful river restoration [J]. J Appl. Ecol. , 2005, 42: 208 – 217.

[287] PALMER M A, AMBROSE R F, POFF N L. Ecological theory and community restoration ecology [J]. Restoration Ecology, 1997, 5 (4): 291 – 300.

[288] PALMER M A, REIDY LIERMANN C A, NILSSON C, et al. Climate change and the world's river basins: anticipating management options [J]. Front Ecol Environ. , 2008, 6: 81 – 89.

[289] PALMER M A, FILOSO S. Restoration of ecosystem services for environmental markets [J]. Science, 2009, 325: 575.

[290] PALMER M A, HONDULA K L, KOCH B J. Ecological Restoration of Streams and Rivers: Shifting Strategies and Shifting Goals [J]. Annual Review of Ecology, Evolution, and Systematics, 2014, 45: 247 – 269.

[291] PALMER M, ALLAN J D, MEYER J, et al. River restoration in the twenty – first century: Data and experiential future efforts [J]. Restoration Ecology, 2007, 15: 472 – 481.

[292] PALMER M A. Reforming Watershed Restoration: Science in Need of Application and Applications in Need of Science [J]. Estuaries and Coasts, 2008, 32 (1): 1 – 17.

[293] PALMER M A. Beyond infrastructure [J]. Nature, 2010, 467: 534 – 535.

[294] PAUL M J, MEYER J L. Streams in the urban landscape [J]. Annu Rev Ecol Syst, 2001, 32: 333 – 365.

[295] PEDERSEN M L, FRIBERG N, SKRIVER J, et al. Restoration of Skjern River and its valley—short – term effects on river habitats, macrophytes and macroinvertebrates [J]. Ecological Engineering, 2007, 30 (2): 145 – 156.

[296] PEGRAM G, LI Y, LE QUESNE T, et al. River basin planning: Principles, procedures and approaches for strategic basin planning [M]. Paris: UNESCO, 2013.

[297] PETERMAN R M. Possible solutions to some challenges facing fisheries scientists and managers [J]. ICES Journal of Marine Science, 2004, 61: 1331 – 1343.

[298] PETERS R J, PESS G R, MCHENRY M L, et al. Quantifying Changes in Streambed Composition Following the Removal of the Elwha and Glines Canyon Dam on the Elwha River [R]. US Fish & Wildlife Service, 2015.

[299] PETERSON D, RIEMAN B, DUNHAM J, et al. Analysis of tradeoffs between threats of invasion by non – native trout and intentional isolation for native west – slope cut –

throat trout [J]. Canadian Journal of Fisheries and Aquatic Sciences, 2008, 65 (4):
557 – 573.

[300] PETTS J. Learning about learning: lessons from public·engagement and deliberation on
urban river restoration [J]. The Geographical Journal, 2007, 173 (4): 300 – 311.

[301] PITTOCK J, XU M. Controlling Yangtze River floods: A new approach [R]. Washington DC: World Resources Report, 2010.

[302] POFF N L, ZIMMERMAN J K. Ecological responses to altered flow regimes: a literature review to inform the science and management of environmental flows [J]. Freshwater Biology, 2010, 55 (1): 194 – 205.

[303] POFF N L, OLDEN J D, MERRITT D M, et al. Homogenization of regional river dynamics by dams and global biodiversity implications [C] //Proceedings of the National Academy of Sciences, USA, 2007, 104: 5732 – 5737.

[304] PRICE P, LOVETT S, DAVIES P. A national synthesis of river restoration projects [M]. Canberra: National Water Commission, 2009.

[305] POSTEL S, RICHTER B. Rivers for life: Managing water for people and nature [M]. Washington: Island Press, 2003.

[306] PUSEY B J, ARTHINGTON A H. Importance of the riparian zone to the conservation and management of freshwater fish: a review [J]. Marine and Freshwater Research, 2003, 54 (1): 1 – 16.

[307] Queensland Government. Reef Water Quality Protection Plan 2013 [OL]. 2013 [2015 – 08 – 08]. http: //www. reefplan. qld. gov. au/resources/assets/reef – plan – 2013. pdf.

[308] RANDLE T J, BOUNTRY J A, RITCHIE A, et al. Large – scale dam removal on the Elwha River, Washington, USA: erosion of reservoir sediment [J]. Geomorphology, 2015, 246: 709 – 728.

[309] REGAN H M, BEN – HAIM Y, LANGFORD B, et al. Robust decision – making under severe uncertainty for conservation management [J]. Ecological Applications, 2005, 15: 1471 – 1477.

[310] REICH P, LAKE P S. Extreme hydrological events and the ecological restoration of flowing waters [J]. Freshwater Biology, 2014, 60 (12): 2639 – 2652.

[311] REVENGA C, KURA Y. Biodiversity of Inland Water Ecosystems, Technical Series [M]. Montreal, 2003.

[312] RHOADS B L, WILSON D, URBAN M, et al. Interaction between scientists and non – scientists in community – based water – shed management: Emergence of the concept of stream naturalization [J]. Environ. Manage, 1999, 24: 297 – 308.

[313] RICHTER B. Chasing Water: A Guide for Moving from Scarcity to Sustainability [M]. Island Press, 2014.

[314] RICHTER B D, THOMAS G A. Restoring environmental flows by modifying dam operations [J]. Ecology and society, 2007, 12 (1): 12.

[315] RIEMAN B E, SMITH C L, NAIMAN R J, et al. A comprehensive approach for habi-

tat restoration in the Columbia Basin [J]. Fisheries, 2015, 40: 124 – 135.

[316] ROBERTSON A I, BUNN S E, BOON P I, et al. Sources, sinks and transformation of organic carbon in Australian floodplain rivers [J]. Marine and Freshwater Research, 1999, 50: 813 – 829.

[317] RONI P, BEECHIE T J, BILBY R E, et al. A review of stream restoration techniques and a hierarchical strategy for prioritizing restoration in Pacific Northwest watersheds [J]. North American Journal of Fisheries Management, 2002, 22: 1 – 20.

[318] RONI P. Monitoring Stream and Watershed Restoration [M]. Bethesda (MD): American Fisheries Society, 2005.

[319] RONI P, LIERMANN M C, JORDAN C, et al. Steps for designing a monitoring and evaluation program for aquatic restoration [C] //RONI P. Monitoring Stream and Watershed Restoration. Bethesda (MD): American Fisheries Society, 2005: 13 – 34.

[320] RONI P. Overview and Background [C] //RONI P. Monitoring Stream and Watershed Restoration. American Fisheries Society, 2005: 1 – 11.

[321] RONI P, HANSON K, BEECHIE T. Global Review of the Physical and Biological Effectiveness of Stream Habitat Rehabilitation Techniques [J]. North American Journal of Fisheries Management, 2008, 28 (3): 856 – 890.

[322] RONI P, BEECHIE T. Stream and Watershed Restoration. A Guide to Restoring Riverine Processes and Habitats [M]. Hoboken, New Jersey: John Wiley & Sons, Ltd., 2013.

[323] ROTH N E, ALLAN J D, ERICKSON D L. Landscape influences on stream biotic integrity assessed at multiple spatial scales [J]. Landscape Ecology, 1996, 11 (3): 141 – 156.

[324] RRC (River Restoration Centre). Practical River Restoration Appraisal Guidance for Monitoring Options (PRAGMO) [R/OL]. Bedford: River Restoration Centre, 2011 [2016 – 05 – 01]. www. therrc. co. uk/monitoring – guidance.

[325] ROBINSON D R. River rehabilitation in urban environments: morphology and design principles for the pool – riffle sequence [D]. University of London, 2003: 315.

[326] ROGERS K H. The real river management challenge: Integrating scientists, stakeholders and service agencies [J]. River Research and Applications, 2006, 22: 269 – 280.

[327] ROGERS K H, LUTON R, BIGGS H, et al. Fostering complexity thinking in action research for change in complex social – ecological systems [J]. Ecology and Society, 2013, 18 (2): 31.

[328] RONI P, BEECHIE T J, BILBY R E, et al. A review of stream restoration techniques and a hierarchical strategy for prioritizing restoration in Pacific Northwest watersheds [J]. North American Journal of Fisheries Management, 2002, 22: 1 – 20.

[329] RONI P. Monitoring Stream and Watershed Restoration [M]. Bethesda (MD): American Fisheries Society, 2005.

[330] RONI P, LIERMANN M C, JORDAN C. et al. Steps for designing a monitoring and evaluation program for aquatic restoration [C] //RONI P. Monitoring Stream and Wa-

tershed Restoration. Bethesda（MD）：American Fisheries Society，2005.

［331］ RONI P. Overview and Background［C］//RONI P. Monitoring Stream and Watershed Restoration. American Fisheries Society，2005.

［332］ RONI P，HANSON K，BEECHIE T. Global Review of the Physical and Biological Effectiveness of Stream Habitat Rehabilitation Techniques［J］. North American Journal of Fisheries Management，2008，28（3）：856－890.

［333］ RONI P，BEECHIE T. Stream and Watershed Restoration. A Guide to Restoring Riverine Processes and Habitats［M］. Hoboken，New Jersey：John Wiley & Sons，Ltd. ，2013.

［334］ ROTH N E，ALLAN J D，ERICKSON D L. Landscape influences on stream biotic integrity assessed at multiple spatial scales［J］. Landscape Ecology，1996，11（3）：141－156.

［335］ RRC（River Restoration Centre）. Practical River Restoration Appraisal Guidance for Monitoring Options（PRAGMO）［R/OL］. Bedford：River Restoration Centre，2011［2016－05－01］. http：//www. therrc. co. uk/ monitoring－guidance.

［336］ RRC（River Restoration Centre）. Manual of River Restoration Techniques［R/OL］. Bedford：River Restoration Centre，2013［2016－02－26］. http：//www. therrc. co. uk/manual－river－restoration－techniques.

［337］ RUNGE M C. An introduction to adaptive management for threatened and endangered species［J］. Journal of Fish and Wildlife Management，2011，2：220－233.

［338］ RUNGE M C，CONVERSE S J，LYONS J E. Which uncertainty? Using expert elicitation and expected value of information to design an adaptive program［J］. Biological Conservation，2011，144：1214－1223.

［339］ RUTHERFURD I D，JERIE K，MARSH N. A Rehabilitation Manual for Australian Streams［M］. Canberra：LWRRDC，2000.

［340］ SARR D A. Riparian livestock exclosure research in the western United States：a critique and some recommendations［J］. Environmental Management，2002，30（4）：516－526.

［341］ SALA O E，CHAPIN III F S，ARMESTO J J，et al. Global biodiversity scenarios for the year 2100［J］. Science，2000，287：1770－1774.

［342］ SAMII C，LISIECKI M，KULKARNI P，et al. Effects of Payment for Environmental Services（PES）on Deforestation and Poverty in Low and Middle Income Countries：a systematic review［R/OL］. Collaboration for Environmental Evidence，2014［2016－05－01］. http：//www. environmentalevidence. org/wp－content/uploads/2015/01/Samii_PES_Review－formatted－for－CEE. pdf.

［343］ SAYERS P，LI Y，GALLOWAY G，et al. Flood Risk Management：A Strategic Approach［M］. Paris：UNESCO，2013.

［344］ SCHINDLER D E，CARPENTER S R，COLE J J，et al. Influence of food web structure on carbon exchange between lakes and the atmosphere［J］. Science，1997，277：248－251.

［345］ SCHMETTERLING D A，CLANCY C G，BRANDT T M. Effects of riprap bank rein-forcement on stream salmonids in the western United States ［J］. Fisheries，2001，26 (7)：6－23.

［346］ SCHMITZ A，KENNEDY P L，HILL－GABRIEL J. Restoring the Florida Everglades through a sugar land buyout：benefits，costs，and legal challenges ［J］. Environmental Economics，2012，3 (1)：74－89.

［347］ SCHUMM S. The Fluvial System ［M］. New York：John Wiley and Sons，1984.

［348］ SHELDON F，PETERSEN E，BOONE E，et al. Identifying the spatial scale of land use that most strongly influences overall river ecosystem health score ［J］. Ecological Applications：a publication of the Ecological Society of America，2012，22 (8)：2188－2203.

［349］ SHUKER L，GURNELL A.，RACO M. Some simple tools for communicating the bio-physical condition of urban rivers to support decision－making in relation to river restora-tion ［J］. Urban Ecosyst.，2012，15：389－408.

［350］ SIEBEN E J J，ELLERY W N，KOTZE D C，et al. Hierarchical spatial organization and prioritization of wetlands：a conceptual model for wetland rehabilitation in South Af-rica Wetlands ［J］. Ecol Manage，2011，19：209－222.

［351］ SKINNER K，SHIELDS F D，HARRISON S. Measures of Success：Uncertainty and Defining the Outcomes of River Restoration Schemes. River Restoration ［M］. John Wi-ley & Sons，Ltd.，2008.

［352］ SKM (Sinclair Knight Merz). Development of a Flow Stressed Ranking Procedure. Final Report to Department of Sustainability and Environment，Victoria ［R］. Victoria：Sin-clair Knight Merz，Armadale，2005.

［353］ SMALL I，VAN DER MEER J，UPSHUR R E. Acting on an environmental health dis-aster：the case of the Aral Sea ［J］. Environmental Health Perspectives，2001，109 (6)：547－549.

［354］ SMITH S，ROWCROFT P，EVERARD M，et al. Payments for Ecosystem Services：A Best Practice Guide. Defra，London ［R/OL］. 2013 ［2016－05－06］. http：//www. gov. uk/government/uploads/system/uploads/attachment _ data/file/200920/pb13932－pes－bestpractice－20130522. pdf.

［355］ SMITH B，CLIFFORD N J，MANT J. The changing nature of river restoration ［J］. Wiley Interdisciplinary Reviews：Water，2014，1：249－261.

［356］ SPEED R，GIPPEL C，BOND N，et al. Assessing river health and environmental flow requirements in Chinese rivers ［R］. Brisbane：International WaterCentre，2012.

［357］ SPEED R，LI Y，LE QUESNE T，et al. Basin Water Allocation Planning. Principles，procedures and approaches for basin allocation planning ［M］. Paris：UNESCO，2013.

［358］ SPRAGUE L A，ZUELLIG R E，DUPREE J A. Effects of urban development on stream e-cosystems along the Front Range of the Rocky Mountains ［R］. Colorado and Wyoming：U. S. Geological Survey Fact Sheet，2006：4.

［359］ SPRAY C，COMINS L. Governance structures for effective Integrated Catchment Management - lessons and experiences from the Tweed HELP Basin，UK ［C］//Proceedings of the Second International Symposium on Building Knowledge Bridges for a Sustainable Water Future，Panama，2011.

［360］ STANFORD J A，WARD J V. The hyporheic habitat of river ecosystems ［J］. Nature，1988，335：64 - 66.

［361］ STANFOR，J A，LORANG M S，HAUER F R. The shifting habitat mosaic of river ecosystems ［J］. Internat. Vereinig. theoretische und angewandte Limnologie 2005，29：123 - 136.

［362］ STEFFEN W，RICHARDSON K，ROCKSTRÖM J，et al. Planetary boundaries：Guiding human development on a changing planet ［J］. Science，2015，15：2.

［363］ STERN C，SHEIKH P，JURENAS R，et al. Everglades Restoration and the River of Grass Land Acquisition ［J］. Congressional Research Service，2010 ［2015 - 03 - 11］. http：//www. cnie. org/nle/crsreports/10Sep/R41383. pdf.

［364］ STIASSNY M L J. Conservation of freshwater fish biodiversity：The knowledge impediment ［J］. Verhandlungen der Gesellschaft für Ichthyologie，2002，3：7 - 18.

［365］ STODDARD J L，LARSEN D P，HAWKINS C P，et al. Setting expectations for the ecological condition of streams：the concept of reference condition ［J］. Ecological Applications，2006，16：1267 - 1276.

［366］ STOFFELS R J，CLARKE K R，REHWINKEL R A，et al. Response of a floodplain fish community to river - floodplain connectivity：natural versus managed reconnection ［J］. Canadian Journal of Fisheries and Aquatic Sciences，2013，71 (2)：236 - 245.

［367］ STRAYER D L，DUDGEON D. Freshwater biodiversity conservation：recent progress and future challenges ［J］. J N Am Benthol Soc，2010，29：344 - 358.

［368］ CHA S M，YOUNG S H，KI S J，et al. Evaluation of pollutants removal efficiency to achieve successful urban river restoration ［J］. Water Science & Technology，2009，59：2101 - 2109.

［369］ SUREN A M. Effects of urbanization ［C］//COLLIER K J，WINTERBOURN M J. New Zealand Stream Invertebrates：Ecology and Implications for Management. Hamilton：NZ Limnol Soc，2000：260 - 288.

［370］ SUSSKIND L，CAMACHO A E，SCHENK T. Collaborative planning and adaptive management in Glen Canyon：a cautionary tale ［J］. Columbia Journal of Environmental Law，2010，35：1 - 55.

［371］ SWEENEY B W，CZAPKA S J. Riparian Forest Restoration：Why Each Site Needs an Ecological Prescription ［J］. Forest Ecology and Management，2004，192：361 - 373.

［372］ SWS (Society of Wetland Scientists) . Position Paper on the Definition of Wetland Restoration ［R］. 2000 ［2015 - 01 - 20］. http：//www. sws. org/wetlandconcerns/.

［373］ TAN Y，LEE T，TAN J. Clean，Green and Blue：Singapore's Journey Towards Environmental and Water Sustainability ［M］. Singapore：ISEAS Publishing，2009.

［374］ TANG Y，LIU H，LU Z，et. al. Discussion on water quality characteristics and remediation method for several rivers ［J］. Technology of water treatment，2004，30（3）：136 - 139.

［375］ TAPSELL S，TUNSTALL S，HOUSE M，et al. Growing up with rivers? Rivers in London children's worlds ［J］. Area，2001，33：177 - 189.

［376］ TAYLOR K G，OWENS P N. Sediments in urban river basins：a review of sediment - contaminant dynamics in an environmental system conditioned by human activities ［J］. J Soils Sediments，2009，9（4）：281 - 303.

［377］ Tasmanian Department of Primary Industries，Parks. Water and Environment，2003. Environmental Best Practice Guidelines：Excavating in Waterways，2003. Waterways & Wetlands Works Manual No. 3 ［M/OL］. 2003 ［2015 - 06 - 02］. http：//dpipwe. tas. gov. au/Documents/3 - Excavation - in - waterways. pdf.

［378］ TAYLOR S L，ROBERTS S C，WALSH C J，et al. Catchment urbanisation and increased benthic algal biomass in streams：linking mechanisms to management ［J］. Freshwater Biology，2004，49：835 - 851.

［379］ TENHUMBERG B，TYRE A J，SHEA K，et al. Linking Wild and Captive Populations to Maximize Species Persistence：Optimal Translocation Strategies ［J］. Conservation Biology，2004，18：1304 - 1314.

［380］ Tennessee Valley Authority. Using Stabilization Techniques ［R/OL］. ［2015 - 06 - 02］. http：//www. tva. gov/river/landandshore/stabilization/stabilization. htm.

［381］ The Coca - Cola Company. The water stewardship and replenish report ［R/OL］. 2012 ［2015 - 03 - 04］. http：//assets. coca - colacompany. com/8d/d8/8f1cc9e3464e8b152f97aa91857b/TCCC_ WSRR _ 2012 _ FINAL. pdf.

［382］ THOM R，HAAS E，EVANS N，et al. Lower Columbia River and Estuary Habitat Restoration Prioritization Framework ［J］. Ecological Restoration，2011，29（1&2）：94 - 110.

［383］ THORP J H，DELONG M D. The riverine productivity model：an heuristic view of carbon sources and organic processing in large river ecosystems ［J］. Oikos，1994，70：305 - 308.

［384］ TOCKNER K，MALARD F，WARD J V. An extension of the flood pulse concept ［J］. Hydrological Processes，2000，14：2861 - 2883.

［385］ TORRE A，HARDCASTLE K. River rehabilitation in south - west Western Australia ［C］//RUTHERFURD I，WISZNIEWSKI I，WONG T H F，et al. Proceedings of the 4th Australian Stream Management Conference，Department of Primary Industries，Water and Environment，Launceston，Tasmania，2004：609 - 17.

［386］ TRABUCCHI M，O'FARRELL P J，NOTIVOL E，et al. Mapping Ecological Processes and Ecosystem Services for Prioritizing Restoration Efforts in a Semi - arid Mediterranean River Basin ［J］. Environmental Management，2014，53：1132 - 1145.

［387］ TUNSTALL S M，PENNING - ROWSELL E C，TAPSELL S M，et al. River Restoration: Public Attitudes and Expectations [J]. J. CIWEM, 2000, 14.

[388] TURNER B L, CLARK W C, KATES R W, et al. The Earth as Transformed by Human Action: Global and Regional Changes in the Biosphere over the Past 300 Years [M]. Cambridge (UK): Cambridge University Press, 1993.

[389] UNDP/GEF. Evaluation of Wetlands and Floodplain Areas in the Danube River Basin [M]. Vienna: Danube Pollution Reduction Programme (DPRP), 1999.

[390] U. S. EPA. The Clean Water Act: Protecting and Restoring our Nation's Clean Waters [Z/OL]. [2015 - 12 - 17]. http: //water. epa. gov/action/cleanwater40/cwa101. cfm.

[391] U. S. EPA. Wadeable Stream Assessment: Field Operations Manual. EPA841 - B - 04 - 004 [S]. Washington, DC: U. S. Environmental Protection Agency, Office of Water and Office of Research and Development, 2004.

[392] UN WWAP. United Nations World Water Assessment Programme. The World Water Development Report 1: Water for People, Water for Life. Paris, France: UNESCO, 2003.

[393] UNDP. Niger Delta Human Development Report [R]. Abuja, Nigeria: United Nations Development Programme, 2006 [2016 - 01 - 15]. http: //hdr. undp. org/sites/default/files/nigeria _ hdr _ report. pdf.

[394] UNEP. Environmental Assessment of Ogoniland [R]. Nairobi, Kenya: United National Environment Programme, 2011 [2016 - 01 - 15]. http: //postconflict. unep. ch/publications/OEA/01 _ fwd _ es _ ch01 _ UNEP _ OEA. pdf.

[395] USGS (United States Geological Survey) . Thermoelectric Power Water Use [R/OL]. [2015 - 04 - 20]. http: //water. usgs. gov/edu/wupt. html.

[396] USGS (US Geological Survey), Reconfigured Channel Monitoring and Assessment Program [R/OL]. [2015 - 05 - 22]. http: //co. water. usgs. gov/projects/rcmap/rcmap-text. html.

[397] USSD (United States Society on Dams). Guidelines for Dam Decommissioning Projects [S]. Denver, Colorado: USSD, 2015.

[398] VAN DIGGELEN R, GROOTJANS A P, HARRIS J A. Ecological Restoration: State of the Art or State of the Science? [J]. Restoration Ecology, 2001, 9 (2): 115 - 118.

[399] VAN DIJK G M, MARTEIJN E C L, SCHULTE - WULWER - LEIDIG A. Ecological rehabilitation of the River Rhine: plans, progress and perspectives [J]. Regulated Rivers: Research & Management, 1995, 11: 377 - 388.

[400] VANNOTE R, MINSHALL G W, CUMMINS K W, et al. The River Continuum Project [J]. Can. J. of Fisheries and Aquatic Sci. , 1980, 37: 130 - 137.

[401] VENTER F J, NAIMAN R J, BIGGS H C, et al. The evolution of conservation management philosophy: Science, environmental change and social adjustments in Kruger National Park [J]. Ecosystems, 2008, 11: 173 - 192.

[402] VIOLIN C, CADA P, SUDDUTH E B, et al. Effects of urbanization and urban stream restoration on the physical and biological structure of stream ecosystems [J]. Ecological Applications, 2011, 21 (6): 1932 - 1949.

[403] VOROSMARTY C J, MCINTYRE P B, GESSNE M O, et al. Global threats to human water security and river biodiversity [J]. Nature, 2010, 467: 555 - 561.

[404] VOUGHT L B, DAHL J, PEDERSEN C L, et al. Nutrient retention in riparian ecotones [J]. Ambio, 1994, 23: 343 - 348.

[405] WALSH C J, LEONARD A W, LADSON A R, et al. Urban Stormwater and the Ecology of Streams [M]. Canberra, Australia: Cooperative Research Center for Freshwater Ecology, 2004.

[406] WALSH C J, PAPAS P J, CROWTHER D, et al. Stormwater drainage pipes as a threat to a stream - dwelling amphipod of conservation significance, Austrogammarus australis, in South - eastern Australia [J]. Biodiversity and Conservation, 2004, 13: 781 - 793.

[407] WALSH C J, ROY A H, FEMINELLA J W, et al. The urban stream syndrome: current knowledge and the search for a cure [J]. J. N. Am. Benthol. Soc. , 2005, 24 (3): 706 - 723.

[408] WANG L, LYONS J, KANEHL P, et al. Watershed urbanisation and changes in fish communities in south - eastern Wisconsin streams [J]. J Am Water Resour Assoc, 2000, 36: 1173 - 1189.

[409] Commonwealth of Australia. Water Recovery Strategy for the Murray - Darling Basin [R/OL]. 2014 [2015 - 05 - 24]. http: //www. environment. gov. au/system/files/resources/4ccb1c76 - 655b - 4380 - 8e94 - 419185d5c777/files/water - recovery - strategy - mdb2. pdf.

[410] WATTS R J, RICHTER B D, OPPERMAN J J, et al. Dam reoperation in an era of climate change [J]. Marine and Freshwater Research, 2011, 62 (3): 321 - 327.

[411] WENGER S. A review of the scientific literature on riparian buffer width, extent and vegetation. Review for the Institute of Ecology [R]. Athens, USA: University of Georgia, 1999.

[412] WENGER S J, FREEMAN M C. Stressors to imperiled fishes in the Etowah Basin: mechanisms, sources and management under the Etowah HCP [M/OL]. Athens: UGA River Basin Center, 2007 [2015 - 07 - 01]. http: //www. etowahhcp. org.

[413] WENGER S J, FREEMAN M C, FOWLER LA, et al. Conservation planning for imperiled aquatic species in an urbanizing environment [J]. Landscape and Urban Planning, 2011, 97: 11 - 21.

[414] WERREN G, ARTHINGTON A. The assessment of riparian vegetation as an indicator of stream condition, with particular emphasis on the rapid assessment of flow related impacts [M] //FRANKS A, PLAYFORD J, SHAPCOTT A. Landscape Health of Queensland. St Lucia: Royal Society of Queensland, 2002: 194 - 222.

[415] WESTGATE M J, LIKENS G E, LINDENMAYER D B. Adaptive management of biological systems: A review [J]. Biological Conservation, 2012, 158: 128 - 139.

[416] WESTPHAL M I, POSSINGHAM H P. Applying a decision - theory framework to landscape planning for biodiversity: follow - up to Watson et al [J]. Conservation Biology, 2003, 17: 327 - 329.

[417] WHITE T, DOMINATI E, MACKAY A, et al. 2014. More than just fencing: Options for

riparian zones on‐farm and ecosystem services valuation [C]. Proceedings of the 5th Australasian Dairy Science Symposium, 2014: 179.

[418] WOHL E E, ANGERMEIER P L, BLEDSOE B, et al. River restoration [J]. Water Resources Research, 2005, 41 (10): W10301.

[419] WOO H. Trends in ecological river engineering in Korea [J]. Journal of Hydro‐environment Research, 2010, 4 (4).

[420] WOOLSEY S, CAPELLI F, GONSER E, et al. A strategy to assess river restoration success [J]. Freshwater Biology, 2007, 52: 752‐769.

[421] World Bank. Syr Darya Control and Northern Aral Sea Phase‐I Project. Project Appraisal Document [R]. Washington, DC: World Bank, 2001.

[422] World Commission on Dams (WCD). Dams and Development: A New Framework for Decision‐Making [M]. London: Earthscan, 2000.

[423] World Wide Inland Navigation Network. China Inland Waterways [R/OL]. [2014‐09‐09]. http://www.wwinn.org/china‐inland‐waterways.

[424] WWF. Living Planet Report: Species and spaces, people and places [R/OL]. Gland: WWF, 2014 [2015‐12‐20]. http://wwf.panda.org/about_our_earth/all_publications/living_planet_report/.

[425] WWF. Managing rivers wisely: Lessons from WWF's work for integrated river basin management [R]. Glang, Switzerland: 2003.

[426] WYBORN C, JELLINEK S, COOKE B. Negotiating multiple motivations in the science and practice of ecological restoration [J]. Ecological Management & Restoration, 2012, 13 (3): 249‐253.

[427] XU W, YUAN B, SUN S. Progress of water pollution remediation techniques in urban river [J]. Journal of Guangdong University of Technology, 2004, 21 (4): 85‐90.

[428] YANG W. A multi‐objective optimization approach to allocate environmental flows to the artificially restored wetlands of China's Yellow River Delta [J]. Ecological Modelling, 2011, 222: 261‐267.

[429] YOSSEF M F M, VRIEND H J D. Flow details near river groynes: experimental investigation [J]. Journal of Hydraulic Engineering, 2011: 504‐516.

[430] YOUNG R G, COLLIER K J. Contrasting responses to catchment modification among a range of functional and structural indicators of river ecosystem health [J]. Freshwater Biology, 2009, 54 (10): 2155‐2170.

[431] YU X, JIANG J, LI L, et al. Freshwater management and climate change adaptation: Experiences from the central Yangtze in China [J]. Climate and Development, 2009, 1 (3): 241‐248.

[432] ZHONG J. Study on the restoration technology of aquatic environment and the water quality improvement technology of urban rivers [D]. Xi'an: Xi'an University of Architecture and Technology.